물리대회 대비

한국중학생
물리대회
기출문제집 제3판

한국물리학회 교육위원회 지음

2023년부터 한국중학생물리대회가
물리인증제와 통합되어 물리대회로
대회 명칭, 운영 방식 등이 변경되었습니다.

머리말

인간이 자연에 대한 호기심을 품고, 그 이치를 탐구하기 시작한 것은 고대 그리스 철학시대 이전으로, 아주 오래되었습니다. 이 오래된 관심사로부터 현대의 눈부신 과학기술 발전에 이르기까지 중심에 서서 주도적인 역할을 한 학문이 바로 물리학입니다. '물리(物理)'라는 용어는 그 어원에서 알 수 있듯이 바로 우리가 살고 있는 자연 만물의 이치를 말합니다. 이러한 이치를 체계적으로 다루는 학문이 바로 물리학이며, 물리학이 곧 현대 과학의 기둥이라고 할 수 있습니다.

비록 현대 물리학이 자연 원리를 완벽하게 설명해 주지는 않지만 우주 크기로부터 나노 크기에 이르기까지 우리의 호기심에 가장 명확한 답을 주는 학문임에는 틀림없습니다. 또한 물리학이 과학기술 발전의 핵심에 있음을 누구도 부인하지 않을 것입니다. 이것은 물리학이 수학적인 논리와 체계를 가지고 큰 우주로부터 아주 작은 양자세계까지의 핵심을 다루고 있기 때문입니다. 그러므로 자연의 이치를 더 깊이 알고자 하는 학생에게 물리학은 매우 좋은 친구가 될 것입니다. 학문의 선배로서 학생들이 물리를 탐구하고 배움으로써 보다 체계적이고 창의적인 사고를 할 수 있기를 바랍니다.

자연에 대한 호기심이 물리학의 시작이므로 물리학에 관심을 가지고 처음 접하는 학생은 조금씩 그 관심을 키워서 보다 정확하고 간결하게, 나아가 정확한 수학적 표현법으로 세상 이치를 이해하고자 노력하길 바랍니다. 그러면 물리학은 더할 나위 없이 즐거운 학문이 될 것입니다. 그러나 정확한 자연현상의 이해는 때로는 오랜 고민과 연습이 필요할 때가 있습니다. 그러한 면에서 이 책은 기존의 물리학 서적들이 채워 주지 못하는 부분을 다루고자 합니다.

2023년부터 한국중학생물리대회는 물리인증제와 통합되어 "물리대회"라는 새로운 이름으로 다시 태어났습니다. 이 책은 물리대회 출제 범위인 중급과정과 고급과정을 응시하는 학생들이 시험을 잘 준비할 수 있도록 그동안 시행하였던 한국중학생물리대회의 기출 문제를 엮어 출간한 것입니다. 이 책에 수록된 문제들은 학생들이 물리 지식을 보다 다양하고 복잡한 상황에서 해결할 수 있는지를 묻습니다. 이러한 문제들을 해결하는 연습을 통해 학생들이 복잡하고 다양한 상황에서도 핵심을 파악할 수 있도록 목표하였습니다.

물리학을 좋아하고 지적 탐구심이 넘치는 학생들이 자연의 이치를 배우는 데 이 책이 도움이 되기를 바랍니다. 나아가 자연학문에 대한 지적 호기심을 계속 키우며 우리나라의 미래 과학 인재로 성장해 주기를 소망합니다.

물리대회 뒤에는 한국물리학회 교육위원회의 수년간의 노력과 열정, 헌신이 있었습니다. 한국물리학회를 위해 지속적으로 헌신하시는 학회 관계자 모든 분들과 매년 중학생물리대회 문제 출제와 검토를 위해 수고해 주신 모든 출제위원님들께 감사드립니다. 더불어 출판을 위해 수고해 주신 상상아카데미 관계자분께도 감사드리며 적극적인 지원과 아낌없는 후원을 해 주신 물리학회 운영진 및 직원 여러분께 감사 말씀드립니다.

2023년 5월
한국물리학회 교육위원회

물리대회 및 물리올림피아드 안내

물리대회

한국물리학회는 물리학에 탁월한 꿈나무를 발굴하고 격려하여 이들이 대한민국을 이끌 우수한 과학 인재로 성장할 수 있도록 체계적인 교육과 지원에 최선을 다하고 있습니다. 이러한 목표의 일환으로, '중학생 물리올림피아드'를 개최하였고, 2011년부터 '한국중학생물리대회'로 변경하여 개최해오다가, 2023년에 '물리인증제'와 통합하여 '물리대회(The Physics League; TPL)'를 새롭게 시작하였습니다.

물리대회(The Physics League; TPL)는 매년 2월과 9월에 개최되며, 4개 과정(초급, 중급, 고급, 전문가)으로 구성되어 있습니다. 응시자격에는 제한이 없으며 대회 결과에 따라 등급을 부여하고, 성적 우수자들에게는 상을 수여합니다.

본 기출문제집은 중급 및 고급 과정을 준비하는 모두에게 유익한 자료가 될 것입니다. 대회에 관련해서 한국물리학회 물리교육 홈페이지(https://kphe.kps.or.kr)를 참조하세요.

물리올림피아드

소개

국제물리올림피아드(IPhO, International Physics Olympiad)는 1967년 폴란드 바르샤바에서 동구권 국가들이 뜻을 모아 시작하였다. 이어 구소련 공산 체제의 붕괴에 따른 동, 서구권의 화합 분위기에 힘입어 해마다 발전을 거듭하여 2001년 터키 안탈리아에서 열린 제32회 대회에는 65개국이 참가하는 등 전 세계적인 대회로 발전하였다.

오늘날 IPhO는 물리학 분야에서 청소년들의 학습 의욕을 고취시키고, 청소년들을 비롯한 물리학자들의 국제 교류 및 협력 증진에 그 목적을 두고 매년 1회 실시되고 있다. 세계 각국에서는 자국의 국위와 자국 학생들의 기량을 십분 발휘하기 위해 대표단의 선발이나 교육에 많은 신경을 쓰고 있으며, 우리나라에서도 1992년 핀란드 헬싱키에서 열린 제23회 대회부터 대표단을 파견하여 전 세계 10위권의 성적을 유지해 오고 있다. 더욱이 우리나라는 2004년 제35회 국제물리올림피아드대회 개최국으로서 성공리에 대회를 마무리하였다.

한국물리학회 산하에 설치된 물리올림피아드위원회에서 매년 국제물리올림피아드 대회에 파견할 대표 학생들의 선발과 교육을 관장하고 있으며, 과학기술진흥기금 및 복권 기금으로 국제물리올림피아드 사업을 운영하고 있다.

연간 일정

- 일반물리 온라인 교육: 4~6월, 8~11월
- 오프라인, 온라인 평가: 6월, 11월
- 겨울학교와 아시아물리올림피아드&국제물리올림피아드 대표 학생 선발: 1월, 6월
- 대표 학생 교육: 2~6월
- 아시아물리올림피아드, 국제물리올림피아드 참가: 5월, 7월

관련 홈페이지

KPhO 한국물리올림피아드(https://newkpho.kps.or.kr)

차례

한국중학생물리대회 기출문제

정답 및 풀이

부록

한국중학생 물리대회

기출문제

주의사항

1. 문제지와 답안지에 수험번호, 학교명, 성명을 정확히 표기한다.

2. 부정행위 시 모든 답안은 '0점' 처리한다.

3. 문제지와 수험표는 답안지와 함께 회수한다. 회수 후 문제지의 훼손 또는 손상이 발견된 경우 그로 인한 모든 불이익은 수험생 본인이 감수하여야 한다.

4. 문제지를 외부로 유출하려는 시도는 모두 부정행위로 간주한다.
   (홈페이지에 문제를 공개할 예정임)

5. 답안지는 반드시 「컴퓨터용 사인펜」으로 작성하여야 한다. 답안을 잘못 작성함으로써 발생하는 모든 불이익은 수험생 본인이 감수하여야 한다.

6. 답안지를 구기거나 더럽혀서는 안 되며, 답 이외에 다른 어떤 형태의 표기도 하여서는 안 된다.

7. 한번 표기한 답은 수정액이나 수정테이프 등을 사용하여 고칠 수 없으므로 붉은색 예비 마킹으로 답안 작성 오류를 방지한다.

8. 모든 사항은 감독관의 지시에 따르며, 답안지를 교환하고 싶거나 질문이 있을 때에는 앉은 자리에서 손을 들고 감독관을 기다린다.

9. 답안지 교환은 시험 종료 10분 전까지만 가능하다.

10. 각 문제의 배점은 1점으로, 오답은 −0.25점, 미기입은 0점으로 처리한다.

11. 답이 둘 이상일 경우 모두 표기하여야 정답으로 인정하며, 일부만 맞아도 오답으로 처리한다.

12. 중력 가속도는 10 m/s^{2}으로 계산한다.

2016년
기출문제

물리대회 시상 기준 점수 2016년(2016년 7월 시행)

수상 내역	최우수상	금상	은상	동상	장려상	수상자 비율
점수 구간(점) *30점 만점	23.75 ~ 18.00	17.75 ~ 15.00	14.75 ~ 12.50	12.25 ~ 9.25	9.00 ~ 5.75	24.25%

01 그림과 같이 질량 m인 작은 물체가 길이 R인 줄 끝에 매달려 고정점 O를 중심으로 연직 평면에서 운동하고 있다. 모든 지점에서 줄이 팽팽한 상태를 유지하며 원운동을 하려면 최저점에서 속력이 얼마 이상이어야 하는가?

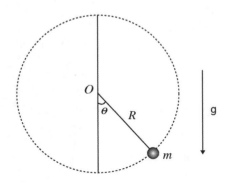

① $\sqrt{gR}$ ② $\sqrt{2gR}$ ③ $\sqrt{3gR}$

④ $\sqrt{4gR}$ ⑤ $\sqrt{5gR}$

02 그림과 같이 질량 m인 물체 4개가 줄에 매달려 팽팽하게 평형을 이루고 있다. $\alpha + \beta = 90°$일 때, $\tan\beta$는?

(단, P와 Q 사이의 줄은 수평이고, 줄의 질량은 무시한다.)

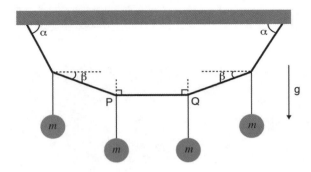

① $\dfrac{1}{2}$ ② $\dfrac{1}{\sqrt{2}}$ ③ 1   ④ $\sqrt{2}$ ⑤ 2

03 그림과 같이 거리 1 m만큼 떨어져서 마주보고 있는 반발 계수 $e = 1/\sqrt{2}$인 두 벽의 왼쪽에서 각 45°, 속력 10 m/s로 공을 던졌다. 공은 날아가서 오른쪽 벽과 첫 번째 충돌을 하고, 원래 벽 쪽으로 튕겨와 두 번째 충돌을 한다. 첫 번째 충돌 위치 A와 두 번째 충돌 위치 B의 높이 차이에 가장 가까운 값은? (단, 벽은 수직으로 서 있고, 공의 크기는 무시한다.)

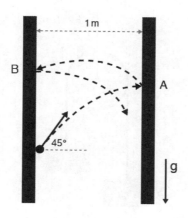

① 0.93 m

② 0.97 m

③ 1.01 m

④ 1.05 m

⑤ 1.1 m

04 그림과 같이 질량이 각각 m, $2m$인 블록 A와 B를 실로 연결하여 마찰이 없는 도르래에 건 후 도르래 중심을 $6mg$의 힘으로 중력의 반대 방향으로 끌어 올렸다. A, B, 도르래의 가속도의 크기를 각각 a_1, a_2, a_p라고 할 때, 이에 대한 설명으로 옳은 것만을 |보기|에서 있는 대로 고른 것은? (단, 도르래와 실의 질량은 무시하며, g는 중력 가속도이다.)

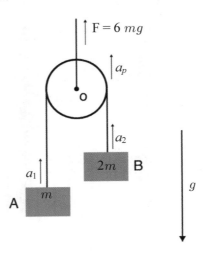

|보기|

ㄱ. a_1은 $2g$이다.

ㄴ. 도르래에 대한 B의 상대 가속도의 크기는 $\frac{3}{4}g$이다.

ㄷ. $a_1 - a_2 = 2a_p$이다.

① ㄱ   ② ㄴ   ③ ㄱ, ㄴ   ④ ㄴ, ㄷ   ⑤ ㄱ, ㄴ, ㄷ

05 우주정거장은 고도 380 km의 원 궤도를 따라 돌고 있다. 우주비행사는 로켓을 추진하여 우주정거장의 원 궤도에 도착하였지만, 위치 선정이 잘못되어 로켓은 우주정거장보다 그 궤도 둘레의 $\frac{1}{10}$ 만큼 뒤쪽에서 우주정거장을 뒤따라가고 있다(그림 (가) 참고). 다음 중 로켓이 우주정거장에 가능한 한 빨리 도착하기 위해 취할 조치로 가장 적절한 것은? (단, 로켓에는 네댓 번 정도 속도를 조금 바꿀 수 있는 약간의 연료만 있다. 그리고 아래 그림은 개념적인 것일 뿐 정확한 궤도를 나타낸 것은 아니다.)

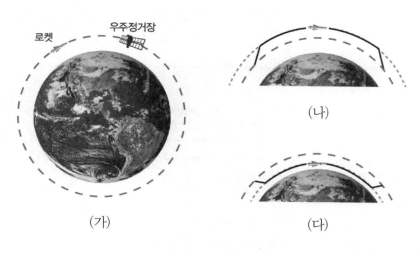

(가)

(나)

(다)

① 로켓의 속력을 높여서 우주정거장의 원 궤도를 따라 빨리 이동한다.

② 로켓의 속력을 높여서 타원 궤도를 따라 조금 상승한 후 원형 궤도가 되도록 진행 방향을 바꾼 다음, 그 원 궤도를 따라 이동하다가 우주정거장에 접근하면 다시 궤도를 낮춘다(그림 (나) 참고).

③ 로켓의 속력을 낮춰서 타원 궤도를 따라 조금 상승한 후 원형 궤도가 되도록 진행 방향을 바꾼 다음, 그 원 궤도를 따라 이동하다가 우주정거장에 접근하면 다시 궤도를 낮춘다(그림 (나) 참고).

④ 로켓의 속력을 높여서 타원 궤도를 따라 조금 하강한 후 원형 궤도가 되도록 진행 방향을 바꾼 다음, 그 원 궤도를 따라 이동하다가 우주정거장에 접근하면 다시 궤도를 올린다(그림 (다) 참고).

⑤ 로켓의 속력을 낮춰서 타원 궤도를 따라 조금 하강한 후 원형 궤도가 되도록 진행 방향을 바꾼 다음, 그 원 궤도를 따라 이동하다가 우주정거장에 접근하면 다시 궤도를 올린다(그림 (다) 참고).

06 그림과 같이 질량이 각각 m, $2m$인 두 인공위성 A, B가 천체 S 주위를 운동하고 있다. A는 지름 $2a$인 원 궤도를 따라 운동하고, B는 S를 하나의 초점으로 근일점 (천체와의 거리 a)과 원일점(천체와의 거리 $3a$) 사이의 거리가 $4a$인 타원 궤도를 따라 운동하고 있다. 점 P는 S로부터 a만큼 떨어진 두 궤도상의 동일한 지점이다. 이에 대한 설명으로 옳은 것만을 |보기|에서 있는 대로 고른 것은? (단, A, B 사이의 상호 작용은 무시한다.)

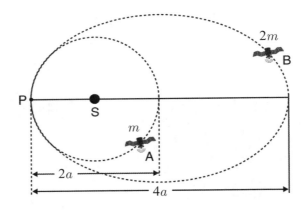

┌─|보 기|─────────────────────────────────┐
│ ㄱ. 각운동량은 B가 A의 2배이다.   │
│ ㄴ. 역학적 에너지는 A와 B가 같다.   │
│ ㄷ. P 지점에서 인공위성의 속력은 A와 B가 같다.   │
└───┘

① ㄴ   ② ㄷ   ③ ㄱ, ㄴ   ④ ㄱ, ㄷ   ⑤ ㄴ, ㄷ

07 질량이 각각 $2m$, m인 나무토막 A, B를 용수철에 연결하여 수평면 위에 가만히 놓은 후, 그림과 같이 B에 일정한 크기의 힘 F를 가한다. 힘 F가 가해지기 전에 용수철은 길이가 늘어나거나 줄어들지 않은 상태이고, A, B와 바닥면 사이의 정지 마찰 계수와 운동 마찰 계수는 각각 $\frac{3}{2}\mu$, μ이다. A가 움직이지 않는 F의 최댓값은?

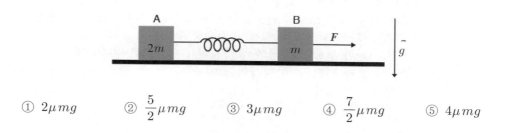

① $2\mu mg$ ② $\frac{5}{2}\mu mg$ ③ $3\mu mg$ ④ $\frac{7}{2}\mu mg$ ⑤ $4\mu mg$

08 그림과 같이 마찰이 없는 수평면 위에 구슬 B가 정지해 있고 그 뒤로 평면 벽이 있다. 이때 벽에 수직인 방향을 향해 구슬 A를 일정한 속력 v로 발사시켜 구슬 B와 탄성 충돌시켰더니, 충돌 후 두 구슬이 벽에 동시에 도달하였다. 이에 대한 설명으로 옳은 것만을 |보기|에서 있는 대로 고른 것은? (단, 구슬의 크기는 무시한다.)

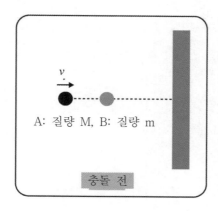

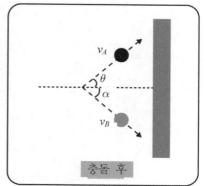

| 보 기 |

ㄱ. $M > m$일 때, $\alpha > \theta$이다.
ㄴ. 두 질량에 상관없이, 항상 $\alpha = 45°$이다.
ㄷ. 충돌 후 운동 에너지는 A가 B의 $\frac{m}{M}$배이다.

① ㄱ   ② ㄴ   ③ ㄷ   ④ ㄱ, ㄴ   ⑤ ㄱ, ㄷ

2016
2017
2018
2019
2020
2021
2022

한국중학생물리대회 기출문제 **9**

09 다음은 방사성 동위 원소 탄소14에 대한 내용이다.

┤지문├
- 우주로부터 대기권으로 들어오는 각종 입자에 의해 탄소14가 자연적으로 만들어진다.
- 탄소14의 반감기는 5730년이다.
- 지구 대기 속의 탄소14와 탄소12의 비는 1950년 이후 핵실험에 의해 탄소14가 크게 증가하기 전까지 일정 수준으로 유지되어 왔다.
- 식물은 이산화 탄소를 고정하는 과정에서 탄소14를 흡수하게 된다.
- 식물이 동물에 먹히고 또 동물이 먹이사슬의 상위 포식자에게 먹히면서 동물도 탄소14를 흡수하게 된다.

다음 |보기| 중에서 옳은 것만을 있는 대로 고른 것은?

┤보기├
ㄱ. 탄소14만을 모아놓았을 때, 그 안에서 탄소14의 양이 원래의 1/8로 줄어드는 데에는 17190년이 걸린다.
ㄴ. 동식물은 살아 있는 동안 탄소14를 체내에 흡수하여 탄소12에 대한 탄소14의 상대적 비율이 증가한다.
ㄷ. 화석 연료를 연소하면 대기 중의 탄소12에 대한 탄소14의 상대적 비율이 증가한다.

① ㄱ   ② ㄴ   ③ ㄷ   ④ ㄱ, ㄴ   ⑤ ㄱ, ㄷ

10 그림과 같이 수평 거리 d만큼 떨어진 곳에 수직 높이 $\frac{3}{4}d$인 담장이 놓여 있다. 포물선 운동을 하는 공이 담장을 넘어가기 위해 필요한 공의 최소 투척 속력은? (단, 공의 크기와 담장의 너비, 공기 저항은 무시하고, 중력 가속도의 크기는 g이다.)

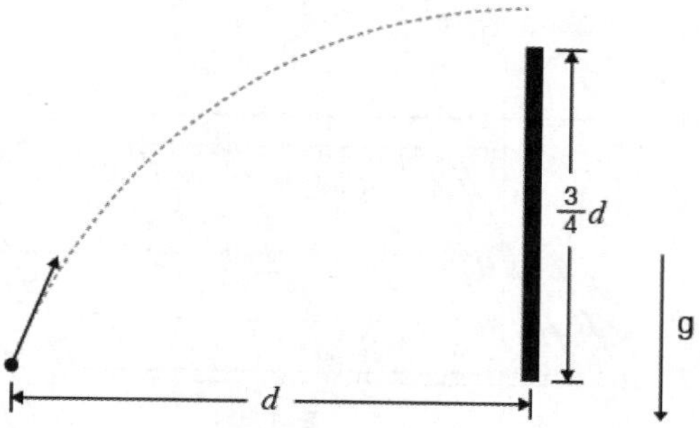

① $\sqrt{\dfrac{1}{2}dg}$

② $\sqrt{\dfrac{7}{6}dg}$

③ $\sqrt{2dg}$

④ $\sqrt{\dfrac{13}{6}dg}$

⑤ $\sqrt{4dg}$

11 그림과 같이 저항 값이 R인 두 저항이 폭이 l인 긴 직사각형 모양의 도선을 통해 연결되어 있다. 도선과 저항은 수평면 위에 고정되어 있고, 수평면에 수직인 방향으로 세기가 B인 균일한 자기장이 걸려 있으며, 도선 위에는 수평 방향으로 움직일 수 있는 도체 막대가 질량 m인 추와 줄로 연결되어 있다. 이 경우 도체 막대는 어떤 일정한 속력 v로 운동할 수 있다.

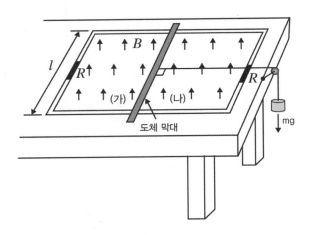

이에 대한 설명으로 옳은 것만을 있는 대로 <u>모두</u> 고르시오. (단, 줄의 질량과 모든 마찰은 무시하며, 도체 막대가 사각형 도선을 벗어나지 않는 경우만을 고려한다.)

① (가) 영역의 면적은 점점 커지고, (나) 영역의 면적은 점점 작아지므로 도체 막대에 흐르는 알짜 전류는 0이다.

② 도체 막대의 질량이 클수록 v가 작다.

③ B가 클수록 v가 작다.

④ 자기장의 방향을 반대로 바꾸어도 도체 막대에 작용하는 힘은 동일하다.

⑤ 도선에서 왼쪽 변을 떼어내어 ㄷ자를 뒤집은 형태의 도선을 가지고 실험해도 도체 막대에 흐르는 전류의 크기는 위 그림의 경우와 같은 값이다.

12 그림 (가)와 같이 수평한 지표면에서 거리 d만큼 떨어져 있는 두 물체 A, B가 x축 위에 놓여 있다. A를 연직 (z 방향) 위로 던짐과 동시에 B를 비스듬히 던졌더니, A 가 최고점에 도달하는 순간 B와 탄성 충돌을 하였다. 충돌 직후 B는 그림 (나)와 같이 그 동안의 진행 면에 수직하게 (y 방향으로) 튕겨나가고, 그 속력은 충돌 직전 속력의 절반이다.

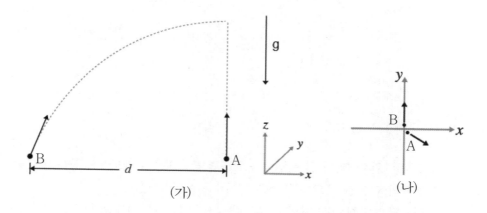

(가)

(나)

이에 대한 설명으로 옳은 것만을 |보기|에서 있는 대로 고른 것은? (단, 공기 저항 은 무시하고, 중력 가속도의 크기는 일정하다.)

| 보 기 |

ㄱ. 질량은 A가 B의 $\frac{5}{3}$ 배이다.

ㄴ. 충돌 직후 속력은 A가 B의 $\frac{3}{5}$ 배이다.

ㄷ. 충돌 후 지표면에 도달한 A와 B 사이의 거리는 d이다.

① ㄱ   ② ㄴ   ③ ㄷ   ④ ㄱ, ㄴ   ⑤ ㄱ, ㄷ

13 1913년 닐스 보어는 원자에 대한 새로운 가설을 제시하여 수소가 방출하는 빛의 선
스펙트럼을 정확하게 설명하였다. 보어의 가설과 수소의 선 스펙트럼에 대한 설명
으로 옳은 것만을 있는 대로 <u>모두</u> 고르시오.

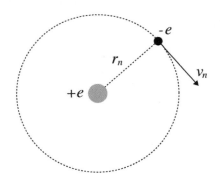

① 전자는 원자핵과의 쿨롱 인력을 구심력으로 허용된 궤도에서 등속 원운동을 한다
② 전자의 허용된 궤도 반지름은 양자수 n에 비례한다.
③ 허용된 궤도에서 전자의 각운동량은 양자수 n에 비례한다.
④ 허용된 궤도에서 전자의 에너지는 양자수 n에 반비례한다.
⑤ 허용된 궤도 사이를 전자가 전이할 때 방출되거나 흡수되는 광자의 에너지는 그
두 궤도 에너지의 차이와 같다.

14 그림과 같이 정지해 있던 질량 m인 전자에 파장 λ인 X선이 입사하여 충돌한 후, X선은 파장이 λ'가 되어서 입사 방향과 정반대 방향으로 되돌아갔다. h는 플랑크 상수이고 c는 빛의 속도일 때, $\Delta\lambda(=\lambda'-\lambda)$ 값에 가장 가까운 것은?

(단, $\dfrac{1}{\lambda}-\dfrac{1}{\lambda'}\approx\dfrac{\Delta\lambda}{\lambda^2}$, $\dfrac{1}{\lambda}+\dfrac{1}{\lambda'}\approx\dfrac{2}{\lambda}$ 로 근사할 수 있고, 상대론적 효과는 무시한다.)

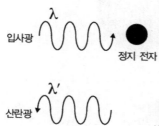
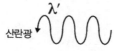

① $\dfrac{h}{2mc}$

② $\dfrac{h}{mc}$

③ $\dfrac{\sqrt{2}\,h}{mc}$

④ $\dfrac{2h}{mc}$

⑤ $\dfrac{4h}{mc}$

15 그림과 같이 고도가 지구 반지름(R)의 3배인 곳에서 로켓을 발사하는데, 로켓의 발사 속력은 $\sqrt{gR/2}$ 이고, 발사 방향은 지구 중심에 대해 각 θ이다.

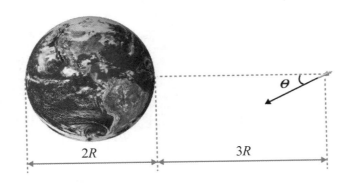

이에 대한 설명으로 옳은 것만을 |보기|에서 있는 대로 고른 것은?
(단, 공기 및 지구 이외의 다른 천체의 영향을 무시하고 지구는 균일한 구로 가정한다. $0° \leq \theta \leq 180°$이고, g는 지표면에서 중력 가속도의 크기이다.)

|보기|

ㄱ. $\theta < 30°$이면 로켓은 지구와 항상 충돌한다.
ㄴ. $30° < \theta < 45°$일 때, 로켓은 지구를 벗어나 무한히 멀리까지 갈 수 없다.
ㄷ. $\theta > 90°$이면 로켓의 속력은 시간에 따라 계속 감소한다.

---

① ㄱ   ② ㄴ   ③ ㄷ   ④ ㄱ, ㄴ   ⑤ ㄱ, ㄷ

16 그림과 같이 질량 m, 전하량 $-e$인 전자가 xy 면에서 점선 궤도를 따라 일정한 속력 v로 움직이고 있다. 세기가 B인 균일한 자기장이 xy 면에 수직으로 들어가는 방향으로 걸려 있다. 영역 (가)와 (나)에서는 크기가 같은 균일한 전기장 E가 걸려 있어 전자가 y축과 평행하게 움직이며, (가)와 (나) 영역 밖에서는 반원 궤도를 따라 움직인다. 두 반원의 반지름은 a로 같고, 두 직선 궤도의 길이는 $2a$로 같다.

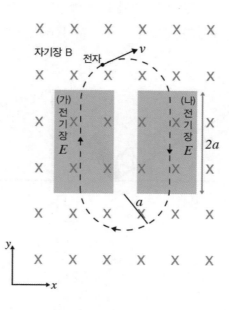

이에 대한 설명으로 옳은 것만을 |보기|에서 있는 대로 고른 것은?

┌─ 보 기 ├─
ㄱ. (나) 영역에서 전기장의 방향은 $+x$ 방향이다.

ㄴ. 전자가 점선 궤도를 따라 한 바퀴 도는 데 걸리는 시간은 $\dfrac{2m}{eB}(\pi + 2)$ 이다.

ㄷ. B를 두 배, E를 네 배로 올린 상태에서 전자가 같은 형태로 움직였다면 처음에 비해 반지름은 그대로이고 속력은 두 배이다.

① ㄱ   ② ㄴ   ③ ㄱ, ㄴ   ④ ㄴ, ㄷ   ⑤ ㄱ, ㄴ, ㄷ

17 마찰이 없고 기울기가 $\theta = 30°$인 빗면에 탄성 계수 $k = 800 \, \text{N/m}$인 용수철이 달려 있다. 원래 용수철의 끝은 P 였는데, 질량 $M = 24 \, \text{kg}$인 상자 B를 용수철에 달았더니 그림 (가)와 같이 P로부터 x_1만큼 압축된 곳에서 평형을 이루었다. 이때, 상자 B로부터 빗면을 따라 $L = 0.8 \, \text{m}$ 위에 질량 $m = 8 \, \text{kg}$인 상자 A를 가만히 놓았더니 두 상자가 충돌 후 들러붙어 함께 움직였고, 이때 용수철이 원래 위치 P에서 압축된 최대 길이는 x_2였다(그림 (나)). x_2에 가장 가까운 값은?

(단, 용수철의 질량과 상자의 크기는 무시한다.)

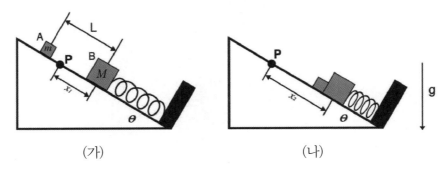

(가)   (나)

① 0.20 m   ② 0.25 m
③ 0.30 m   ④ 0.35 m
⑤ 0.40 m

18 그림과 같이 가는 통로로 서로 연결되어 있는 같은 크기의 방 A와 B에 단원자 분자 이상 기체가 들어 있다. 기체는 A와 B를 자유롭게 이동할 수 있다. 방 외부와의 열 접촉을 통해 A의 절대 온도는 $2T$, B의 절대 온도는 T로 일정하게 유지된다.

다음 중 옳은 것만을 있는 대로 <u>모두</u> 고르시오. (단, A와 B의 연결부의 부피는 무시한다.)

① 기체의 내부 에너지는 A와 B가 같다.

② 기체의 압력은 A가 B의 2배이다.

③ 기체 하나의 평균 속력은 A가 B의 4배이다.

④ 기체의 평균 입자 수는 A가 B의 절반이다.

⑤ 두 방 A, B와 외부와의 열 접촉을 차단하면 충분한 시간이 흐른 뒤 두 방의 온도는 모두 $3T/2$가 된다.

19 그림과 같이 용수철 상수가 $k = 2.0 \times 10^3$ N/m인 용수철에 연결된 피스톤으로 막힌 원통 속에 27 ℃, 1기압의 이상 기체 10.0리터가 들어 있다. 피스톤의 단면적은 0.01 m²이고, 용수철은 평형 상태에 있다. 기체의 온도를 327 ℃로 올렸더니 피스톤이 x만큼 올라갔다. 이때 기체의 압력으로 다음 중 가장 가까운 값은? (단, 원통과 피스톤의 온도 팽창, 피스톤의 질량, 피스톤과 원통의 마찰은 무시한다.)

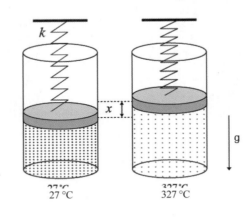

① 1.1기압 ② 1.5기압
③ 2기압 ④ 2.3기압
⑤ 2.5기압

20 균일한 자기장이 xy 평면에 대해 수직 방향으로 $x > 0$인 영역에 걸려 있다. 양성자가 어떤 속도 $\mathbf{v} = v\hat{i}$로 원점으로 입사하여 4초 후에 (0, 2R)인 지점에 도달하였다. 질량수가 4인 헬륨 원자핵이 $2\mathbf{v}$의 속도로 원점으로 입사했을 때, 다음 중 4초 후 헬륨 원자핵의 위치로 가장 가까운 것은? (단, 중력은 무시하고, $\hat{i}$는 x 방향의 단위 벡터이다.)

① (0, 0) ② (0, 4R)
③ (2R, 2R) ④ (3R, 5R)
⑤ (4R, 4R)

21 다음은 정전기와 전류에 대한 실험 및 실험 결과에 대한 것이다. 옳게 설명한 것만을 있는 대로 <u>모두</u> 고르시오.

① 절연된 의자에 앉아 있는 실험자의 머리카락을 대전시키려고 한다. 이때 실험자의 안전을 위해서는, 이미 대전된 금속구를 실험자가 만지는 것보다 대전되지 않은 금속구를 실험자가 만진 상태에서 금속구를 서서히 대전시키는 것이 더 좋다.

② 넓은 금속판 두 개를 서로 평행하게 세우고 각각 양전하와 음전하로 대전시켰다. 두 판 사이에 양전하를 띤 작은 금속구를 전기가 통하지 않는 실로 천장에 매달아 놓으면 금속구는 두 판 사이에서 진동한다. 그러나 전기가 통하는 실로 매달아 금속구가 접지 상태였다면 금속구를 두 판 사이의 어느 곳에 놓아두어도 움직이지 않는다.

③ 금속박 검전기를 속이 빈 어떤 금속 원통의 바깥 표면에 접촉시켰더니 금속박이 서로 멀어지지 않았다. 금속박 검전기를 이 원통 바깥 표면에 계속 접촉시킨 상태에서 대전된 금속구를 원통과 닿지 않게 원통 안으로 집어넣으면 금속박이 서로 멀어질 것이다. 그 뒤 금속구를 원통 안쪽 표면에 닿게 하면, 멀어져 있던 금속박이 다시 가까워져서 처음에 금속구가 없을 때의 모양으로 돌아올 것이다.

④ 금속구 위에 알루미늄 접시 2장을 쌓아놓고 금속구를 대전시켰더니 위쪽 접시부터 차례로 위로 날아올랐다. 이것은 위쪽 접시의 전위가 가장 높았기 때문이다.

⑤ 금속인 텅스텐으로 만든 필라멘트를 이용하여 온도가 증가하면 금속의 저항이 커진다는 사실을 확인하는 실험을 하고자 한다. 내부 저항이 없는 건전지에 동일한 특성의 두 필라멘트 A와 B를 병렬로 연결하면 A와 B는 같은 밝기로 빛난다. A만 고온으로 가열하면 A는 처음보다 더 어두워지고 B의 밝기는 A를 가열하지 않을 때와 차이가 없다.

22 동일한 특성의 건전지 2개와 전구 1개를 이용하여 회로를 구성하였다. 전구의 저항은 건전지 내부 저항의 2배이다. 그림과 같이 건전지가 직렬로 연결된 회로와 병렬로 연결된 회로에서 전구의 소비 전력을 각각 A_1과 A_2라고 할 때, A_1/A_2에 가장 가까운 값은?

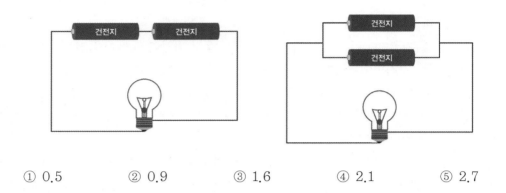

① 0.5   ② 0.9   ③ 1.6   ④ 2.1   ⑤ 2.7

23 다음 지문을 참고하여 평면 볼록 렌즈에 관한 아래의 설명 중 옳은 것만을 있는 대로 <u>모두</u> 고르시오.

┤지 문├

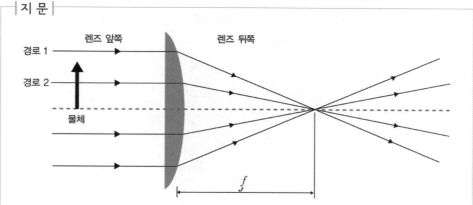

- 곡률 반경(R): 곡선에 가장 근접하는 원호의 반지름. 여기서는 렌즈의 곡면을 연장하여 원을 그렸을 때 원의 반지름이다.
- 렌즈 제작자 법칙: $\dfrac{1}{f} = (n_{렌즈} - n_{공기})\left(\dfrac{1}{R_1} - \dfrac{1}{R_2}\right)$. 여기서 f는 초점 거리, $n_{렌즈}$는 렌즈의 굴절률, $n_{공기}$는 공기의 굴절률($n_{공기} = 1$), R_1은 앞쪽의 곡률 반경, R_2는 뒤쪽의 곡률 반경이다. 곡률 반경의 부호는 반경 중심이 렌즈 앞쪽에 있으면 음수, 뒤쪽에 있으면 양수로 정한다.

① 그림의 경로 1번이 2번보다 많이 굴절되는 이유는 곡률 반경이 더 큰 쪽을 지나기 때문이다.

② 렌즈 앞쪽이 평평한 평면 볼록 렌즈는 공기 중에서 초점 f가
$(n_{렌즈} - 1)f = |R_2|$의 관계식을 만족시킨다.

③ 렌즈로부터 거리 $\dfrac{f}{2}$ 앞에 물체를 놓으면, 허상이 렌즈 앞쪽에 위치한다.

④ 무지개 색깔 빛들 중에서 빨간색 빛의 초점 거리가 가장 길다.

⑤ $n_{렌즈} > n_{물}$ 일 때, 물속에 렌즈를 넣으면 초점 거리는 공기 중에 있을 때에 비해 짧아진다.

24 그림과 같이 $+Q$, $+2Q$, $+3Q$의 전하가 반지름 R, $2R$, $3R$인 구 껍질에 균일하게 분포하고 있다. 각각의 구 껍질에는 중심 O를 관통하는 작은 구멍이 있다. 가장 큰 구 껍질의 구멍 A에 가만히 놓은 질량 m, 전하량 $-e$인 전자가 구멍들을 통과하여 중심 O에 도착하는 순간의 속력은? (단, 상대론적 효과와 구멍의 크기는 무시하고, 쿨롱 상수는 k이다.)

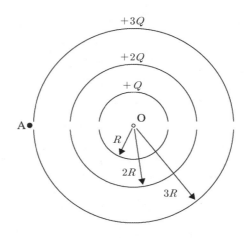

① $\sqrt{\dfrac{ke\,Q}{2m\,R}}$　　　　② $\sqrt{\dfrac{ke\,Q}{m\,R}}$

③ $\sqrt{\dfrac{5\,ke\,Q}{3\,m\,R}}$　　　　④ $\sqrt{\dfrac{2\,ke\,Q}{m\,R}}$

⑤ $2\sqrt{\dfrac{ke\,Q}{m\,R}}$

25 그림과 같이 점전하 4개를 정사각형으로 고정시키고 멀리 떨어져 있는 5번째 점전하를 수평으로 움직여 정사각형의 중심에 넣는다. 정사각형의 중심에 넣을 때까지 매 순간 5번째 전하의 속력은 매우 작아서 무시할 수 있다. 모든 점전하의 전하량은 +q일 때, 아래 |보기| 설명에서 옳은 것만을 있는 대로 고른 것은? (단, 전하는 모두 한 평면에 놓여 있으며 5번째 점전하는 수평 방향으로만 움직일 수 있다고 가정한다.)

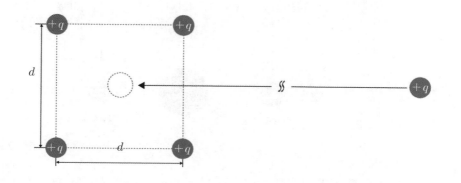

┌─ 보기 ├─
ㄱ. 5번째 전하를 정사각형 중심에 도달시킬 때까지 힘은 계속 왼쪽 방향으로 가해줘야 한다.

ㄴ. 서로 무한히 떨어져 있던 점전하 4개를 그림과 같이 정사각형으로 배치하기 위해 필요한 총 에너지를 A, 무한히 떨어져 있는 5번째 점전하를 정사각형 중심에 넣기 위해 필요한 에너지를 B라고 할 때 $\dfrac{A}{B} = \dfrac{1 + 2\sqrt{2}}{4}$ 이다.

ㄷ. 5번째 점전하가 정사각형의 중심에 놓인 뒤 그 전하를 왼쪽으로 살짝 치면 정사각형의 중심을 평형점으로 하여 수평 방향으로 진동한다.

① ㄱ   ② ㄴ   ③ ㄷ   ④ ㄱ, ㄴ   ⑤ ㄴ, ㄷ

26 그림과 같이 접지된 금속판에 같은 크기와 질량의 대전되지 않은 금속구 A, B를 절연체 실로 매달고, 오른쪽 실을 소금물로 충분히 적신 후 양(+)전하로 대전된 플라스틱 구를 A, B의 한 가운데에 위치시켰다. 시간이 지나면서 B에 연결된 실의 소금물이 완전히 말랐으며 이 후 플라스틱 구를 제거하였다.

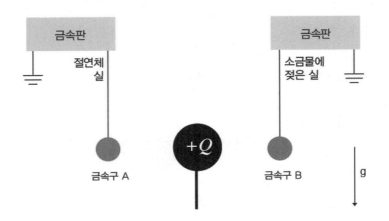

다음 보기 중 시간 흐름에 따라 나타나는 현상을 옳게 설명한 것만을 있는 대로 모두 고르시오. (단, 금속구나 플라스틱 구가 서로 닿는 경우는 없으며, 공기를 통한 방전은 무시한다.)

① 오른쪽 실이 소금물에 젖어 있을 때, A와 B는 플라스틱 구에 같은 거리만큼 끌려온다.

② 오른쪽 실이 소금물에 젖어 있을 때, A와 B는 모두 음(−)전하로 대전되며, 전하량은 B가 A보다 크다.

③ 소금물이 완전히 마른 후 B는 처음 기울어진 위치를 그대로 유지한다.

④ 소금물이 완전히 마른 후 플라스틱 구를 치우면 A와 B는 서로 끌어당긴다.

⑤ 소금물이 완전히 마른 후 플라스틱 구를 치우면 A와 B를 매단 두 실에 걸리는 장력 크기는 서로 같다.

27 부피 0.2 리터의 물속에 들어 있는 니크롬선에 7 A의 전류를 2분간 흘렸을 때, 물의 온도가 84 ℃만큼 상승하였다. 가열 과정에서 니크롬선에서 발생한 열량의 20 %가 용기를 포함한 물의 외부로 새어 나갔다고 할 때, 니크롬선의 전기 저항은? (단, 1 cal = 4.2 J이고, 니크롬선 저항의 온도 변화는 무시하며, 용기 내 물의 질량 변화는 없다.)

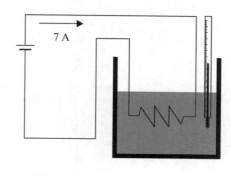

① 1 Ω

② 5 Ω

③ 10 Ω

④ 15 Ω

⑤ 25 Ω

28 그림과 같이 일정한 전류 I가 흐르는 두 무한 직선 도선이 x축으로부터 각각 거리 d만큼 떨어져 y축과 교차한다. 전류는 모두 xy 평면에서 수직으로 나오는 방향으로 흐른다. x축 상의 자기장에 대한 설명으로 옳은 것만을 |보기|에서 있는 대로 고른 것은?

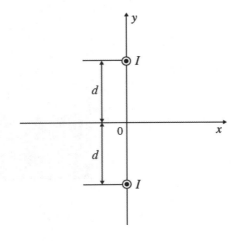

| 보 기 |

ㄱ. x축의 모든 점에서 자기장 방향은 $+y$ 방향이다.

ㄴ. 자기장 세기의 최댓값은 $\dfrac{\mu_0 I}{2\pi d}$ 이다. (단, μ_0는 진공 투자율 상수이다.)

ㄷ. 자기장 세기가 최대인 지점은 $x = \pm \dfrac{d}{\sqrt{2}}$ 이다.

① ㄱ   ② ㄴ   ③ ㄱ, ㄴ   ④ ㄴ, ㄷ   ⑤ ㄱ, ㄴ, ㄷ

29 그림과 같이 두 극판 사이의 거리는 1 cm이고 전기 용량이 2 μF인 평행판 축전기 두 개와 1 Ω의 저항을 45 V의 직류 전원에 연결하였다. 연결하고 시간이 충분히 지난 뒤, 오른쪽 축전기의 음극판 Q에서 전자 한 개를 정지 상태에서 출발시킨다면 이 전자가 양극판 P에 도달하는 순간의 속력 v에 대한 설명으로 옳은 것만을 |보기|에서 있는 대로 고른 것은? (단, 전자의 전하량은 1.6×10^{-19} C, 질량은 9×10^{-31} kg이고, 축전기의 가장자리 효과는 무시한다.)

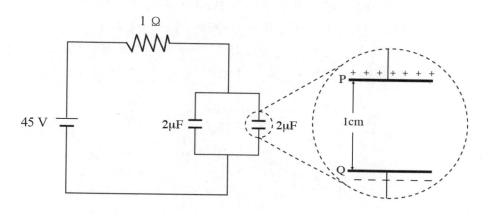

┤보 기├
ㄱ. v는 4×10^6 m/s 이다.
ㄴ. 저항값이 1 Ω보다 작다면 v가 커진다.
ㄷ. 그림에서 왼쪽 축전기에 연결된 도선이 끊어져 있어도 v는 변하지 않는다.

① ㄱ   ② ㄴ   ③ ㄱ, ㄷ   ④ ㄴ, ㄷ   ⑤ ㄱ, ㄴ, ㄷ

30 다음은 태양전지의 특성을 조사하기 위한 실험과 측정 결과에 관한 설명이다.

┤지 문├

태양전지를 외부 측정 기기에 연결한 후 태양빛이 없을 때와 있을 때를 구분하여 전류-전압 그래프를 관찰한다. 이상적인 태양전지의 경우 태양빛이 없을 때(그림 (가))에는 다이오드처럼 작동하는 전류-전압 그래프를 얻으며, 태양빛이 있을 때에는 전지에서 전류를 생성하므로 전류-전압 특성이 그림 (가), (나)에 나타난 것과 같이 관찰된다. 이와 같은 전류-전압 그래프는 태양전지의 전기적 특성과 효율을 분석하는 데 쓰이게 된다.

태양전지는 다이오드, 전류소스 외에도 내부 저항(병렬 저항 R_{SH}, 직렬 저항 R_S)으로 구성되어 있으며 이를 등가 회로로 그림 (다)와 같이 도식화할 수 있다.

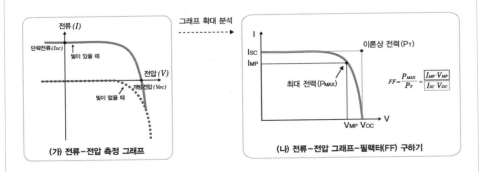

(가) 전류-전압 측정 그래프

(나) 전류-전압 그래프-필팩터(FF) 구하기

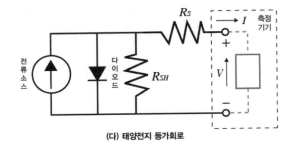

(다) 태양전지 등가회로

- 단락 전류(I_{sc}): 측정기기 또는 외부 임피던스가 매우 낮은 회로 조건(단락 회로)에서 태양전지를 통해 전달되는 최대 전류를 나타낸다.
- 개방 전압(V_{oc}): 전지 전반의 최대 전압 차이며 전지를 통해 전달되는 전류가 없을 때($I=0$) 발생한다.

2016
2017
2018
2019
2020
2021
2022

• 필 팩터(Fill Factor, FF): 최대 전력(P_{MAX})을 개방 전압(V_{OC})과 단락 회로 전류(I_{SC})에서 출력하는 이론상 전력(P_T)과 비교하여 계산한다. 즉, 그림 (나)에 표시된 정사각형 영역의 비로 해석할 수 있다. 최대 전력(P_{MAX})은 최적의 외부 임피던스에서 발생할 수 있는 전류(I_{MP})와 전압(V_{MP})의 곱으로 나타낼 수 있다.

이에 대한 설명으로 옳은 것만을 있는 대로 <u>모두</u> 고르시오.

① 태양전지가 발생시킬 수 있는 최대 전류는 I_{MP}이다.

② 어떤 기기든 태양전지에 연결하면 전력 P_{MAX}를 공급받을 수 있다.

③ 등가 회로에 따르면 직렬 저항에 해당하는 R_S는 작을수록 좋은 태양전지이다.

④ 등가 회로에 따르면 병렬 저항에 해당하는 R_{SH}는 클수록 좋은 태양전지이다.

⑤ 태양전지가 단락 전류(I_{SC})와 개방 전압(V_{OC})의 곱인 전력(P_T)은 발생시킬 수 없다.

2017년
기출문제

한국중학생물리대회 시상 기준 점수 2017년(2017년 7월 시행)

수상 내역	최우수상	금상	은상	동상	장려상	수상자 비율
점수 구간(점) *30점 만점	29.00 ~ 25.00	24.50 ~ 21.75	21.50 ~ 19.00	18.75 ~ 15.50	15.25 ~ 11.50	24.35%

01 원형 트랙을 도는 자동차 안의 운전자는 바깥쪽으로 쏠리는 힘을 느끼는데, 정지 궤도에 있는 우주선 안의 우주인은 지구를 중심으로 원운동을 하고 있음에도 불구하고 한쪽으로 쏠리는 힘을 느끼지 않는다. 관성계의 관찰자 입장에서 옳게 진술한 것만을 |보기|에서 있는 대로 고른 것은?

> |보 기|
>
> ㄱ. 운전자에게 원형 트랙 중심 방향의 알짜힘이 작용한다.
> ㄴ. 우주인에게 작용하는 알짜힘은 0이다.
> ㄷ. 우주선이 정지 궤도보다 더 높은 원 궤도를 돌면, 우주인에게는 지구 반대쪽으로 쏠리는 힘이 작용한다.

① ㄱ   ② ㄷ   ③ ㄱ, ㄴ   ④ ㄱ, ㄷ   ⑤ ㄴ, ㄷ

02 문제 오류로 삭제함

03 수소 원자의 방출 스펙트럼에서 측정되는 빛의 파장 λ는 아래 식을 만족한다.

$$\frac{1}{\lambda} = R\left(\frac{1}{m^2} - \frac{1}{n^2}\right)$$

이에 대한 설명으로 옳은 것만을 |보기|에서 있는 대로 고른 것은? (단, R는 상수이고, m과 n은 자연수이며, $n > m$이다.)

|보기|

ㄱ. 방출 스펙트럼 중 가장 짧은 빛의 파장은 $\frac{1}{R}$이다.

ㄴ. $m = 2$인 경우에 가능한 빛의 가장 작은 진동수는 $m = 3$인 경우에 가능한 빛의 가장 큰 진동수보다 크다.

ㄷ. 백색광을 수소 원자에 비추어 얻은 흡수 스펙트럼의 파장도 위 식으로 설명된다.

---

① ㄱ   ② ㄱ, ㄴ   ③ ㄱ, ㄷ   ④ ㄴ, ㄷ   ⑤ ㄱ, ㄴ, ㄷ

04 그림과 같이 마찰이 없는 바닥에 질량 $2m$인 트랙이 놓여 있는데 이 트랙은 직선과 원형으로 이루어져 있다. 트랙 위에 질량 m인 물체가 초기 속력 v_0로 운동하고 있을 때, 이 물체가 반지름 R인 원형 트랙에서 떨어지지 않고 완전히 한 바퀴 돌기 위한 v_0의 최솟값은? (단, 바닥과 트랙, 트랙과 물체 사이의 마찰은 무시하고, 중력 가속도는 g이다.)

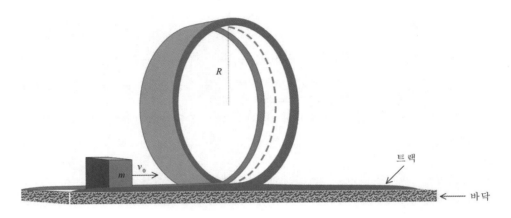

① $\sqrt{5gR}$

② $\sqrt{6gR}$

③ $\sqrt{7gR}$

④ $\sqrt{8gR}$

⑤ $\sqrt{9gR}$

05 다음은 X선에 대한 설명이다.

│지 문│

그림 (가)는 X선 발생 장치를 나타낸 것이다. 전류에 의해 가열된 열선에서 튀어나온 전자가 고전압에 의해 가속된 후 구리와 충돌하여 X선을 발생시킨다. 이 과정에서 발생되는 X선은 그림 (나)와 같이 넓은 범위의 연속된 파장에서 관측되는 제동 복사와 특정 파장에서만 관측되는 특성 X선으로 나눌 수 있다. 그림 (다)는 고전압에 의해서 가속된 전자들이 구리 원자에 입사하여 어떤 X선을 발생시키는지를 보여 준다. 전자 1은 핵에서 멀리 떨어져 지나가고, 전자 2는 핵 가까이서 지나가며, 전자 3은 핵과 정면 충돌을 한다. 전자 4는 K 전자껍질에 있는 전자와 충돌하여 전자껍질에 있던 전자를 구리 원자 밖으로 내보낸다. 비어 있는 K 전자껍질을 다른 전자껍질에 있던 전자가 채우면서 두 전자껍질의 에너지 차에 해당하는 X선이 발생한다.

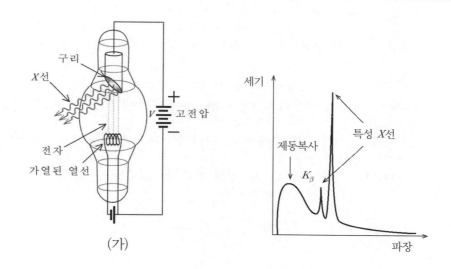

(가)

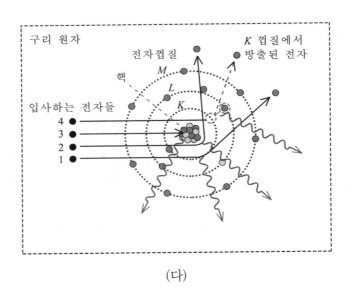

(다)

이에 대한 설명으로 옳은 것만을 |보기|에서 있는 대로 고른 것은?

① ㄱ   ② ㄴ   ③ ㄷ   ④ ㄱ, ㄴ   ⑤ ㄴ, ㄷ

06 중성인 두 원자가 상호 작용을 할 때, 두 원자 사이의 퍼텐셜 에너지는 그림과 같은 레너드 존스 퍼텐셜로 나타낸다. 두 원자 중 한 원자는 다른 원자보다 매우 무거워서 원점에 정지해 있고, 가벼운 원자만 움직인다고 가정한다. 이에 대한 설명으로 옳은 것만을 |보기|에서 있는 대로 고른 것은? (단, 가벼운 원자를 위치 C와 D에 가만히 두면 단진동을 한다.)

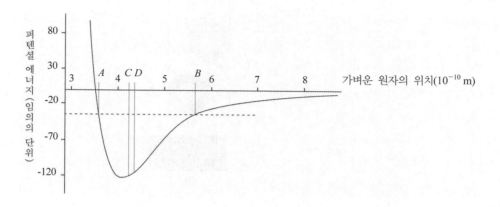

─|보 기|─────────────────────────

ㄱ. 가벼운 원자가 위치 A에 있을 때 받는 힘은 위치 B에 있을 때 받는 힘보다 그 크기는 크고 방향은 반대이다.

ㄴ. 위치 B에서 4 m/s의 속도로 정지한 원자를 향해 움직이는 원자는 위치 A에서 되돌아온다.

ㄷ. 가벼운 원자를 위치 C에 두었을 때보다 퍼텐셜 에너지가 더 높은 위치 D에 두었을 때 진동 주기가 더 짧다.

① ㄱ   ② ㄴ   ③ ㄷ   ④ ㄱ, ㄴ   ⑤ ㄴ, ㄷ

07 그림과 같이 질량 $4M$인 추가 도르래 2개에 실로 연결되어 정지해 있다. 도르래의 질량은 각각 M이다. 실에 걸리는 장력을 T_1, T_2라고 할 때, $\dfrac{T_1}{T_2}$는? (단, 실의 질량은 무시한다.)

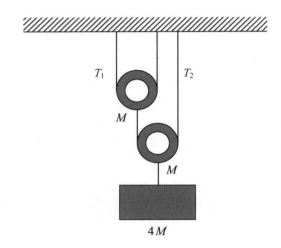

① $\dfrac{1}{2}$　　　② $\dfrac{7}{10}$　　　③ $\dfrac{3}{4}$　　　④ $\dfrac{4}{5}$　　　⑤ $\dfrac{11}{12}$

08 그림과 같이 지표에 대해서 정지한 직각 좌표계의 x, y축을 따라 관찰자 A, B, C, D가 속력 v 또는 $2v$로 운동하고, 원점 O에서 v의 속력으로 연직 위로 던져진 공은 z축을 따라 중력을 받으면서 운동을 하고 있다.

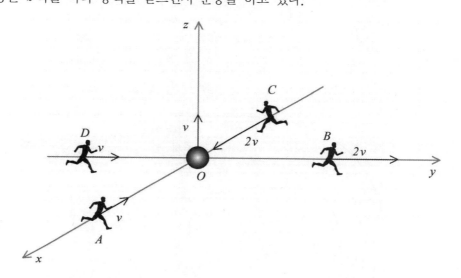

이에 대한 설명으로 옳은 것만을 |보기|에서 있는 대로 고른 것은? (단, 관찰자와 공의 속력은 빛의 속력보다 매우 작다고 가정한다.)

┤보 기├

ㄱ. 공이 다시 땅에 도달하는 시간은 C가 볼 때 가장 빠르다.
ㄴ. 공이 최고점에 도달했을 때, B가 보는 공의 속력은 A가 보는 공의 속력보다 $\sqrt{2}$ 배 더 빠르다.
ㄷ. 공이 다시 땅에 도달하기 직전, D가 보는 공의 가속도는 B가 보는 공의 가속도와 같다.

① ㄱ   ② ㄴ   ③ ㄷ   ④ ㄱ, ㄴ   ⑤ ㄴ, ㄷ

2016
2017
2018
2019
2020
2021
2022

09 자동차 A가 $a \rightarrow b$ 방향으로 직선-원형 트랙을 따라 $30 \, \mathrm{m/s}$의 일정한 속력으로 움직이고 있다. A가 a 지점을 통과하는 순간 a점에서 정지해 있던 자동차 B가 $4 \, \mathrm{m/s^2}$의 가속도로 b 지점까지 등가속도 운동을 하고, 이후부터는 일정한 속력으로 운동한다.

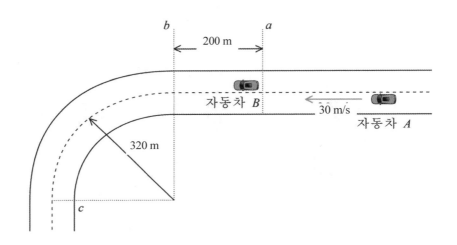

자동차의 운동에 대한 설명으로 옳은 것만을 |보기|에서 있는 대로 고른 것은? (단, $b-c$ 구간은 원형 도로이며, 중력 가속도는 $10 \, \mathrm{m/s^2}$이고, 트랙의 폭과 자동차의 크기는 무시한다. 자동차와 바닥 사이의 마찰력이 구심력으로 작용하여 자동차가 미끄러지지 않고 원형 도로를 따라 이동한다.)

┌─|보기|───┐
ㄱ. B가 b 지점에 도달하는 순간 속력은 $40 \, \mathrm{m/s}$이다.
ㄴ. B가 원형 도로에서 미끄러지지 않기 위한 자동차와 바닥 사이의 최소 마찰 계수는 0.5이다.
ㄷ. B가 A를 따라잡는 데 걸리는 시간은 출발 후 25초이다.
└──┘

① ㄱ   ② ㄷ   ③ ㄱ, ㄴ   ④ ㄴ, ㄷ   ⑤ ㄱ, ㄴ, ㄷ

10 다음은 교과서에 제시된 대표적인 관성 실험 2가지를 물리적으로 해석한 것이다. ㉠~㉤에 들어갈 내용으로 옳은 것을 <u>모두</u> 고르시오.

관성 게임	그림과 같이 스탠드에 실을 사용하여 추를 매단 후 아래쪽 실을 빠르게 당겨보고 다음에는 천천히 당겨보자. 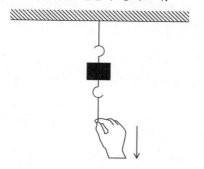	질량 M인 종이 위에 질량 m인 동전이 올라가 있다. 이때 종이를 큰 힘 F로 빠르게 당기면 동전은 컵 속에 빠지고 종이만 빠져나온다. (단, 종이와 컵 사이의 마찰은 무시한다.) 
물리 해석	질량 M인 추의 위아래에 실을 매달고 힘 F로 당기면 실의 모든 지점은 동일한 크기의 힘을 받는다. 실은 일정 길이까지만 늘어나고 그 한계를 넘으면 끊어진다. 실을 천천히 당기면 (㉠). 반면 큰 힘으로 빠르게 당기면 (㉡). 따라서 (㉢).	동전과 종이 사이에 작용하는 마찰력을 f라고 하면, 종이가 가속도 a, 동전이 가속도 a'로 움직인다고 할 때, 운동 방정식은 (㉣)과 같다. 동전과 종이 사이의 정지 마찰 계수를 μ라고 할 때, 동전이 미끄러질 조건 $(a > a')$을 이용하면 동전을 컵 속에 빠트리기 위해서는 (㉤)보다 큰 힘으로 당겨야 한다.

① ㉠ : 아래쪽 실은 $F + Mg$의 힘을 받고, 위쪽 실은 F의 힘을 받는다.
② ㉡ : 추는 F/M로 가속되는데 이 가속도보다 아래쪽 실이 더 빠르게 가속된다.
③ ㉢ : 실을 천천히 당기면 위쪽 실이 끊어지고, 실을 빠르게 당기면 아래쪽 실이 끊어진다.
④ ㉣ : $F + f = Ma$, $f = ma'$
⑤ ㉤ : $\mu(M + m)g$

11 그림 (a1)과 같이 O점에서 물체를 던졌더니 A 지점에 떨어졌다. 그림 (a2)와 같이 동일한 두 물체를 O와 A에서 같은 각도로 던졌더니 가운데 지점에서 완전 비탄성 충돌을 한 후 땅에 떨어졌다. 그림 (b)는 A 지점보다 가까운 B 지점에서 동일한 초기 속력과 각도로 던진 상황을 나타낸 것으로, 충돌 후 합쳐진 두 물체는 위로 올라갔다가 내려온다. 그림 (c)는 A 지점보다 먼 C 지점에서 동일한 초기 속도와 각도로 던진 상황을 나타낸 것으로, 충돌 후 합쳐진 두 물체는 (a2)에서보다 빠른 초기 속력을 갖고 떨어진다. 그림 (a2), (b), (c)에서 공을 던진 순간부터 땅에 떨어질 때까지 걸린 시간을 각각 T_A, T_B, T_C라고 할 때, T_A, T_B, T_C의 크기 비교로 옳은 것은? (단, 공기 저항은 무시하고, 중력 가속도는 일정하다.)

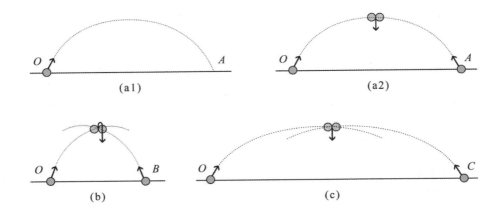

(a1)   (a2)

(b)   (c)

① $T_A = T_B = T_C$

② $T_A < T_B = T_C$

③ $T_B = T_C < T_A$

④ $T_B < T_A < T_C$

⑤ $T_C < T_A < T_B$

12 우주선은 연료를 사용하지 않고도 행성 중력의 도움을 받아 더 빠른 속력을 얻을 수 있는데, 이를 '중력 가속 효과' 또는 '슬링쇼트 효과'라고 한다. 다음은 중력 가속 효과를 이용하여 우주선의 속력이 변하는 원리를 설명한 것이다. ㉠~㉤에 들어갈 식으로 옳은 것을 <u>모두</u> 고르시오.

│지 문│

태양을 기준으로 행성의 공전 속력을 V, 우주선의 속력을 v라고 하자.

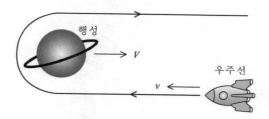

행성을 기준으로 한 상대 속도를 생각하면, 우주선은 (㉠)의 속력으로 다가 왔다가 에너지 손실 없이 (㉡)의 속력으로 멀어지게 된다.
이를 태양을 기준으로 한 속도로 설명하면, 서로 접근할 때에는 행성과 우주 선이 각각 V와 v의 속력으로 반대 방향으로 운동하다가 서로 멀어질 때에는 각각 (㉢), (㉣)의 속력으로 같은 방향으로 운동하는 것과 같다. 따라서 우 주선의 속력은 처음보다 (㉤)만큼 더 빨라진다.

---

① ㉠ : $V+v$

② ㉡ : $V-v$

③ ㉢ : $V-v$

④ ㉣ : $V+v$

⑤ ㉤ : $2V$

13 그림과 같이 용수철 상수가 50 N/m인 용수철에 질량 400 g인 추가 매달려 있다. 추에 달린 실을 오른쪽으로 잡아당겨 추와 용수철이 그림과 같은 모습을 유지하도록 할 때 용수철의 길이가 15 cm이었다.

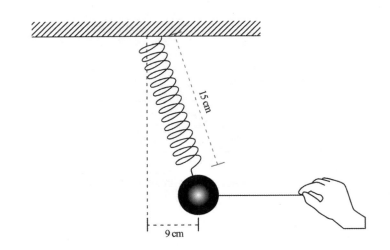

이에 대한 설명으로 옳은 것만을 |보기|에서 있는 대로 고른 것은? (단, 중력 가속도의 크기는 10 m/s²이고, 용수철 질량과 추의 크기는 무시하며, 실은 수평 방향을 유지한다.)

|보기|

ㄱ. 용수철과 실이 이루는 각은 120°이다.
ㄴ. 실에 작용하는 장력의 크기는 3 N이다.
ㄷ. 용수철의 원래 길이는 5 cm이다.

---

① ㄱ   ② ㄷ   ③ ㄱ, ㄴ   ④ ㄴ, ㄷ   ⑤ ㄱ, ㄴ, ㄷ

14 그림과 같이 질량이 2 kg인 물체를 원래 길이가 40 cm이고 용수철 상수가 2000 N/m인 용수철 위에 올려놓고 연직으로 눌렀다가 놓았더니 물체가 연직 위로 운동하였다. 바닥으로부터 높이 0.2 m인 지점을 지날 때 물체의 속력은 2 m/s이었다.

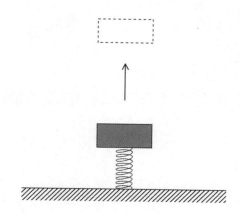

이에 대한 설명으로 옳은 것만을 |보기|에서 있는 대로 고른 것은? (단, 중력 가속도의 크기는 10 m/s²이고, 용수철 질량 및 공기 저항은 무시한다.)

보기

ㄱ. 물체가 올라간 최고 높이는 바닥으로부터 2.4 m이다.
ㄴ. 바닥으로부터 높이 0.6 m인 지점을 지나는 순간, 물체의 속력은 6 m/s이다.
ㄷ. 처음 물체를 눌렀을 때 물체의 위치는 바닥으로부터 높이 0.1 m인 지점이다.

---

① ㄱ   ② ㄷ   ③ ㄱ, ㄴ   ④ ㄴ, ㄷ   ⑤ ㄱ, ㄴ, ㄷ

15 그림과 같이 절벽에서 지면과 나란한 방향으로 공을 던진다. 지면과 공의 운동 방향이 이루는 각을 θ라 할 때, 공을 던진 직후부터 바닥에 떨어질 때까지 $\tan\theta$를 나타낸 그래프로 가장 적절한 것은? (단, 공기 저항은 무시한다.)

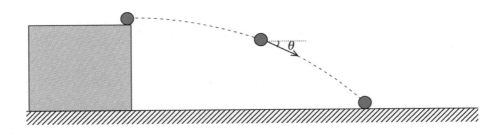

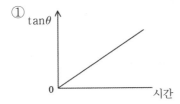

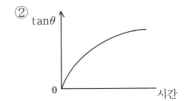

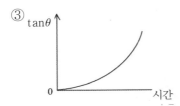

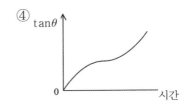

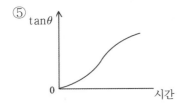

16 질량 m인 철수가 길이 L인 밧줄에 매달려 강을 건너려고 한다. 그림 (가)에서와 같이 정지 상태의 줄에 매달려 밧줄에 이상이 없는 것을 확인한 철수는 그림 (나)에서처럼 밧줄에 매달려 강을 건너고 있다. 이때 최하점을 지나는 순간 철수의 속력은 v이었다. 이에 대한 설명으로 옳은 것을 <u>모두</u> 고르시오. (단, 밧줄의 질량과 철수의 크기는 무시하고, 중력 가속도의 크기는 g이다.)

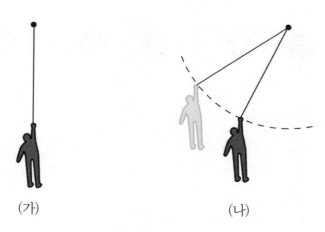

(가)   (나)

① (가)에서 줄에 걸리는 장력의 크기는 mg이다.

② (나)에서 철수에게 작용하는 알짜힘의 방향은 밧줄과 나란한 방향이다.

③ (나)에서 아래로 내려올수록 밧줄에 걸리는 장력의 크기는 증가한다.

④ (나)에서 최하점까지 내려오는 데 걸리는 시간은 철수의 질량이 클수록 줄어든다.

⑤ (나)에서 줄에 작용하는 장력의 최댓값은 (가)에서 줄의 장력에 비해 $\dfrac{mv^2}{L}$만큼 크다.

17 그림 (가), (나), (다)는 전하량이 같은 양(+)의 점전하와 음(−)의 점전하가 정사각형의 꼭짓점에 배열된 모습을 나타낸 것이다. (가), (나), (다)에서의 정전기 퍼텐셜 에너지를 각각 $U_가$, $U_나$, $U_다$라 할 때, 이들 사이의 관계로 옳은 것은?

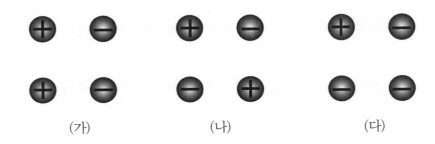

(가)   (나)   (다)

① $U_가 = U_나 > U_다$

② $U_가 = U_나 < U_다$

③ $U_가 > U_나 > U_다$

④ $U_나 > U_다 > U_가$

⑤ $U_다 > U_가 > U_나$

18 그림은 전압이 9 V로 일정한 전원 장치에 저항과 축전기를 연결한 회로를 나타낸 것이다.

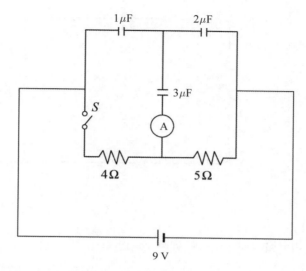

이에 대한 설명으로 옳은 것만을 |보기|에서 있는 대로 고른 것은? (단, 회로에 연결되기 전에 각 축전기에 저장된 전하는 없었다.)

|보기|

ㄱ. 스위치 S가 열린 상태로 시간이 충분히 흐른 뒤에 $2 \mu F$의 축전기에 저장된 전하량은 $3 \mu C$이다.
ㄴ. 스위치 S를 충분히 열어두었다가 닫은 직후에 전류계에서 전류가 $3 \mu F$의 축전기 쪽으로 흐른다.
ㄷ. 스위치 S가 닫힌 상태로 시간이 충분히 흐른 뒤에 $2 \mu F$의 축전기에 저장된 전하량은 $5 \mu C$이다.

① ㄱ   ② ㄴ   ③ ㄷ   ④ ㄱ, ㄴ   ⑤ ㄱ, ㄴ, ㄷ

19 그림은 진동수가 f이고 전압의 최댓값이 일정한 교류 전원 V_{in}에 전기 용량이 C인 축전기와 저항값이 R인 저항이 연결된 회로를 나타낸 것이다.

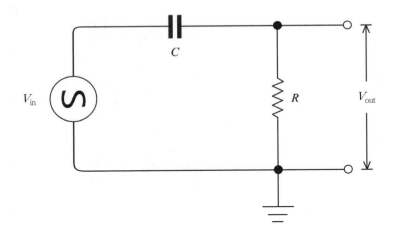

출력 단자의 전압 V_{out}에 대한 설명으로 옳은 것만을 |보기|에서 있는 대로 고른 것은?

| 보기 |

ㄱ. f가 작을수록 V_{out}의 크기는 작아진다.

ㄴ. V_{out}의 크기는 $f = \dfrac{1}{2\pi\sqrt{RC}}$ 일 때 최대가 된다.

ㄷ. V_{in}와 V_{out}는 위상이 서로 같다.

① ㄱ   ② ㄴ   ③ ㄷ   ④ ㄱ, ㄴ   ⑤ ㄱ, ㄷ

20 그림은 일정량의 단원자 분자 이상 기체의 상태가 A → B → C → A 순서에 따라 변화할 때 기체의 압력과 부피를 나타낸 것이다.

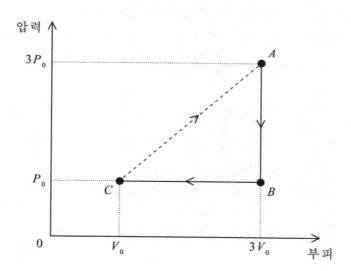

이에 대한 설명으로 옳은 것만을 |보기|에서 있는 대로 고른 것은?

┌─|보기|┐
ㄱ. 내부 에너지 변화량은 A → B 과정이 B → C 과정의 3배이다.
ㄴ. 기체가 방출한 열량은 A → B 과정이 B → C 과정의 2배이다.
ㄷ. 이 순환 과정으로 작동하는 기관의 열효율은 12.0 %이다.
└────────────────────────────┘

① ㄱ   ② ㄴ   ③ ㄷ   ④ ㄱ, ㄴ   ⑤ ㄱ, ㄷ

21 그림과 같이 나침반의 남쪽에서 동쪽으로 $30°$ 방향과 $60°$ 방향의 같은 거리에 두 개의 도선이 있고 각각 지면을 뚫고 나오는 방향으로 전류가 흐를 수 있도록 회로에 연결되어 있다. I_1만 흐르게 하였더니 나침반의 N극이 반시계 방향으로 $90°$ 회전하여 서쪽을 가리켰으며, I_1과 I_2를 모두 흐르게 하였더니 I_1만 흐를 때보다 반시계 방향으로 $30°$ 더 회전하였다. $\dfrac{I_1}{I_2}$은?

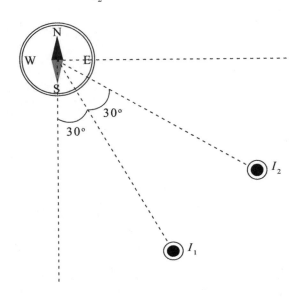

① $\dfrac{1}{\sqrt{3}}$

② $\dfrac{\sqrt{3}}{2}$

③ $\dfrac{2}{\sqrt{3}}$

④ $\sqrt{3}$

⑤ $2\sqrt{3}$

22 10 ℃의 물이 유입되다가 두 갈래로 나뉘어져 한쪽은 그대로 공급되고 다른 한쪽은 온수기를 통하여 공급된다. 냉수 밸브와 온수 밸브는 최대한 열었을 때 각각 초당 40 mL의 물을 공급한다. 온수기의 소비 전력은 온수 밸브에서 나오는 물의 양에 비례하며, 온수 밸브를 최대로 열 때 온수기의 소비 전력은 5 kW이다. 온수기에서 소비된 전기 에너지의 84 %가 물의 온도를 높이는 데에 사용된다. 온수기를 통과한 물은 수도꼭지에 도달하기 전까지 약간의 열 손실이 발생하며 물과 파이프 외부 온도(10 ℃) 차이의 4 %만큼 온도가 감소한다. 세면대에서 30 ℃의 물을 단위 시간당 가장 많이 공급받을 수 있도록 밸브를 조절할 때, 냉수와 온수의 초당 공급량은? (단, 열의 일당량은 4.2 J/cal이다.)

① 냉수 4 mL/s, 온수 20 mL/s
② 냉수 8 mL/s, 온수 20 mL/s
③ 냉수 8 mL/s, 온수 40 mL/s
④ 냉수 10 mL/s, 온수 40 mL/s
⑤ 냉수 12 mL/s, 온수 40 mL/s

23 5가지 물체(A, B, C, D, E)를 서로 마찰했을 때 나타난 현상이 다음과 같았다. 전자를 잃기 쉬운 순서로 나열할 때, 다음 중 가능한 경우를 있는 대로 <u>모두</u> 고르시오. (단, 다음 지문의 각 실험에서 마찰 전의 물체들은 모두 중성이다.)

┤지문├
• A와 B, C와 D를 각각 서로 마찰하였더니 A와 D 사이에는 서로 미는 힘이 작용하였다.
• A와 C를 각각 E에 마찰하였더니 A와 C 사이에는 서로 당기는 힘이 작용하였다.
• B와 E를 서로 마찰하고 B를 공기 중에 두었더니 B에 있던 전자가 서서히 공기 중으로 빠져나갔다.

① ADECB   ② AEDBC   ③ CEADB
④ CEBDA   ⑤ DEABC

24 그림 (가)는 내부 저항이 있는 전지와 저항값이 R인 외부 저항을 직접 연결한 회로이며, (나)는 (가)의 회로에서 R의 값을 알아내기 위해 내부 저항이 있는 전류계와 내부 저항이 있는 전압계를 연결한 회로이다.

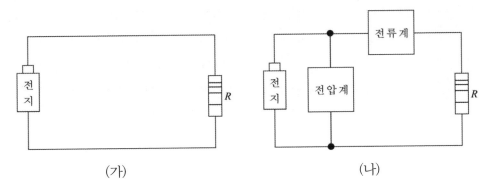

(가)   (나)

이에 대한 설명으로 옳은 것만을 |보기|에서 있는 대로 고른 것은?

|보 기|

ㄱ. (나)의 전류계에서 측정된 전류는 (가)에서 흐르는 전류보다 항상 작다.
ㄴ. (나)에서 측정된 전압을 측정된 전류로 나눈 값은 R보다 크다.
ㄷ. (나)의 전압계에서 측정된 전압은 (가)의 외부 저항에 걸리는 전압보다 항상 크다.

① ㄱ   ② ㄷ   ③ ㄱ, ㄴ   ④ ㄴ, ㄷ   ⑤ ㄱ, ㄴ, ㄷ

25 그림은 레이저 스캐너 내부의 모습을 모식적으로 나타낸 것으로, 레이저 빔은 거울의 중심 O에서 반사되어 스크린의 한 점 P에 도달한다. 레이저 발생 장치는 위치가 고정되어 있고, 거울은 O를 중심으로 회전하며, O에서 스크린까지의 거리는 25 cm이다.

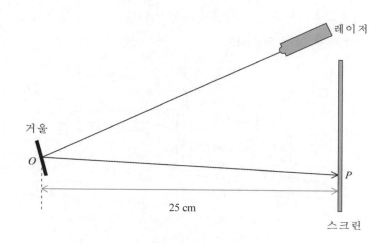

P가 100 cm/s의 속력으로 움직이기 위한 거울의 각속도에 가장 가까운 값은? (단, 거울과 스크린, 거울과 레이저는 충분히 멀리 떨어져 있다.)

① $\dfrac{1}{2}$ rad/s

② 1 rad/s

③ 2 rad/s

④ 4 rad/s

⑤ 8 rad/s

26 그림 (가)는 z축에서 벗어난, 무한히 멀리 떨어져 있는 점광원이 굴절률 n인 얇은 볼록 렌즈에 의해 스크린의 점 P에 상을 맺는 모습을 모식적으로 나타낸 것으로, 면 S는 z축에 수직이며 렌즈 중심을 지난다. 그림 (나)는 경로 1, 2가 렌즈를 지나는 모습을 확대하여 나타낸 것으로, 경로 1의 광선은 렌즈 속에서 d_1의 거리를 지나며, 경로 2의 광선은 렌즈 속에서 d_2의 거리를 지난다. 이에 대한 설명으로 옳은 것을 있는 대로 <u>모두</u> 고르시오.

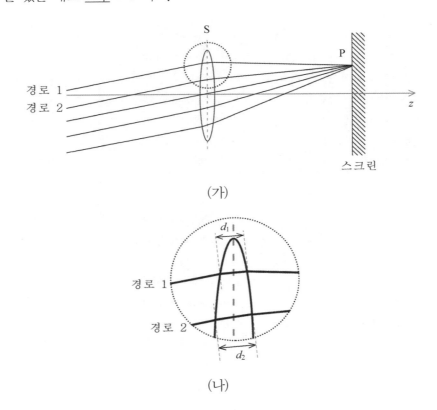

(가)

(나)

① 광선이 경로 1을 통해 점광원으로부터 P에 도달하는 데 걸리는 시간은 경로 2를 통해 도달하는 데 걸리는 시간보다 길다.
② 광선이 경로 1을 통해 점광원으로부터 P에 도달하는 거리는 경로 2를 통해 도달하는 거리보다 $(n-1)(d_2-d_1)$만큼 길다.
③ 렌즈 중심으로부터 스크린까지의 거리는 볼록 렌즈의 초점 거리보다 길다.
④ 면 S에서 빛의 위상은 모두 같다.
⑤ P에서 보강 간섭이 일어난다.

27 그림은 단일 슬릿과 이중 슬릿을 통과한 단색광에 의해 스크린에 생기는 간섭무늬를 관찰하는 실험 장치와 결과를 모식적으로 나타낸 것이다. 단일 슬릿의 중심은 광축으로부터 벗어나 있다.

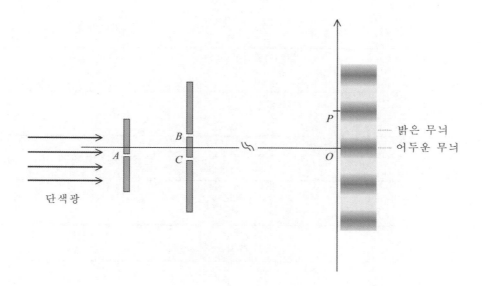

이에 대한 설명으로 옳은 것만을 |보기|에서 있는 대로 고른 것은?

┌─|보기|───┐
│   │
│ ㄱ. 슬릿 B와 C로부터 점 P까지 경로차는 반파장의 홀수배이다.   │
│ ㄴ. 슬릿 A에서 슬릿 B, C까지 위상차는 π의 홀수배이다.   │
│ ㄷ. 다른 파장의 단색광을 비추어 점 O에서 밝은 무늬를 만들 수 있다. │
│   │
└──┘

① ㄱ   ② ㄴ   ③ ㄷ   ④ ㄱ, ㄷ   ⑤ ㄴ, ㄷ

28 그림과 같이 전기 쌍극자가 균일한 전기장 속에 놓여 있다. 전기 쌍극자의 점전하는 질량이 m, 전하량이 $+q$, $-q$이고 L만큼 떨어져 있다. 전기 쌍극자의 방향이 전기장의 방향과 거의 일치할 때, 전기 쌍극자는 단진동을 한다. 단진동의 고유 진동수는?

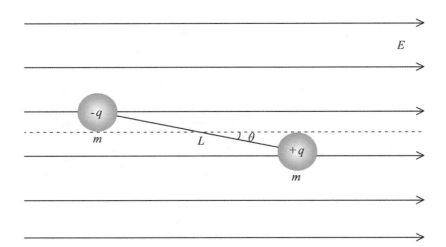

① $\dfrac{1}{2\pi}\sqrt{\dfrac{qE}{4mL}}$

② $\dfrac{1}{2\pi}\sqrt{\dfrac{qE}{2mL}}$

③ $\dfrac{1}{2\pi}\sqrt{\dfrac{qE}{mL}}$

④ $\dfrac{1}{2\pi}\sqrt{\dfrac{2qE}{mL}}$

⑤ $\dfrac{1}{2\pi}\sqrt{\dfrac{4qE}{mL}}$

29 그림과 같이 xy 평면상에서 전하량이 $-2q$, $+q$인 두 점전하가 $A(-d, 0)$, $B(d, 0)$에 각각 고정되어 있다.

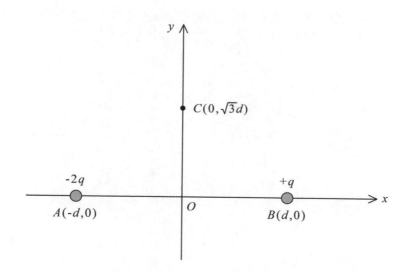

이에 대한 설명으로 옳은 것만을 |보기|에서 있는 대로 고른 것은? (단, 전하량이 $+q$인 점전하로부터 거리 d만큼 떨어진 지점에서 전기장의 세기는 E_0이다.)

| 보 기 |

ㄱ. 점 C에서 전기장의 세기는 $\dfrac{\sqrt{3}}{4}E_0$이다.

ㄴ. 점 C에서 원점 O까지 점전하 $+q$를 이동할 때, 전기력이 한 일은 $qE_0\dfrac{d}{2}$이다.

ㄷ. x축 상에 전하량이 $-q$인 점전하를 놓을 때, 이 점전하에 작용하는 알짜 힘이 0인 지점은 2군데 있다.

---

① ㄴ   ② ㄷ   ③ ㄱ, ㄴ   ④ ㄱ, ㄷ   ⑤ ㄱ, ㄴ, ㄷ

30 그림은 5개의 저항과 4 V의 전원 장치로 구성된 회로를 나타낸 것이다. 5개 저항의 저항값이 모두 1Ω일 때, 저항 R_3에는 전류가 흐르지 않았다. R_5의 저항값만 2Ω으로 바꾸었을 때, 이에 대한 설명으로 옳은 것만을 있는 대로 모두 고르시오.

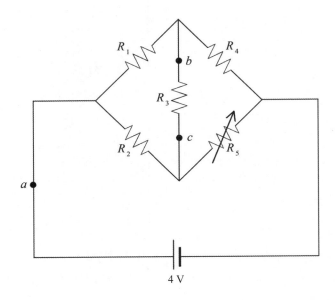

① 점 a에 흐르는 전류는 4 A보다 작다.
② R_3에는 b에서 c로 전류가 흐른다.
③ R_1에 걸리는 전위차는 R_2에 걸리는 전위차보다 크다.
④ R_4에 걸리는 전위차는 2 V보다 크다.
⑤ R_1에 흐르는 전류는 2 A보다 크다.

2018년
기출문제

한국중학생물리대회 시상 기준 점수 2018년(2018년 7월 시행)

수상 내역	최우수상	금상	은상	동상	장려상	수상자 비율
점수 구간(점) *30점 만점	26.50 ~ 23.75	23.25 ~ 20.50	20.25 ~ 18.25	18.00 ~ 15.00	14.75 ~ 11.50	24.54%

01 그림은 평면상의 원형 트랙에서 시계 방향으로 운동하고 있는 자동차와 지점 A~E
에서 자동차의 순간 가속도를 나타낸 것이다. 지점 A~E에서 가속도의 크기는 모두
같다. A~E 중에서 자동차의 순간 속력이 최대가 되는 지점은? (단, 자동차의 크기
는 무시한다.)

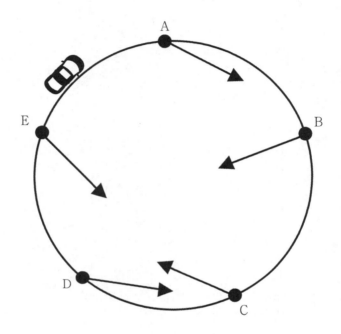

① A   ② B   ③ C   ④ D   ⑤ E

02 그림과 같이 질량 m인 물체가 원형 트랙의 높이 h인 지점에 놓여 있고, 용수철이 매달린 같은 질량의 물체가 바닥에 놓여 있다. 원형 트랙 상의 물체를 가만히 놓았더니 바닥에 놓인 물체와 충돌하였다. 용수철의 최대 압축 길이는? (단, 용수철 상수는 k이고, 중력 가속도의 크기는 g이며, 용수철 질량과 물체의 크기, 모든 마찰에 의한 영향은 무시한다.)

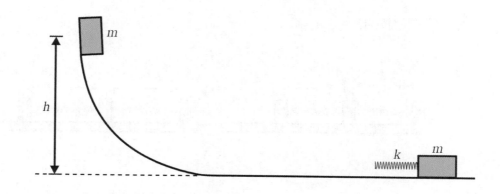

① $\sqrt{\dfrac{mgh}{8k}}$

② $\sqrt{\dfrac{mgh}{4k}}$

③ $\sqrt{\dfrac{mgh}{2k}}$

④ $\sqrt{\dfrac{mgh}{k}}$

⑤ $\sqrt{\dfrac{2mgh}{k}}$

03 그림 (가)와 같이 질량 m인 두 물체가 용수철 상수 k, 길이 ℓ인 용수철에 연결되어 수평면에 놓여 있다. 그림 (나)는 (가)의 두 용수철의 길이가 $\ell + s_1$, $\ell + s_2$가 되도록 두 물체를 오른쪽으로 당겨 정지한 모습을 나타낸 것이다. (나)에서 두 물체를 가만히 놓았더니, 두 물체는 같은 위상으로 일차원 단진동 운동을 하였다. $\dfrac{s_1}{s_2} = \dfrac{1 + \sqrt{5}}{2}$일 때, 단진동의 진동수는? (단, 모든 마찰, 용수철 질량, 물체의 크기는 무시한다.)

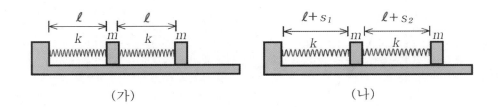

(가)   (나)

① $\dfrac{\sqrt{5}-2}{4\pi}\sqrt{\dfrac{k}{m}}$ ② $\dfrac{\sqrt{5}-2}{2\pi}\sqrt{\dfrac{k}{m}}$

③ $\dfrac{\sqrt{5}-1}{4\pi}\sqrt{\dfrac{k}{m}}$ ④ $\dfrac{\sqrt{5}-1}{2\pi}\sqrt{\dfrac{k}{m}}$

⑤ $\dfrac{2\sqrt{5}-1}{4\pi}\sqrt{\dfrac{k}{m}}$

04 그림 (가)와 같이 점 A에서 물체를 속력 v로 수평면에 대해 45°의 각으로 던졌더니, 물체는 포물선 운동을 하여 원점으로부터 거리가 L인 점 B에 도달하였다. 그림 (나)는 (가)의 물체를 점 A에서 속력 v로 수평면에 대해 θ의 각으로 던졌을 때, 물체의 궤적을 나타낸 것이다. (나)에서 물체는 점 A로부터 거리가 $\dfrac{L}{2}$인 점 C에서 한 번 튕긴 후, 최종적으로 점 B에 도달하였다. (가)와 (나)에서 물체가 던져진 순간부터 B에 도달할 때까지 걸린 시간을 각각 $t_{(가)}$와 $t_{(나)}$라고 할 때, $\dfrac{t_{(나)}}{t_{(가)}}$는? (단, (나)에서 공이 튕길 때 시간 지연은 없으며, 중력 가속도의 크기는 g이고, 물체의 크기는 무시한다.)

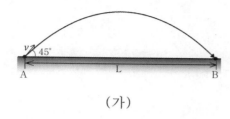

（가）

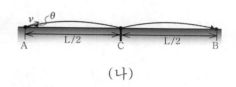

（나）

① $\sqrt{2}\sin\left(\dfrac{\pi}{8}\right)$ ② $2\sqrt{2}\sin\left(\dfrac{\pi}{8}\right)$

③ $\sqrt{2}\sin\left(\dfrac{\pi}{12}\right)$ ④ $2\sqrt{2}\sin\left(\dfrac{\pi}{12}\right)$

⑤ $\sqrt{2}\sin\left(\dfrac{\pi}{15}\right)$

05 그림과 같이 항성 S와 행성 A, B로 구성된 항성계에서 항성과 행성들이 A, S, B의 순서대로 일렬로 늘어서 있다. A, B는 S를 중심으로 각각 반지름이 r, $4r$인 원 궤도 상에서 반시계 방향으로 공전하며, A의 공전 주기는 1년이다. 순서에 관계없이 항성과 행성들이 다시 일렬로 늘어서는 데 걸리는 최소 시간은? (단, A와 B 사이의 만유인력과 항성과 행성들의 크기는 무시하며, 항성은 중심에 고정되어 있다.)

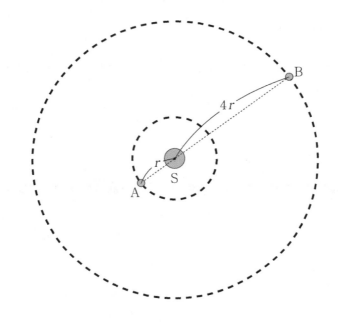

① $\frac{4}{7}$ 년

② $\frac{8}{7}$ 년

③ $\frac{16}{7}$ 년

④ $\frac{32}{7}$ 년

⑤ 8 년

06 그림과 같이 정지해 있던 버스 안에서 탑승객이 속력 v_0로 수평면에 대해 θ의 각으로 물체를 발사하는 순간, 버스가 $\frac{1}{\sqrt{3}}g$의 가속도로 등가속도 운동을 시작한다. 탑승객이 제자리에서 물체를 다시 받았다면, 공이 비행하는 동안 버스가 이동한 거리는? (단, 중력 가속도의 크기는 g이고, 공은 버스 내부와 충돌하지 않으며, 물체 및 탑승객의 크기와 공기 저항은 무시한다.)

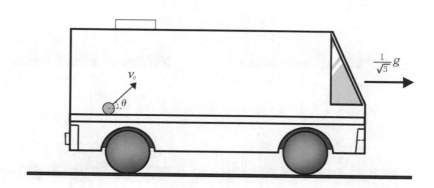

① $\dfrac{v_0^2}{2g}$

② $\dfrac{\sqrt{3}\,v_0^2}{2g}$

③ $\dfrac{v_0^2}{g}$

④ $\dfrac{\sqrt{3}\,v_0^2}{g}$

⑤ $\dfrac{2v_0^2}{g}$

07 그림 (가)는 영희가 움직도르래를 이용하여 발판과 자기 자신을 들어 올리려는 모습을, (나)는 영희가 움직도르래와 고정도르래를 이용하여 발판과 자기 자신을 들어 올리려는 모습을 나타낸 것이다. 발판과 영희의 질량은 각각 m이다. (가)와 (나)에서 영희가 발판과 자기 자신을 들어올리기 위한 최소 힘을 각각 T_1과 T_2라 할 때, $\dfrac{T_2}{T_1}$는? (단, 도르래와 줄의 질량 및 모든 마찰은 무시한다.)

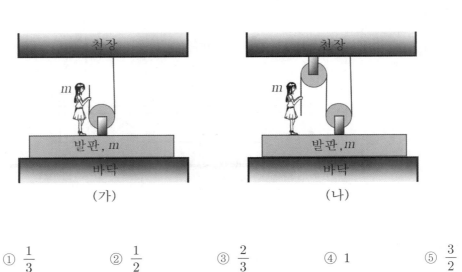

(가)   (나)

① $\dfrac{1}{3}$ ② $\dfrac{1}{2}$ ③ $\dfrac{2}{3}$ ④ 1   ⑤ $\dfrac{3}{2}$

08 그림과 같이 O점에서 물체 A를 던지고 T_0초 후 P점에서 물체 B를 던졌더니 A와 B가 Q점 위의 높이가 $h/2$인 지점에서 충돌하여 한 덩어리로 움직인다. 만일 A가 B와 충돌하지 않았다면 A는 P점에 도달한다. 두 물체의 질량은 같고, 물체를 던질 때 A와 B가 지면과 이루는 각은 θ로 같으며, A가 올라간 최고 높이는 h이다. 이에 대한 설명으로 옳은 것만을 |보기|에서 있는 대로 고른 것은? (단, O, P, Q는 지면에 있고, A와 B의 크기와 공기 저항은 무시한다.)

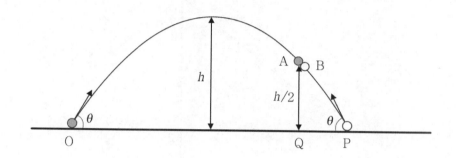

|보기|

ㄱ. 물체 B를 던지고 $\dfrac{T_0}{2}$초가 지나기 전에 두 물체는 충돌한다.

ㄴ. 충돌 후 두 물체가 수평면에 도달하는 위치는 Q점의 왼쪽이다.

ㄷ. 충돌 후 두 물체가 수평면에 도달하는 데 걸리는 시간은 $\dfrac{T_0}{2}$초보다 짧다.

① ㄱ   ② ㄴ   ③ ㄱ, ㄷ   ④ ㄴ, ㄷ   ⑤ ㄱ, ㄴ, ㄷ

09 그림과 같이 길이 L인 실에 매달린 물체를 A점에서 가만히 놓았더니, 물체가 최하점인 O점을 지나 B점까지 올라갔다가 다시 A점까지 도달하는 운동을 반복하였다. B와 C 사이의 거리는 C와 O 사이의 거리와 같다. 이에 대한 설명으로 옳은 것을 모두 고르시오. (단, 물체의 크기, 공기 저항, 실의 질량은 무시한다.)

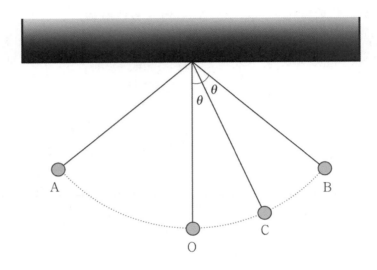

① O점에서 물체에 작용하는 알짜힘은 0이다.
② B점에서 물체의 가속도 방향은 물체의 운동 궤도의 접선 방향이다.
③ 물체가 내려올 때, C점에서 물체의 가속도 방향은 물체의 속도 방향과 같다.
④ 물체가 B점에서 O점으로 내려오는 동안, 실에 걸리는 장력의 크기는 증가한다.
⑤ 물체가 B점에서 O점으로 내려오는 동안, 실에 걸리는 장력은 물체에 음(−)의 일을 한다.

10 그림 (가)와 같이 두 물체가 고정되어 있는 나무판이 기울어진 채 받침점 위에 놓여 균형을 이루고 있다. 이때 받침점이 나무판을 연직 방향으로 떠받치는 힘의 크기는 F_1이다. 그림 (나)와 (다)는 (가)와 같이 기울어진 상태를 유지할 수 있도록 손으로 잡고 받침점을 각각 왼쪽과 오른쪽으로 이동한 것을 나타낸 것이다. 잡고 있던 손을 놓는 순간, 나무판은 미끄러지지 않고 받침점을 중심으로 회전한다. 이때 (나)와 (다)에서 받침점이 나무판을 연직 방향으로 떠받치는 힘의 크기는 각각 F_2와 F_3이다. F_2와 F_3을 F_1과 비교한 것으로 옳은 것은?

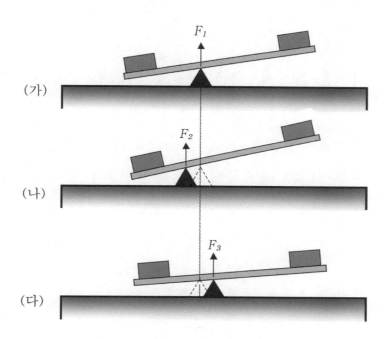

① $F_1 = F_2 = F_3$

② $F_1 > F_2, \quad F_1 > F_3$

③ $F_1 > F_2, \quad F_1 < F_3$

④ $F_1 < F_2, \quad F_1 > F_3$

⑤ $F_1 < F_2, \quad F_1 < F_3$

11 질량이 같은 두 물체 A, B를 일직선상에서 연직 아래로 떨어뜨렸다. A를 바닥으로부터 높이 225 m인 지점에서 초속도 20 m/s로 아래로 떨어뜨리는 순간, B를 높이 185 m인 지점에서 초속도 0 m/s로 떨어뜨렸다. 두 물체는 서로 탄성 충돌하며, 물체와 바닥간의 충돌도 탄성 충돌이다. 두 물체를 떨어뜨린 순간부터 두 번째로 서로 부딪칠 때까지 걸리는 시간은 몇 초인가? (단, 중력 가속도의 크기는 $10 \, \text{m/s}^2$이고, 두 물체는 연직 위와 아래로만 움직이며, 물체의 크기, 공기 저항, 충돌 과정의 시간은 무시한다.)

① $\dfrac{16}{3}$
② $\dfrac{11}{2}$
③ $\dfrac{17}{3}$
④ $\dfrac{13}{2}$
⑤ $\dfrac{19}{3}$

12 그림 (가)와 같이 수평인 책상 위에 놓은 수레에 줄을 책상 면과 수평으로 연결하고 그 줄을 도르래를 거쳐 추에 연결하였다. 처음에 수레를 손으로 잡고 있다가 놓았다. 그림 (나)는 시간에 따른 수레의 속력을, 그림 (다)는 시간에 따른 줄의 장력을 나타낸 것이다. 그림 (다)에서 시간 2초에서 4초 사이의 줄의 장력 T_1은?(단, 중력 가속도의 크기는 $10 \, \text{m/s}^2$이고, 줄과 도르래의 질량, 모든 마찰, 공기 저항은 무시한다.)

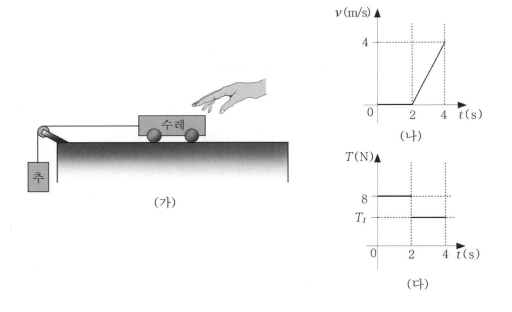

(가)

(나)

(다)

① 5.6 N
② 6.0 N
③ 6.4 N
④ 6.8 N
⑤ 7.2 N

13 그림과 같이 백열등 A에서 나온 빛이 조리개 B, 볼록렌즈 C, 프리즘 D, 볼록렌즈 E, 조리개 F를 지나 광전 효과 장비 G의 금속판에 도달하였다. G 안에는 금속판 H, 전원 M, 전류계 I, 전압계 J 등이 연결되어 있다. 빛이 금속판에 도달하는 것을 확인하였지만 광전 효과에 의한 전류가 전류계에서 관측되지 않았다. 전류계에서 광전 효과에 의한 전류를 관측할 수 있도록 시도해 볼 수 있는 실험 방법으로 옳은 것만을 |보기|에서 있는 대로 고른 것은? (단, 조리개는 빛을 통과시키는 넓이를 조절하는 장치이다.)

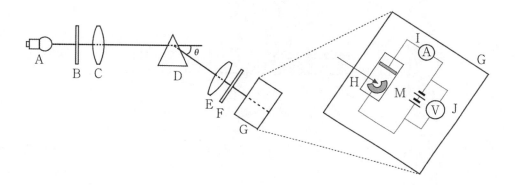

┌ 보기 ├──
ㄱ. 다른 장비는 그대로 두고 백열등 A를 보라색 램프로 바꾼다.
ㄴ. 다른 장비는 그대로 두고 E, F와 G를 함께 움직여 각 θ를 더 크게 한다.
ㄷ. 다른 장비는 그대로 두고 전원 M의 양극과 음극을 바꾸어 본다.
└──

① ㄱ   ② ㄴ   ③ ㄱ, ㄷ   ④ ㄴ, ㄷ   ⑤ ㄱ, ㄴ, ㄷ

2016
2017
2018
2019
2020
2021
2022

14 그림과 같이 지면으로부터 높이가 100 m인 지점에 정지해 있는 대포가 질량 m인 포탄을 초속도 v_0로 발사한다. 각 θ로 발사하였을 때 포탄이 점 P에서 가장 먼 지표면의 한 점에 도달하였다. 다음 중 옳은 것을 모두 고르시오. (단, 중력 가속도의 크기는 10 m/s²이고, 공기 저항, 대포 및 포탄의 크기는 무시한다.)

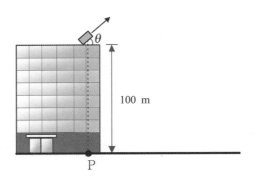

① θ는 45°이다.

② 질량 $2m$의 포탄을 같은 초속도 v_0로 발사한다면, 가장 멀리 날아가는 각은 θ이다.

③ 지구보다 중력이 작은 달에서 실험을 하더라도 가장 멀리 날아가는 각은 θ이다.

④ 초속도를 2배로 크게 하면 가장 멀리 날아가는 각은 θ보다 크다.

⑤ 뒤로 일정한 속도로 움직이는 대포로 포탄을 쏠 때, 쏜 위치에서 포탄이 가장 멀리 날아가는 각은 θ보다 크다.

15 그림과 같이 거리 d인 두 평행 도체판 사이에 균일한 전기장 E가 걸려 있다. 양(+)으로 대전된 도체판 위에서 정지해 있던 질량 m, 전하량 q인 입자가 가속되어 균일한 자기장 B 영역에 입사한다. 종이면에 대해 전기장은 평행하고 자기장은 수직으로 들어가는 방향이다. 자기장 영역에 입자가 도달했을 때에 대한 설명으로 옳은 것만을 |보기|에서 있는 대로 고른 것은? (단, 중력은 무시하고, 도체판의 두께와 구멍 크기는 충분히 작다.)

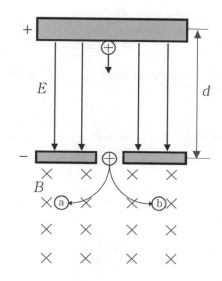

| 보기 |

ㄱ. 입자의 속도 크기는 $v = \sqrt{\dfrac{2qE}{m}}$ 이다.

ㄴ. 입자의 회전 방향은 ⓑ이다.

ㄷ. 입자의 회전 반지름은 $r = \sqrt{\dfrac{2mEd}{B^2q}}$ 이다.

① ㄱ   ② ㄴ   ③ ㄱ, ㄷ   ④ ㄴ, ㄷ   ⑤ ㄱ, ㄴ, ㄷ

16 그림 (가)와 같이 단열된 실린더의 중앙에 열전도율이 좋은 피스톤을 핀으로 고정시켜 부피를 각각 V로 2등분한 후, 피스톤 양쪽에 절대 온도가 각각 T_A, T_B인 단원자 분자 이상 기체 A, B를 압력이 P, $2P$가 되도록 넣었다. 그림 (나)는 (가)에서 피스톤을 고정시킨 핀을 제거한 후 A, B의 절대 온도가 T로 같아졌을 때, A의 부피는 $\frac{1}{2}V$, B의 부피는 $\frac{3}{2}V$가 된 것을 나타낸 것이다. 이에 대한 설명으로 옳은 것만을 |보기|에서 있는 대로 고른 것은? (단, 핀을 통한 열 손실과 실린더와 피스톤 사이의 마찰은 무시한다.)

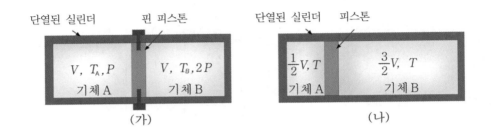

단열된 실린더   핀 피스톤

V, T_A, P
기체 A

$V, T_B, 2P$
기체 B

(가)

단열된 실린더   피스톤

$\frac{1}{2}V, T$
기체 A

$\frac{3}{2}V, T$
기체 B

(나)

|보기|

ㄱ. $T_B = 3T_A$이다.
ㄴ. 기체의 몰수는 B가 A의 3배이다.
ㄷ. (나)에서 A와 B의 압력은 같다.

---

① ㄱ   ② ㄴ   ③ ㄱ, ㄷ   ④ ㄴ, ㄷ   ⑤ ㄱ, ㄴ, ㄷ

17 그림과 같이 평면 위에 무한 직선 도선 XY와 고리 ABCD가 있다. XY와 AD는 평행하고 간격은 a이다. AD와 BC의 길이는 $4a$이며, AB와 CD의 길이는 $2a$이다. 직선 도선에는 $3I$의 전류가 흐르고 고리 ABCD에는 I의 전류가 그림과 같은 방향으로 흐르고 있을 때, 고리 ABCD 전체에 작용하는 힘의 크기는? (단, $k = \dfrac{\mu_0}{2\pi} = 2.0 \times 10^{-7}$ H/m이며, 곡선 AB와 CD의 반경은 같다.)

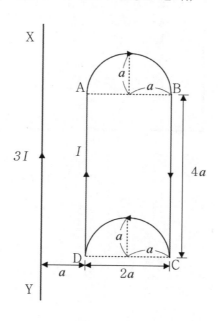

① $3kI^2$ ② $8kI^2$ ③ $10kI^2$ ④ $12kI^2$ ⑤ $16kI^2$

18 그림은 코일, 평행판 축전기 2개, 저항, 교류 전원을 연결한 교류 회로를 나타낸 것이다. 저항의 저항값은 1Ω이고, 코일의 자체 유도 계수는 4 H이며, 축전기 C_1과 C_2의 전기 용량은 각각 3 µF, 6 µF이다. 이 회로의 전류가 최대가 되는 교류 전원의 진동수는?

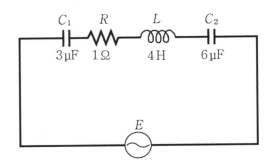

① $\dfrac{10^3\sqrt{2}}{8\pi}$ Hz

② $\dfrac{10^3\sqrt{3}}{8\pi}$ Hz

③ $\dfrac{10^3\sqrt{4}}{8\pi}$ Hz

④ $\dfrac{10^3\sqrt{6}}{8\pi}$ Hz

⑤ $\dfrac{10^3\sqrt{9}}{8\pi}$ Hz

19 그림은 얇은 단열 판에 의해 부피가 동일한 두 부분으로 나뉘어 있는 단열된 용기에 두 종류의 이상 기체가 각각 들어 있는 것을 나타낸 것이다. A에는 절대 온도 $2T_0$인 단원자 분자 이상 기체 n_A몰이 들어 있고, B에는 절대 온도 T_0인 이원자 분자 이상 기체 n_B몰이 들어 있다. 단열 판이 제거된 후 혼합된 기체가 절대 온도 $\frac{7}{6}T_0$인 평형 상태에 도달했다면, 혼합된 기체의 정적 몰비열은? (단, 두 이상 기체는 화학적으로 서로 반응하지 않고, 기체 상수는 R이며, 단열 판을 제거하는 과정에서 열의 출입은 무시한다.)

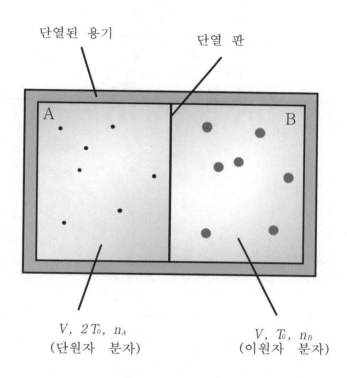

단열된 용기   단열 판

A   B

$V,\ 2T_0,\ n_A$
(단원자 분자)

$V,\ T_0,\ n_B$
(이원자 분자)

① $\dfrac{5}{3}R$ ② $\dfrac{7}{4}R$ ③ $2R$ ④ $\dfrac{9}{4}R$ ⑤ $\dfrac{7}{3}R$

20 그림은 분자량이 각각 M_A, M_B, M_C인 단원자 분자 이상 기체 A, B, C의 단위 속력 당 분자수 $N(v)$를 속력 v의 함수로 나타낸 것이다. A, B, C의 절대 온도는 각각 T_A, T_B, T_C이고, 몰수는 각각 n_A, n_B, n_C이다. $M_A < M_B < M_C$일 때, 이에 대한 설명으로 옳은 것을 모두 고르시오.

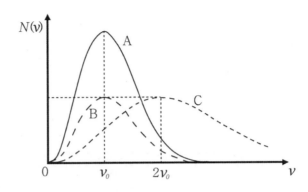

① $n_A > n_B$이다.

② $n_B = n_C$이다.

③ $T_A \geq T_B$이다.

④ $T_B = \dfrac{1}{4} T_C$이다.

⑤ B에서 $v < v_0$인 분자의 비율은 C에서 $v < 2v_0$인 분자의 비율과 같다.

21 그림은 저항값이 R, $2R$인 저항 2개, 기전력이 V_0, $2V_0$인 전지 2개, 전기 용량이 C, $2C$인 축전기 2개로 구성된 회로를 나타낸 것이다. 스위치를 a에 연결하여 회로가 정상 상태가 되었을 때 전기 용량 C인 축전기에 충전된 전하량은 Q_1이었다. 이어서 스위치를 b에 연결하여 회로가 정상 상태가 되었을 때 전기 용량 $2C$인 축전기에 충전된 전하량은 Q_2이었다. 이에 대한 설명으로 옳은 것만을 |보기|에서 있는 대로 고른 것은? (단, 스위치를 연결하기 전에 각 축전기에 충전된 전하량은 0이다.)

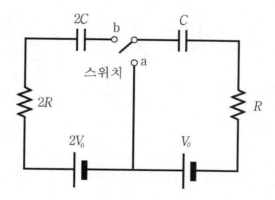

|보기|

ㄱ. $Q_1 = CV_0$이다.

ㄴ. 스위치가 a에 연결되어 있는 동안 기전력 V_0인 전지가 한 일은 $\frac{1}{2}CV_0^2$이다.

ㄷ. $Q_2 = \frac{4}{3}CV_0$이다.

① ㄱ   ② ㄴ   ③ ㄷ   ④ ㄱ, ㄴ   ⑤ ㄱ, ㄷ

22 그림과 같이 반지름이 R로 같은 두 절연체 구 A와 B의 중심 사이의 거리가 $4R$만큼 떨어져 있다. A의 질량과 전하량은 각각 m, $-Q$이고, B의 질량과 전하량은 각각 $2m$, $3Q$이며, 두 구 모두 질량과 전하가 균일하게 분포되어 있다. A와 B가 시간 $t=0$일 때 정지 상태로부터 운동을 시작하여 $t=T$일 때 서로 부딪혔다. 이에 대한 설명으로 옳은 것만을 |보기|에서 있는 대로 고른 것은? (단, 중력 및 자기력은 무시한다.)

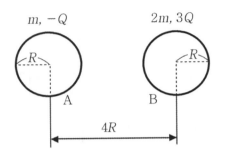

|보기|

ㄱ. $t=0$에서 $t=T$까지 A가 이동한 거리는 $\dfrac{4}{3}R$이다.

ㄴ. $t=T$ 직전에 A의 운동 에너지 K_A와 A에 작용하는 힘 F_A 사이의 관계는 $K_A = \dfrac{2R}{3}F_A$이다.

ㄷ. A의 전하량이 $-2Q$이었다면 부딪히는 데 걸리는 시간은 $\dfrac{T}{\sqrt{2}}$이다.

① ㄱ   ② ㄴ   ③ ㄱ, ㄷ   ④ ㄴ, ㄷ   ⑤ ㄱ, ㄴ, ㄷ

23 그림과 같이 전원 장치와 4개의 저항을 이용하여 회로를 구성하였다. 점 a, b, c에 흐르는 전류의 합은?

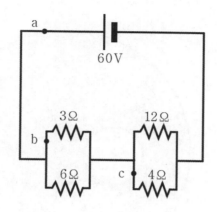

① 19 A   ② 23 A

③ 24 A   ④ 25 A

⑤ 29 A

24 그림과 같이 반지름이 $2R$인 대전되지 않은 도체구 내부에 구 모양의 빈 공간이 두 개 있다. 각각의 빈 공간 중심에 전하 Q가 놓여 있다. 두 빈 공간의 중심 사이의 거리는 R이다. |보기|의 설명 중 옳은 것만을 있는 대로 고른 것은?

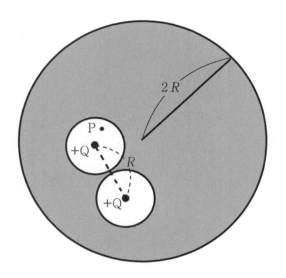

| 보 기 |

ㄱ. 각 전하에 작용하는 알짜힘은 0이다.
ㄴ. 도체구 외부 표면의 전하 분포는 균일하다.
ㄷ. P점에서 전기장은 0이다.

① ㄱ   ② ㄷ   ③ ㄱ, ㄴ   ④ ㄴ, ㄷ   ⑤ ㄱ, ㄴ, ㄷ

25 그림과 같이 균일한 자기장이 z축에 평행하게 걸린 공간의 원점에 놓여 있던 전하 q인 입자가 zx평면상에서 x축에 대해 각 θ, 속력 v로 발사되었다. |보기|의 설명 중 옳은 것만을 있는 대로 고른 것은? (단, 중력의 효과는 무시한다.)

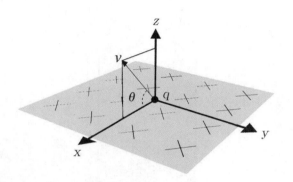

| 보기 |

ㄱ. 입자 속도의 z축 성분은 일정하다
ㄴ. 입자에 작용하는 자기력은 $\theta=0°$일 때 가장 크다.
ㄷ. $\theta=90°$이면, 입자는 zx평면상에서 원운동을 한다.

① ㄱ   ② ㄷ   ③ ㄱ, ㄴ   ④ ㄴ, ㄷ   ⑤ ㄱ, ㄴ, ㄷ

26 그림과 같이 굴절률이 각각 1, 1.25, 2인 물질들이 놓여 있다. 두 번째 층의 두께는 t이며, 첫 번째 층과 세 번째 층은 무한히 두껍다. 500 nm의 빛이 수직 입사하였을 때 반사광이 없었다. 이에 대한 |보기|의 설명 중 옳은 것만을 있는 대로 고른 것은?

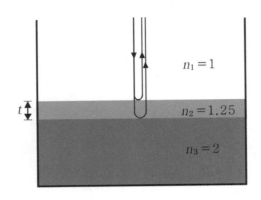

|보기|
ㄱ. 입사광이 첫 번째 계면과 두 번째 계면에서 각각 반사될 때 위상은 180도 변한다.
ㄴ. 두 번째 층의 가장 얇은 두께는 100 nm이다.
ㄷ. 두 번째 층의 두께를 2배로 해도 반사광은 없다.

① ㄱ   ② ㄷ   ③ ㄱ, ㄴ   ④ ㄴ, ㄷ   ⑤ ㄱ, ㄴ, ㄷ

27 부풀어 오른 고무풍선 앞쪽의 겉면은 볼록 거울의 역할을 하고, 뒤쪽의 안쪽 면은 오목 거울의 역할을 한다. 그림과 같이 풍선 앞쪽 R인 지점에 물체를 놓고 상을 관찰한다. 풍선에 의한 물체의 상에 대한 |보기|의 설명 중 옳은 것만을 있는 대로 고른 것은? (단, 관찰자는 물체 쪽에 있고, 풍선에 의한 굴절은 무시한다.)

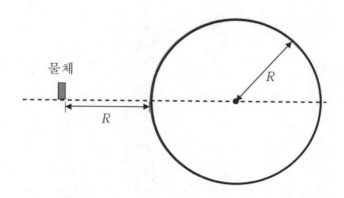

| 보기 |

ㄱ. 앞쪽 면에 의한 상은 바로 선 모양의 상이고, 뒤쪽 면에 의한 상은 뒤집어진 모양의 상이다.

ㄴ. 앞쪽 면에 의한 상의 크기는 물체 크기의 $\frac{1}{3}$배이다.

ㄷ. 뒤쪽 면에 의한 상은 풍선 중심에서 오른쪽 $\frac{3}{5}R$인 지점에 생긴다.

① ㄱ　　　② ㄷ　　　③ ㄱ, ㄴ　　　④ ㄴ, ㄷ　　　⑤ ㄱ, ㄴ, ㄷ

28 문제 오류로 삭제함

29 그림과 같이 곡률 반지름이 R인 큰 렌즈를 평평한 유리판 위에 올려놓고 파장 λ인 빛을 위에서 비추면 렌즈와 유리판 사이에 생긴 얇은 공기막에 의해 동심원 모양의 간섭무늬가 생긴다. 이때 렌즈의 중심에서 거리 x만큼 떨어진 A 지점에서 네 번째 어두운 간섭무늬가 관찰되었다. 다음 설명 중에서 옳은 것을 모두 고르시오. (단, 공기, 렌즈, 물의 굴절률은 각각 1, 1.5, 1.3이다.)

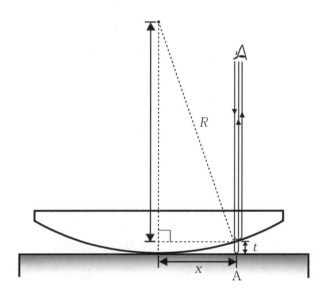

① 렌즈의 중앙 지점에서는 보강 간섭이 일어난다.

② A 지점에서 공기층의 두께 t는 2λ이다.

③ x와 t 사이의 관계는 $x = \sqrt{Rt}$ 이다.

④ 간섭무늬의 간격은 중앙보다 바깥쪽이 더 넓다.

⑤ 공기막에 물을 넣으면 더 많은 간섭무늬를 관찰할 수 있다.

30 그림 (가)는 전지 1개를 백열전구 1개에 연결한 회로를 내부 저항을 포함하여 나타 낸 것이다. 이때 전구의 밝기는 P_0이다. 전지의 내부 저항을 고려할 때, 그림 (나) 와 같이 동일한 전지 1개를 직렬로 추가 연결하였을 때의 밝기 P_1과 그림 (다)와 같 이 동일한 전지 1개를 병렬로 추가 연결하였을 때의 밝기 P_2의 비교로 옳은 것은? (단, 전구의 밝기는 소비 전력에 비례한다.)

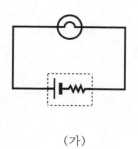

(가)

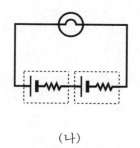

(나)

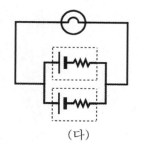

(다)

① $P_1 = 4P_0$, $P_2 = P_0$

② $P_1 > 4P_0$, $P_2 > P_0$

③ $P_1 > 4P_0$, $P_2 < P_0$

④ $P_1 < 4P_0$, $P_2 > P_0$

⑤ $P_1 < 4P_0$, $P_2 < P_0$

2019년
기출문제

한국중학생물리대회 시상 기준 점수 2019년(2019년 7월 시행)

수상 내역	최우수상	금상	은상	동상	장려상	수상자 비율
점수 구간(점) *30점 만점	30.00 ~ 27.50	26.75 ~ 25.25	25.00 ~ 23.25	23.00 ~ 20.50	20.25 ~ 16.00	31.47%

01 그림은 온도가 다른 두 물체 A, B가 접촉했을 때 A, B의 온도를 시간에 따라 나타낸 것이다. 질량은 A가 B의 2배이다.

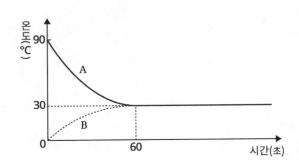

이에 대한 설명으로 옳은 것만을 |보기|에서 있는 대로 고른 것은? (단, 열은 A, B 사이에만 이동한다.)

|보기|

ㄱ. 0~60초 동안 열은 A에서 B로 이동한다.
ㄴ. B의 열용량은 A의 2배이다.
ㄷ. B의 비열은 A의 4배이다.

① ㄱ   ② ㄷ
③ ㄱ, ㄴ   ④ ㄴ, ㄷ
⑤ ㄱ, ㄴ, ㄷ

02 마찰이 없는 얼음판 위에서 두 학생 A, B가 손바닥을 마주한 채 서로 밀었다. 그림은 두 학생 A, B의 시간에 따른 속력 그래프를 나타낸 것이다.

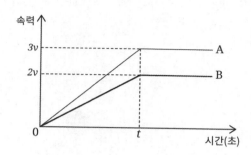

이에 대한 설명으로 옳은 것만을 |보기|에서 있는 대로 고른 것은?

|보기|

ㄱ. A의 질량은 B의 1.5배이다.
ㄴ. 0~t초 동안 A, B에 작용하는 힘의 크기는 같다.
ㄷ. t초 이후 A의 운동 에너지는 B의 1.5배이다.

① ㄱ   ② ㄷ
③ ㄱ, ㄴ   ④ ㄴ, ㄷ
⑤ ㄱ, ㄴ, ㄷ

03 그림과 같이 질량이 M인 행성 주위를 세 위성이 반지름이 r인 원 궤도를 따라 같은 방향으로 운동한다. 세 위성 사이의 거리는 모두 같고, 위성의 질량은 m으로 같다. 세 위성의 공전주기는? (단, 만유인력 상수는 G이다.)

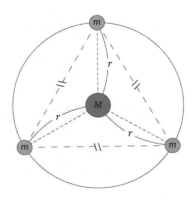

① $2\pi\sqrt{\dfrac{3r^3}{G(M+m/\sqrt{3})}}$

② $2\pi\sqrt{\dfrac{r^3}{G(M+m/\sqrt{3})}}$

③ $2\pi\sqrt{\dfrac{3r^3}{G(M+m)}}$

④ $2\pi\sqrt{\dfrac{\sqrt{3}\,r^3}{G(M+m)}}$

⑤ $2\pi\sqrt{\dfrac{3\sqrt{3}\,r^3}{G(M+m)}}$

04 그림과 같이 쌍성 A, B가 점 O를 중심으로 원 궤도를 따라 공전한다. A의 질량은 m이고, A, B의 궤도 반지름은 각각 r, $3r$이다. 이에 대한 설명으로 옳은 것만을 |보기|에서 있는 대로 고른 것은? (단, 만유인력 상수는 G이고, A, B에는 두 별 사이의 만유인력만 작용한다.)

2016 2017 2018 2019 2020 2021 2022

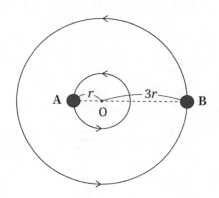

┌─| 보 기 |────────────────────────────────┐

ㄱ. B의 질량은 $3m$이다.
ㄴ. 속력은 B가 A보다 크다.
ㄷ. B의 공전주기는 $\sqrt{\dfrac{192\pi^2 r^3}{Gm}}$ 이다.

└──────────────────────────────────────┘

① ㄱ   ② ㄴ   ③ ㄷ   ④ ㄱ, ㄴ   ⑤ ㄴ, ㄷ

05 그림과 같이 질량 1 kg인 물체를 밀어 고정된 용수철을 0.2 m만큼 압축시킨 후 물체를 가만히 놓아 수평면에서 발사하였다. 물체는 수평면 위의 점 A에서부터 반지름이 0.2 m인 반원을 따라 운동하여 최고점에 도달한 후, 포물선 운동을 하여 수평면 위의 점 B에 도달하였다. 용수철 상수는 1000 N/m이다. A에서부터 B까지의 거리 d는? (단, 중력가속도는 10 m/s²이다. 물체의 크기, 공기 저항, 모든 마찰은 무시한다.)

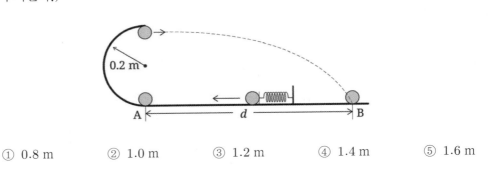

① 0.8 m   ② 1.0 m   ③ 1.2 m   ④ 1.4 m   ⑤ 1.6 m

06 그림과 같이 수평면과 나란한 방향으로 크기가 96 N인 힘 F로 도르래와 실에 연결된 물체 A, B를 당겼더니 A, B는 각각 다른 가속도로 운동한다. A, B의 질량은 각각 1 kg, 4 kg이다. A와 B 사이의 운동 마찰계수와 B와 바닥 사이의 운동 마찰계수는 모두 1이고, 실은 수평면과 나란하다. 도르래의 가속도의 크기는? (단, 중력가속도는 10 m/s²이고, 도르래의 질량, 공기 저항은 무시한다.)

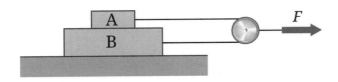

① 17.2 m/s²   ② 18.0 m/s²

③ 19.2 m/s²   ④ 20.0 m/s²

⑤ 32.0 m/s²

2016
2017
2018
2019
2020
2021
2022

07 그림과 같이 공을 수평 방향으로 쏘았더니 8번째 아래의 계단 끝을 겨우 벗어나 9번째 아래의 계단에 도달하였다. 계단 한 단의 높이와 폭은 각각 1 m, 2 m이다. 공의 수평 이동거리 d는? (단, 중력가속도는 10 m/s²이고, 공의 크기와 공기 저항은 무시한다. $\sqrt{2}$는 1.4로 근사한다.)

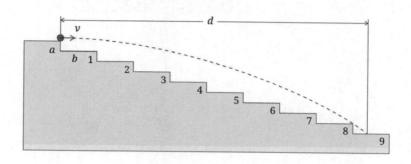

① 16.2 m   ② 16.5 m   ③ 16.8 m   ④ 17.2 m   ⑤ 17.5 m

08 그림과 같이 고정된 저울 위에 경사각이 θ인 치즈가 놓여있고, 쥐가 경사면을 따라 미끄러지고 있다. 치즈와 쥐의 질량은 각각 $4m$, m이다. 미끄러지는 동안 저울에서 측정되는 무게는? (단, 치즈면과 쥐 사이의 마찰과 공기의 저항은 무시한다.)

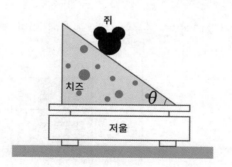

① $(4+\cos\theta)mg$ ② $(4+\cos^2\theta)mg$

③ $(5-\sin\theta\cos\theta)mg$ ④ $(6-\cos\theta)mg$

⑤ $(6-\cos^2\theta)mg$

09 그림은 길이가 1 m인 실에 매달린 질량 1 kg인 물체가 점 O를 중심으로 등속 원운동하는 모습을 나타낸 것이다. 실에 걸리는 장력의 크기가 25 N일 때, 물체의 속력 v는? (단, 중력가속도는 1 m/s²이다.)

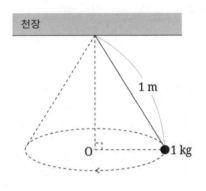

① $\sqrt{15}$ m/s　　　　② $\sqrt{18}$ m/s

③ $\sqrt{21}$ m/s　　　　④ $\sqrt{24}$ m/s

⑤ $\sqrt{27}$ m/s

10 그림은 원통형의 물체가 수조에 담긴 물에 떠서 정지한 모습을 나타낸 것이다. 공기 중에 노출된 물체의 높이는 a이고, 물에 잠긴 물체의 높이는 b이다. 물의 밀도는 물체의 밀도의 2배이다. $\dfrac{a}{b}$는? (단, 공기에 의한 부력은 무시한다.)

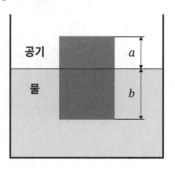

① 0.5　　　　② 0.75

③ 1.0　　　　④ 1.25

⑤ 1.5

11 그림과 같이 모래의 표면으로부터 높이 H인 지점에서 질량 m인 물체를 가만히 놓았더니, 물체가 모래의 표면에서 모래와 충돌한 후 일정한 저항력 f를 받아 깊이 h 만큼 들어가 정지하였다. f의 크기는? (단, 중력가속도는 g이고, 공기 저항과 물체의 크기는 무시한다.)

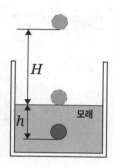

① $\dfrac{mg(H+h)}{2h}$

② $\dfrac{mg(H+h)}{h}$

③ $\dfrac{mg(H+2h)}{h}$

④ $\dfrac{mg(2H+h)}{h}$

⑤ $\dfrac{2mg(H+h)}{h}$

12 그림은 행성이 타원 궤도를 따라 항성 주위를 운동하는 것을 나타낸 것이다. 타원의 중심은 점 O이고, 타원의 긴반지름은 a이며, 항성과 O 사이의 거리는 $0.6a$이다. 원일점에서 행성의 운동 에너지는 K이다. 근일점과 원일점에서 행성의 중력 퍼텐셜 에너지의 차이는?

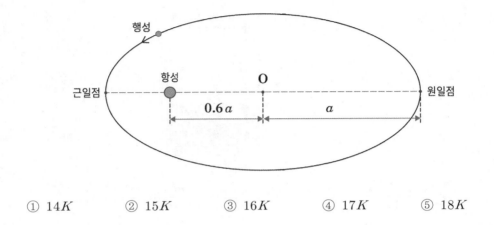

① $14K$　　② $15K$　　③ $16K$　　④ $17K$　　⑤ $18K$

13 그림은 지구가 점 A를 지날 때 지구의 공전 궤도와 화성의 공전 궤도에 접하는 타원 궤도인 호만 전이 궤도(Hohmann transfer orbit)를 나타낸 것이다. 지구와 화성은 원 궤도를 따라 공전하고, 지구와 화성의 공전 궤도 반지름은 각각 R, $1.5R$이다. 지구와 화성의 공전 속력은 각각 v_E, v_M이다. 지구와 화성의 질량은 각각 m, $0.1m$이다. 이에 대한 설명으로 옳은 것만을 |보기|에서 있는 대로 고른 것은?

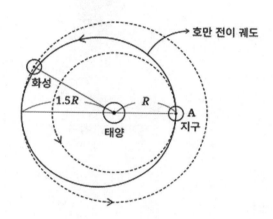

─|보기|─

ㄱ. $v_E < v_M$이다.
ㄴ. 역학적 에너지는 화성이 지구보다 크다.
ㄷ. 우주 비행체가 호만 전이 궤도를 따라 운동하려면 A에서 우주 비행체의
　　속력은 $\sqrt{\dfrac{6}{5}}\, v_E$이다.

① ㄱ　　　　② ㄴ　　　　③ ㄷ　　　　④ ㄴ, ㄷ　　　　⑤ ㄱ, ㄴ, ㄷ

14 그림과 같이 헬륨으로 채워진 풍선이 공기 중에 떠서 정지해 있다. 빈 풍선의 질량은 2.8 g이고 공기와 헬륨의 밀도는 각각 $1.3\,\mathrm{kg/m^3}$, $0.2\,\mathrm{kg/m^3}$이다. 풍선 속 헬륨의 부피에 가장 가까운 것은? (단, 중력가속도는 $10\,\mathrm{m/s^2}$이다.)

① $2.5 \times 10^{-3}\ \mathrm{m^3}$ ② $5.6 \times 10^{-3}\ \mathrm{m^3}$

③ $7.9 \times 10^{-3}\ \mathrm{m^3}$ ④ $12.1 \times 10^{-3}\ \mathrm{m^3}$

⑤ $16.5 \times 10^{-3}\ \mathrm{m^3}$

15 그림과 같이 단면적이 같고 길이가 각각 L, $2L$, $3L$인 금속 막대 A, B, C가 100℃와 12℃ 열원에 연결되어 있다. A, B, C의 열전도도는 각각 k, $4k$, $9k$이다. A와 B의 접촉면의 온도 t_1과 B와 C의 접촉면의 온도 t_2는? (단, 열의 전달은 전도에 의해서만 이루어진다.)

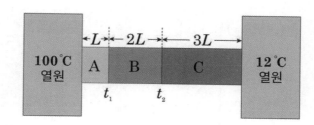

	t_1(℃)	t_2(℃)
①	52	28
②	52	30
③	54	28
④	54	30
⑤	56	30

16 그림은 일정량의 단원자 분자 이상기체의 상태가 A → B → C 순서에 따라 변화할
    때 기체의 압력과 온도를 나타낸 것이다. 이에 대한 설명으로 옳은 것만을 |보기|
    에서 있는 대로 고른 것은?

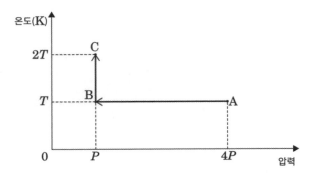

┤보 기├

ㄱ. A → B 과정에서 내부 에너지는 증가한다.
ㄴ. B → C 과정에서 이상기체가 외부에 일을 한다.
ㄷ. A, B, C에서 부피의 비는 1 : 4 : 9이다.

① ㄱ   ② ㄴ   ③ ㄷ   ④ ㄱ, ㄴ   ⑤ ㄴ, ㄷ

17 학생 갑은 카르노 기관보다 높은 효율을 가지는 엔진 X를 만들었다고 주장했다. 학생 을은 그림과 같이 X에 카르노 냉동기를 연결하는 사고 실험을 통해 학생 갑의 주장이 틀렸음을 증명하려 한다. X와 카르노 냉동기는 두 열원 H, L에 연결되어 있고, H, L의 온도는 각각 T_H, T_L이며, $T_H > T_L$이다. X는 한 사이클 동안 H로부터 $Q_H{}'$의 열을 받아 카르노 냉동기에 W의 일을 하고 L에 $Q_L{}'$의 열을 방출한다. 카르노 냉동기는 한 사이클 동안 L로부터 Q_L의 열을 받고 H에 Q_H의 열을 방출한다. 이에 대한 설명으로 옳은 것만을 |보기|에서 있는 대로 고른 것은?

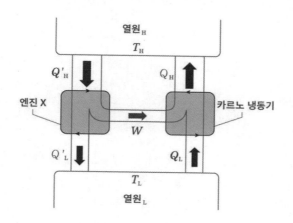

┤보기├

ㄱ. 학생 갑의 주장에 따르면 $|Q_H| < |Q_H{}'|$이다.
ㄴ. 사고 실험에서 $|Q_H{}'| - |Q_L{}'| = |Q_H| - |Q_L|$이다.
ㄷ. 사고 실험에 의하면 열이 L에서 H로 이동하므로 열역학 제2법칙을 위배한다.

① ㄱ   ② ㄴ   ③ ㄷ   ④ ㄱ, ㄴ   ⑤ ㄴ, ㄷ

18 그림과 같이 가로 9 cm, 세로 3 cm인 직사각형의 꼭지점에 전하량이 $-6\,\mu\text{C}$, $+3\,\mu\text{C}$인 두 점전하가 각각 고정되어 있다. 전하량이 $+3\,\mu\text{C}$인 시험 전하를 꼭지점 A에서 B까지 움직일 때 전기력이 한 일은? (단, 쿨롱 상수 $k=9.0\times10^{9}\,\text{N·m}^2/\text{C}^2$ 이다.)

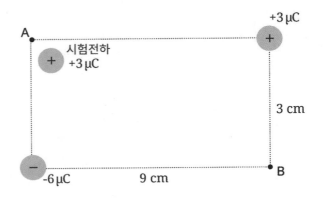

① -5.4 J

② -1.8 J

③ 1.8 J

④ 3.6 J

⑤ 5.4 J

19 그림과 같이 무한히 긴 세 직선 도선이 원점으로부터 d 만큼 떨어져 고정되어 있다. y축과 만나는 두 도선은 각각 종이면에서 나오는 방향으로 일정한 전류 I가 흐르고, x축과 만나는 도선은 종이면에 들어가는 방향으로 일정한 전류 $2I$가 흐른다. 이에 대한 설명으로 옳은 것만을 |보기|에서 있는 대로 고른 것은? (단, 지구 자기장은 무시한다.)

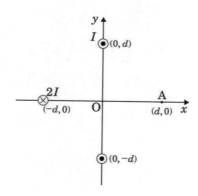

|보 기|

ㄱ. 원점에서 자기장의 방향은 $-y$ 방향이다.
ㄴ. 점 A에서 자기장은 0 이다.
ㄷ. 전류 $2I$가 흐르는 도선이 받는 자기력은 0 이다.

---

① ㄱ
② ㄷ
③ ㄱ, ㄴ
④ ㄴ, ㄷ
⑤ ㄱ, ㄴ, ㄷ

20 그림과 같이 세기가 B로 균일한 자기장 영역에서 입자가 운동을 한다. 입자가 원점 O를 지날 때 입자의 속도의 x축 성분과 y축 성분의 크기는 v로 같고, 속도의 z축 성분은 0이다. 입자의 질량과 전하량은 각각 m, q이다. 자기장의 방향은 $+y$방향이다. 입자가 y축과 처음으로 다시 만날 때 O와 입자 사이의 거리는?

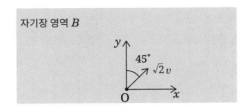

자기장 영역 B

① $\dfrac{\pi m v}{2qB}$ ② $\dfrac{\pi m v}{qB}$

③ $\dfrac{2\pi m v}{qB}$ ④ $\dfrac{4\pi m v}{qB}$

⑤ $\dfrac{8\pi m v}{qB}$

21 그림과 같이 한 변의 길이가 ℓ인 정사각형 도선이 세기가 B로 균일한 자기장 속에서 운동한다. 도선의 질량은 m이고, 저항은 R이다. 자기장의 방향은 종이면에 수직으로 들어가는 방향이고, 중력 방향은 아래 방향이다. 도선이 정지 상태에서 거리 x만큼 등가속도 운동을 한 후부터 고리의 윗부분이 자기장 영역을 벗어나는 순간까지 도선은 등속 운동을 한다. x는? (단, 중력가속도는 g이고, 도선이 이루는 면은 종이면과 항상 평행하다.)

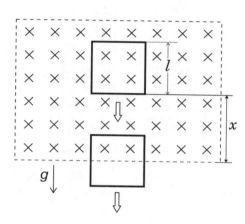

① $\dfrac{R^2 m^2 g}{4B^4 \ell^4}$

② $\dfrac{R^2 m^2 g}{2B^4 \ell^4}$

③ $\dfrac{R^2 m^2 g}{B^4 \ell^4}$

④ $\dfrac{2R^2 m^2 g}{B^4 \ell^4}$

⑤ $\dfrac{4R^2 m^2 g}{B^4 \ell^4}$

22 그림 (가)는 축전기 A, B가 직렬로 전지에 연결되어 있는 것을 나타낸 것이다. A, B의 전기 용량은 각각 C_1, C_2이며, $C_1 > C_2$이다. (가)의 회로에서 전지를 제거하고 그림 (나)와 같이 전선을 연결하였다. (가)와 (나)에서 A, B에 저장된 전기 에너지의 합은 각각 $2U$, U이다. $\dfrac{C_1}{C_2}$는?

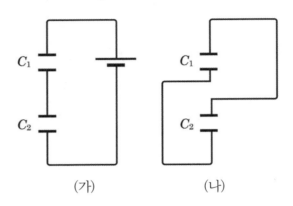

(가)   (나)

① $1 + \sqrt{2}$ ② $3 - \sqrt{2}$

③ $4 - \sqrt{2}$ ④ $4 + \sqrt{2}$

⑤ $3 + 2\sqrt{2}$

23 그림과 같이 굴절률이 n인 물이 가득 담긴 반지름이 R인 구형 어항의 중심에 물고기가 있다. 밖에서 물고기를 보았을 때, 물고기의 상에 대한 설명으로 옳은 것만을 |보기|에서 있는 대로 고른 것은? (단, 물고기와 관측자는 충분히 멀리 떨어져 있고, θ가 작을 때 $\sin\theta \approx \theta$이며, 공기의 굴절률은 1이다.)

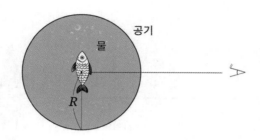

┤ 보 기 ├

ㄱ. 물고기의 상은 어항의 표면으로부터 $\dfrac{R}{n}$의 위치에 있다.

ㄴ. 물고기의 상의 크기는 물고기의 크기의 n배이다.

ㄷ. 물고기의 상은 위아래가 거꾸로 보인다.

① ㄴ   ② ㄷ

③ ㄱ, ㄴ   ④ ㄱ, ㄷ

⑤ ㄴ, ㄷ

24 그림과 같이 길이가 10 mm인 물체가 볼록 렌즈의 왼쪽에 100 mm 떨어져 놓여 있고, 오목 렌즈가 볼록 렌즈의 오른쪽에 20 mm 떨어져 놓여 있다. 볼록 렌즈와 오목 렌즈의 초점 거리는 50 mm로 같다. 렌즈들에 의해 형성된 최종 상에 대한 설명으로 옳은 것만을 |보기|에서 있는 대로 고른 것은? (단, 렌즈의 두께는 무시한다.)

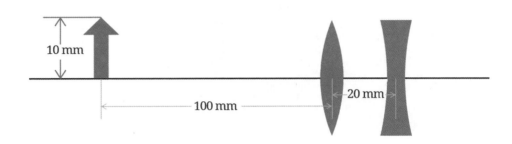

| 보기 |

ㄱ. 상은 볼록 렌즈의 왼쪽에 있다.
ㄴ. 상은 허상이다.
ㄷ. 상의 크기는 10 mm보다 크다.

① ㄱ   ② ㄴ   ③ ㄱ, ㄴ   ④ ㄴ, ㄷ   ⑤ ㄱ, ㄴ, ㄷ

25 그림과 같이 x축 상의 점 P를 향하여 공기에서 직사각형 매질에 입사하는 단색광이 점 A에서 굴절되어 x축 상의 점 Q를 지난다. 공기와 매질의 굴절률은 각각 1.0, 1.5이고, 매질의 두께는 t이다. P와 Q 사이의 거리는? (단, 매질로 입사하는 단색광의 입사각 θ는 매우 작고, $\sin\theta \approx \tan\theta$이다.)

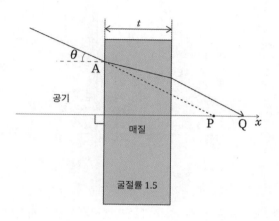

① $\dfrac{t}{6}$ ② $\dfrac{t}{5}$

③ $\dfrac{t}{4}$ ④ $\dfrac{t}{3}$

⑤ $\dfrac{t}{2}$

26 그림과 같이 공기 중에 놓인 거울과, 거울에 수직인 스크린을 향해 파장이 λ인 평행광이 45°의 입사각으로 입사한다. 거울에 반사되어 스크린에 도달하는 빛과 스크린에 직접 도달하는 빛이 서로 간섭하여, 스크린의 점 p에는 밝은 무늬가 생긴다. 이에 대한 설명으로 옳은 것만을 |보기|에서 있는 대로 고른 것은?

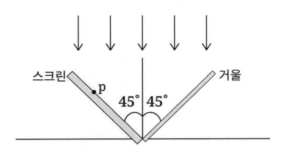

|보 기|

ㄱ. p에 도달하는 빛의 경로차는 반파장의 홀수배이다.

ㄴ. 이웃한 밝은 무늬 사이의 간격은 $\dfrac{\sqrt{2}}{2}\lambda$이다.

ㄷ. 스크린과 거울 사이에 물을 가득 채우면 이웃한 밝은 무늬 사이의 간격은 커진다.

---

① ㄱ   ② ㄷ   ③ ㄱ, ㄴ

④ ㄴ, ㄷ   ⑤ ㄱ, ㄴ, ㄷ

27 그림과 같이 혹이 있는 유리 A 위에 원형의 얇은 평면 유리 B가 놓여있다. A의 한 쪽 끝은 점 a에서 B와 접해 있고, 다른 쪽 끝은 점 b에서 높이가 $2.25\,\mu m$인 나무토막과 접해 있다. 파장이 $500\,nm$인 단색광이 B에 수직으로 입사할 때, B에 형성되는 간섭무늬의 형태로 가장 적절한 것은? (단, A, B가 이루는 각은 충분히 작다.)

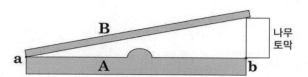

①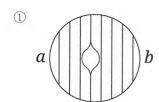

②

③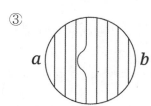

④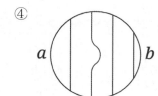

⑤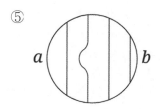

28 그림 (가)와 같이 멜로디 소자의 전원부에 광전관을, 출력부에 스피커를 연결하였다. 그림 (나)는 (가)의 광전관의 금속판에 비추는 단색광 a, b, c, d의 세기와 진동수를 나타낸 것이다. 금속판의 문턱 진동수는 f_0이고, c를 비추었을 때 스피커에서 소리가 발생하였다. 이에 대한 설명으로 옳은 것만을 모두 고르시오.

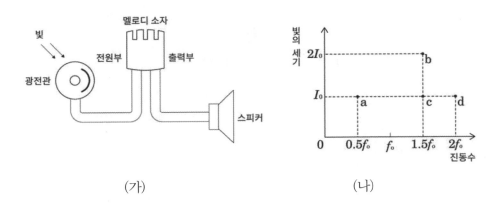

(가)   (나)

① c를 비추면 금속판에서 광전자가 방출된다.

② 스피커에서 발생하는 소리의 세기는 b를 비추었을 때가 c를 비추었을 때보다 작다.

③ 광전자의 최대 운동 에너지는 d를 비추었을 때가 c를 비추었을 때보다 작다.

④ a를 비추었을 때 스피커에서 발생하는 소리의 세기는 c를 비추었을 때의 $\frac{1}{3}$ 배이다.

⑤ 광전관은 빛의 입자성을 확인할 수 있는 소자이다.

29 그림 (가)와 같이 발광 다이오드, 저항값이 R인 저항, 직류 전원장치로 회로를 연결하였다. 그림 (나)는 발광 다이오드 양단에 걸리는 전압에 따른 발광 다이오드에 흐르는 전류의 세기를 나타낸 것이다. 직류 전원장치의 전압이 2 V일 때, 발광 다이오드에 흐르는 전류의 세기는 30 mA이다. R는?

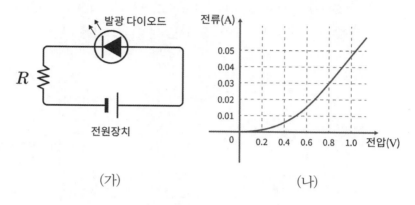

(가)   (나)

① 40 Ω   ② 45 Ω

③ 50 Ω   ④ 55 Ω

⑤ 60 Ω

30 그림과 같이 전력이 60 W인 전구에서 빛이 방출되어 전구로부터 10 m 떨어진 곳에 놓여있는 반지름이 0.2 m인 원형 스크린에 도달한다. 전구는 전력의 20 %를 가시광선 형태의 빛으로 방출하고, 방출되는 가시광선의 평균 파장은 6×10^{-7} m이다. 56초 동안 원형 스크린에 도달하는 가시광선의 광자의 개수에 가장 가까운 것은? (단, 플랑크 상수는 7×10^{-34} J·s이고, 빛의 속력은 3×10^8 m/s이며, 전구는 모든 방향으로 균일하게 빛을 방출한다. 전구의 크기는 무시한다.)

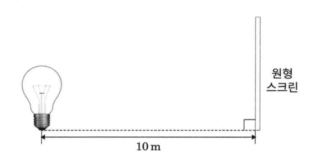

① 1.92×10^{17} 개
② 2.40×10^{17} 개
③ 1.68×10^{18} 개
④ 1.24×10^{19} 개
⑤ 9.60×10^{19} 개

2020년
기출문제

01 그림과 같이 막대에 연결된 두 실의 끝에 매달린 물체가 일정한 각속도 ω로 회전하고 있다. 두 실의 길이는 L로 같고, 두 실이 막대에 연결된 위치의 간격은 L이다. 위쪽 실의 장력은 아래쪽 실의 장력의 두 배이다.

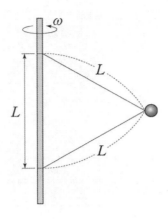

ω는? (단, 실의 질량, 막대의 두께와 물체의 크기는 모두 무시하고, 중력가속도는 g이다.)

① $\sqrt{\dfrac{g}{2L}}$　　② $\sqrt{\dfrac{g}{L}}$　　③ $\sqrt{\dfrac{2g}{L}}$　　④ $\sqrt{\dfrac{3g}{L}}$　　⑤ $\sqrt{\dfrac{6g}{L}}$

02 그림 (가)는 마찰이 없는 수평면 위에 압축된 용수철에 연결된 물체 A, B가 정지한 모습을, (나)는 (가)의 상태에서 압축이 풀려 A와 B가 각각 거리 s_A, s_B만큼 이동한 모습을 나타낸 것이다.

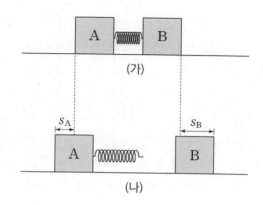

(가)

(나)

이에 대한 설명으로 옳은 것만을 |보기|에서 있는 대로 고른 것은? (단, 용수철의 질량은 무시한다.)

┤보기├

ㄱ. (가)에서 A와 B에 작용하는 탄성력의 크기는 같다.
ㄴ. (가)에서 용수철에 저장된 위치에너지는 (나)에서 A와 B의 운동에너지의 합과 같다.
ㄷ. 질량은 B가 A의 $\sqrt{\dfrac{s_A}{s_B}}$ 배이다.

① ㄱ   ② ㄷ   ③ ㄱ, ㄴ   ④ ㄴ, ㄷ   ⑤ ㄱ, ㄴ, ㄷ

2016 2017 2018 2019 2020 2021 2022

03 그림은 질량이 M이고 길이가 L인 줄을 책상 면에 $\dfrac{L}{2}$만큼 걸친 상태로 잡고 있는 모습을 나타낸 것이다.

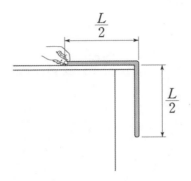

줄을 가만히 놓아 줄이 책상 면으로부터 완전히 벗어나는 순간, 줄의 속력은? (단, 중력가속도는 g이다. 줄은 균일하고, 줄의 두께와 모든 마찰은 무시한다. 바닥으로부터 책상 면의 높이는 L보다 크다.)

① $\dfrac{\sqrt{gL}}{2}$ ② $\sqrt{\dfrac{gL}{2}}$ ③ $\dfrac{\sqrt{3gL}}{2}$ ④ $\sqrt{gL}$ ⑤ $\dfrac{\sqrt{5gL}}{2}$

04 그림 (가)와 같이 마찰이 없는 수평면에서 용수철에 연결된 물체가 진폭이 A인 단진동 운동을 하고 있다. 그림 (나)와 같이 물체가 진동의 중심으로부터 $\dfrac{A}{2}$만큼 떨어져 있을 때, 물체는 같은 질량의 P와 Q로 분리되어 P는 주기가 T인 단진동 운동을, Q는 등속 운동을 한다. 분리될 때, P와 Q 사이에 작용하는 힘은 0이다.

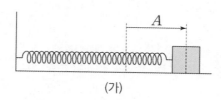

(가)

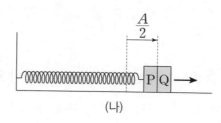

(나)

P와 Q가 분리된 순간부터 T일 때까지, P의 이동 거리는?

① $\dfrac{\sqrt{10}}{4}A$ ② $\dfrac{\sqrt{10}}{3}A$ ③ $\dfrac{\sqrt{10}}{2}A$ ④ $\sqrt{10}\,A$ ⑤ $2\sqrt{10}\,A$

05 그림과 같이 지면에 놓여 있는 판자 위에 서 있는 사람이 줄을 잡고 있다. 줄의 다른 쪽 끝은 판자에 매어 있다. 판자와 사람의 질량은 각각 $\frac{1}{4}m$, m이다.

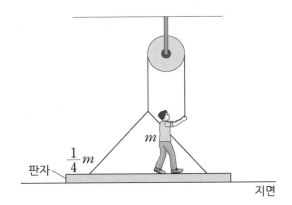

사람이 줄을 잡아당겨 판자가 가속도 $\frac{1}{10}g$로 연직방향으로 올라갈 때, 사람이 줄을 잡아당기는 힘의 크기는? (단, 중력가속도는 g이고, 도르래의 마찰과 줄의 질량은 무시한다.)

① $\frac{5}{4}mg$
② $\frac{11}{16}mg$
③ $\frac{3}{2}mg$
④ $\frac{13}{16}mg$
⑤ $\frac{7}{4}mg$

06 그림은 일직선상에서 운동하는 자동차의 속도를 시간에 따라 나타낸 것이다. 자동차는 가속도의 크기가 a인 등가속도 운동을 한 후 등속도 운동을 하다가, 다시 가속도의 크기가 a인 등가속도 운동을 하여 정지한다. 자동차가 출발하여 다시 정지할 때까지 이동 거리와 걸린 시간은 각각 s, t이다.

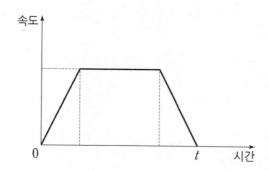

자동차가 등속 운동하는 동안 걸린 시간은?

① $\sqrt{t^2 - \dfrac{s}{4a}}$

② $\sqrt{t^2 - \dfrac{s}{2a}}$

③ $\sqrt{t^2 - \dfrac{s}{a}}$

④ $\sqrt{t^2 - \dfrac{2s}{a}}$

⑤ $\sqrt{t^2 - \dfrac{4s}{a}}$

07 그림은 지면에 대해 $60°$의 각도로 속력 $2v$로 던져진 물체 A가 포물선 운동을 하다가, 속력이 v가 되는 순간 지면과 나란하게 두 물체 B와 C로 분리되는 것을 나타낸 것이다. B와 C의 질량은 같고, B와 C는 지면에 동시에 도달한다. A가 던져진 지점은 $x = 0$이고, 분리되기 직전까지 A의 수평 이동 거리는 L이며, 분리 후 B는 지면상의 $x = \dfrac{L}{2}$인 지점에 도달한다.

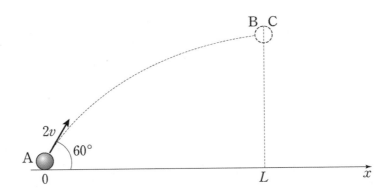

이에 대한 설명으로 옳은 것만을 |보기|에서 있는 대로 고른 것은? (단, 물체의 크기와 모든 마찰은 무시하고, A, B, C는 동일 연직면상에서 운동한다.)

| 보 기 |

ㄱ. 분리된 순간 지면에 대한 B의 속력은 $\dfrac{v}{2}$이다.

ㄴ. 분리된 순간 B에 대한 C의 속력은 $3v$이다.

ㄷ. C는 지면상의 $x = \dfrac{5L}{2}$인 지점에 도달한다.

---

① ㄱ   ② ㄷ   ③ ㄱ, ㄴ

④ ㄴ, ㄷ   ⑤ ㄱ, ㄴ, ㄷ

08 그림과 같이 연직면 상에 고정된 중심이 O인 원형 고리에 끼워진 구슬을 점 A에서 가만히 놓았더니, 구슬은 고리의 최저점 B에 속력 v로 도달하였다. 구슬의 질량은 m이고, ∠AOB 는 90°이다.

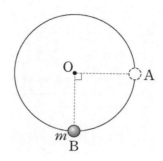

B에서 고리가 구슬에 작용하는 힘의 크기는? (단, 중력가속도는 g이고, 구슬의 크기와 모든 마찰은 무시한다.)

① $2mg$ ② $\dfrac{5}{2}mg$ ③ $3mg$ ④ $\dfrac{7}{2}mg$ ⑤ $4mg$

09 그림과 같이 질량이 M인 행성을 중심으로 반지름이 r_0인 원궤도를 따라 속력 v_0으로 등속 원운동하던 위성이 점 P에서 내부 추진력에 의해 속력이 $v = \alpha v_0 \, (\alpha > 1)$로 증가하여, 행성을 초점으로 하는 타원 궤도를 따라 운동한다. 타원 궤도에서 행성의 중심 O와 점 Q 사이의 거리는 R이고, P와 Q는 O로부터 각각 가장 가까운 지점과 가장 먼 지점이다.

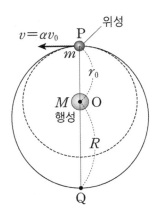

이에 대한 설명으로 옳은 것만을 |보기|에서 있는 대로 고른 것은? (단, G는 만유인력 상수이다.)

| 보기 |

ㄱ. $r_0 v_0^2 = \dfrac{1}{2} GM$ 이다.

ㄴ. 추진 후, 위성의 속력은 P에서가 Q에서 보다 크다.

ㄷ. $\dfrac{R}{r_0} = \dfrac{\alpha^2}{2 - \alpha^2}$ 이다.

① ㄱ   ② ㄴ   ③ ㄱ, ㄷ
④ ㄴ, ㄷ   ⑤ ㄱ, ㄴ, ㄷ

10 그림은 어떤 열기관에서 1몰의 단원자 분자 이상 기체가 상태 A→B→C→D→A를 따라 순환하는 동안 기체의 압력과 부피를 나타낸 것이다.

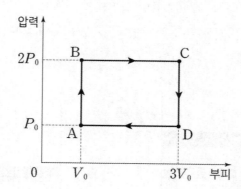

이 열기관의 효율은?

① $\dfrac{1}{23}$ 　　　　② $\dfrac{2}{23}$ 　　　　③ $\dfrac{3}{23}$

④ $\dfrac{4}{23}$ 　　　　⑤ $\dfrac{5}{23}$

11 그림 (가)는 1몰의 단원자 분자 이상 기체가 들어있는 실린더의 피스톤이 힘의 평형을 이루며 정지해 있는 모습을 나타낸 것이다. 실린더 바닥에서 피스톤까지의 높이는 h이다. 그림 (나)와 같이 (가)의 피스톤을 h에 비해 아주 짧은 y만큼 눌렀다 놓았더니 피스톤은 단진동 운동을 하였다. 이상 기체의 온도는 T로 일정하고, 피스톤의 질량은 m이다.

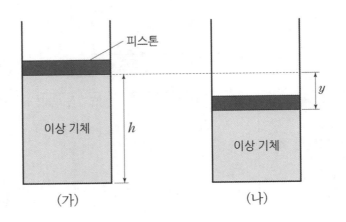

피스톤

이상 기체

h

y

이상 기체

(가)   (나)

단진동 운동의 주기는? (단, 기체 상수는 R이고, 모든 마찰은 무시한다. $y \ll h$일 때, $h + y \approx h$ 로 어림할 수 있다. 힘이 0이 될 수 없음에 주의하라.)

① $\pi h \sqrt{\dfrac{m}{2RT}}$

② $\pi h \sqrt{\dfrac{m}{RT}}$

③ $\pi h \sqrt{\dfrac{2m}{RT}}$

④ $2\pi h \sqrt{\dfrac{m}{RT}}$

⑤ $2\pi h \sqrt{\dfrac{2m}{RT}}$

12 그림은 일정량의 이상 기체가 과정 a~d 중 하나를 통해 팽창할 때, 기체의 온도와 부피를 나타낸 것이다. a~d 중 하나는 등압과정이고, 하나는 단열 과정이다.

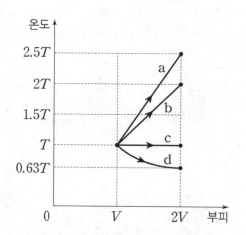

이에 대한 설명으로 옳은 것만을 |보기|에서 있는 대로 고른 것은?

|보기|

ㄱ. a에서 기체의 압력은 증가한다.
ㄴ. 기체가 한 일은 b에서가 c에서의 1.5배 이다.
ㄷ. d에서 기체는 열을 방출한다.

① ㄱ   ② ㄷ   ③ ㄱ, ㄴ   ④ ㄴ, ㄷ   ⑤ ㄱ, ㄴ, ㄷ

13 그림 (가)와 같이 동일한 금속 막대 A, B, C를 온도가 각각 $10T$, T인 열원과 물체 X에 연결하여 충분한 시간이 지났을 때, X의 온도는 T_1이다. 그림 (나)는 (가)의 C를 단면적과 길이는 같고, 열전도율은 2배인 금속 막대 D로 바꾼 것을 나타낸 것으로, 충분한 시간이 지났을 때 X의 온도는 T_2이다.

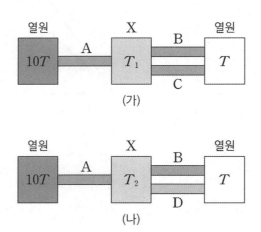

(가)

(나)

이에 대한 설명으로 옳은 것만을 |보기|에서 있는 대로 고른 것은?

보기

ㄱ. $T_1 = 4T$이다.

ㄴ. $T_1 > T_2$이다.

ㄷ. 1초 동안 B를 통해 X에서 온도가 T인 열원으로 전도되는 열량은 (나)에서가 (가)에서보다 크다.

---

① ㄱ ② ㄷ ③ ㄱ, ㄴ ④ ㄴ, ㄷ ⑤ ㄱ, ㄴ, ㄷ

14 그림은 일정량의 이상 기체가 상태 A→B→C를 따라 변할 때 압력과 부피를 나타낸 것이다.

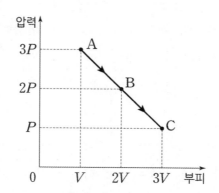

이에 대한 설명으로 옳은 것만을 |보기|에서 있는 대로 고른 것은?

┌─|보기|───┐
│ ㄱ. A→B에서 기체는 열을 흡수한다.   │
│ ㄴ. B→C는 등온 과정이다.   │
│ ㄷ. 기체가 한 일은 A→B에서와 B→C에서가 서로 같다.   │
└──┘

① ㄱ   ② ㄷ   ③ ㄱ, ㄴ   ④ ㄴ, ㄷ   ⑤ ㄱ, ㄴ, ㄷ

15 온도가 − 10 ℃이고 질량이 20g인 얼음 조각을 물 500mL에 넣어서 물의 온도를 낮추려 한다. 80 ℃의 물을 10℃ 이하로 낮추려면 얼음 조각을 최소한 몇 개를 넣어야 하는가? (단, 물의 비열은 4J/g · K, 얼음의 비열 2J/g · K , 얼음의 융해열은 330J/g이고, 얼음은 모두 녹아서 물이 되며, 물의 증발 및 열 손실은 무시한다.)

① 16개 　　　② 17개 　　　③ 18개 　　　④ 19개 　　　⑤ 20개

16 그림과 같이 반지름이 R인 고정된 두 원형 도선에 세기가 I인 전류가 서로 반대 방향으로 흐르고 있다. 원형 도선의 중심축은 x축이고, 두 원형 도선의 중심과 원점 O 사이의 거리는 $\frac{R}{2}$로 같다. O에 자기 쌍극자 모멘트의 크기가 m인 입자 A를 놓았다.

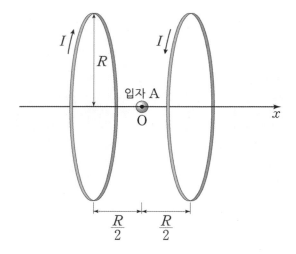

이에 대한 설명으로 옳은 것을 모두 고르시오.
① O에서 두 원형 도선에 흐르는 전류에 의한 자기장의 크기는 0이다.
② 자기쌍극자의 방향이 도선의 중심축에 수직일 때, A에 작용하는 자기력은 0이다.
③ 자기쌍극자의 방향이 $+x$일 때, A에 작용하는 자기력의 방향은 $+x$이다.
④ 자기쌍극자의 방향이 $+x$일 때, m이 증가하면 A에 작용하는 자기력의 크기는 감소한다.
⑤ 자기쌍극자의 방향이 $+x$일 때, I가 증가하면 A에 작용하는 자기력의 크기는 증가한다.

17 그림은 전기 용량이 C, $2C$인 축전기 2개를 전압이 V, $2V$로 일정한 전원에 연결한 회로를 나타낸 것이다. 회로상의 두 점 a, b에서 전위는 각각 V_a, V_b 이다.

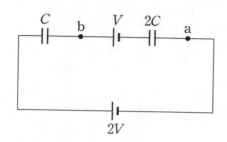

$V_b - V_a$는?

① $\dfrac{1}{3}V$ 　　　② $\dfrac{2}{3}V$ 　　　③ V 　　　④ $\dfrac{4}{3}V$ 　　　⑤ $\dfrac{5}{3}V$

18 그림 (가)는 0초일 때 원형 도선의 중심으로부터 10 cm만큼 떨어져 있는 자석이 고정된 원형 도선을 향해 운동하는 모습을 나타낸 것이고, (나)는 자석의 속도를 시간에 따라 나타낸 것이다. 자석은 원형 도선의 중심축 상에서 운동하고, 점 p, q는 원형 도선의 중심축 상에 있다.

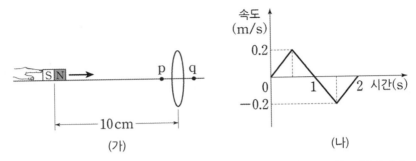

(가)   (나)

이에 대한 설명으로 옳은 것만을 |보기|에서 있는 대로 고른 것은? (단, 자석의 크기는 무시한다.)

|보기|

ㄱ. 0.5초일 때, 원형 도선의 중심에서 유도 전류에 의한 자기장의 방향은 q → p이다.
ㄴ. 1.5초일 때, 자석과 원형 도선 사이에는 인력이 작용한다.
ㄷ. 0~0.5초 동안 손이 자석에 작용하는 힘의 크기는 자석과 원형 도선 사이의 자기력의 크기보다 크다.

---

① ㄱ   ② ㄴ   ③ ㄷ   ④ ㄱ, ㄴ   ⑤ ㄱ, ㄴ, ㄷ

19 그림과 같이 전하량의 크기가 같은 두 입자 a, b를 각각 영역 I에 일정한 속력 v_0로 입사시켰더니 영역 I에서 등속 직선 운동을 하다가, 영역 II에서 a, b는 반지름이 각각 d, $\frac{d}{4}$인 원궤도를 따라 운동하여 a는 점 P에, b는 점 Q에 도달하였다. I에서 세기 E인 균일한 전기장과 세기 B인 균일한 자기장은 서로 수직이며, II에서 자기장의 세기는 B이고 균일하다. I, II에서 자기장의 방향은 종이면에 수직으로 들어가는 방향이다.

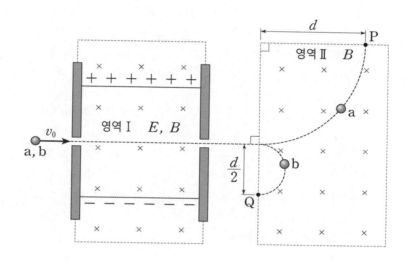

이에 대한 설명으로 옳은 것만을 |보기|에서 있는 대로 고른 것은?

보기

ㄱ. $v_0 = \dfrac{E}{B}$이다.

ㄴ. a는 음(−)전하이다.

ㄷ. 질량은 a가 b의 2배이다.

---

① ㄱ   ② ㄴ   ③ ㄷ   ④ ㄱ, ㄴ   ⑤ ㄴ, ㄷ

20 그림은 자체 유도 현상을 관찰하기 위해 코일과 저항, 전구를 전압이 V인 직류 전원에 연결한 모습을 나타낸 것이다.

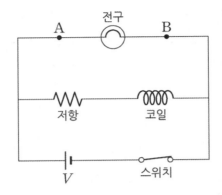

스위치를 여는 순간에 대한 설명으로 옳은 것만을 |보기|에서 있는 대로 고른 것은?

┤보 기├
ㄱ. 코일 양 끝에 걸리는 전압의 크기는 스위치를 열기 전보다 크다.
ㄴ. 전구에 흐르는 전류의 방향은 B → 전구 → A 이다.
ㄷ. 전구의 밝기는 점점 밝아진다.

① ㄱ   ② ㄷ   ③ ㄱ, ㄴ   ④ ㄴ, ㄷ   ⑤ ㄱ, ㄴ, ㄷ

21 그림 (가)는 저항값이 R인 저항과 전기 소자 A, B를 전압의 최댓값이 일정한 교류 전원에 연결한 모습을 나타낸 것이다. 그림 (나)는 교류 전원의 진동수가 f_0일 때 저항과 A, B에 각각 걸리는 전압을 시간에 따라 나타낸 것이다. A, B는 각각 코일과 축전기 중 하나이다.

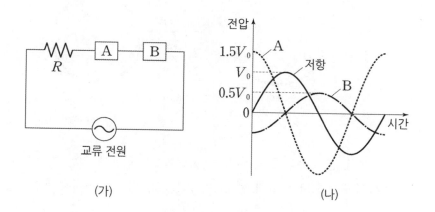

(가)　　　　　　　　　　(나)

이에 대한 설명으로 옳은 것만을 |보기|에서 있는 대로 고른 것은?

|보기|

ㄱ. A는 코일이다.
ㄴ. 회로의 임피던스는 $\sqrt{3}\,R$이다.
ㄷ. 저항에 흐르는 전류의 최댓값은 교류 전원의 진동수가 f_0일 때와 $\frac{1}{3}f_0$일 때가 서로 같다.

① ㄱ　　　② ㄴ　　　③ ㄱ, ㄷ　　　④ ㄴ, ㄷ　　　⑤ ㄱ, ㄴ, ㄷ

22 그림 (가)와 같이 저항값이 각각 R, $2R$이고 반지름이 a로 같은 두 반원형 도선으로 그림 (나)와 같이 원형 도선을 만들어 전류 I를 흐르게 하였다.

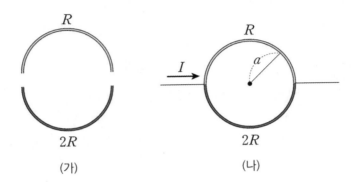

R

$2R$

(가)

R

I

a

$2R$

(나)

(나)에서 원형 도선의 중심에서 도선에 흐르는 전류에 의한 자기장의 세기는? (단, 반지름이 r인 원형 도선에 전류 I가 흐를 때, 원의 중심에서 I에 의한 자기장의 세기는 $k\dfrac{I}{r}$이다.)

① $k\dfrac{I}{6a}$ ② $k\dfrac{I}{3a}$ ③ $k\dfrac{I}{a}$ ④ $k\dfrac{3I}{a}$ ⑤ $k\dfrac{6I}{a}$

23 그림과 같이 광축이 서로 같은 오목 렌즈와 오목 거울 사이에 물체를 놓았더니 물체의 상 A와 B가 생겼다.

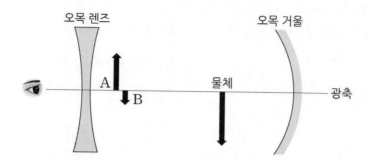

이에 대한 설명으로 옳은 것만을 |보기|에서 있는 대로 고른 것은?

┌─| 보 기 |──────────────────────────────────────┐
│   │
│ ㄱ. 오목 거울과 오목 렌즈에 의한 물체의 상은 B이다.   │
│ ㄴ. 물체는 오목 거울의 초점과 구심 사이에 위치한다.   │
│ ㄷ. 물체를 오른쪽으로 움직이면 B는 오른쪽으로 이동한다.   │
│   │
└──┘

① ㄱ   ② ㄴ   ③ ㄷ   ④ ㄴ, ㄷ   ⑤ ㄱ, ㄷ

24 지구 표면의 관측자는 대기에 의한 빛의 굴절로 인해 대기가 없을 때보다 일몰을 시간 t만큼 더 늦게 관찰한다. 그림 (가)와 (나)는 각각 대기가 없을 때와 있을 때, 적도면에서 일몰을 관찰하는 관측자와 빛의 진행 경로를 나타낸 것이다.

t로 가장 적절한 것은? (단, 지구는 완전한 구형이고 대기는 균일하다. 대기의 굴절률은 1.0003이고, $\sin\left(\dfrac{1}{1.0003}\right) = 0.0174$, $\sin(1.0003) = 0.0175$, $\sin^{-1}\left(\dfrac{1}{1.0003}\right) = 88.6°$ 이다.)

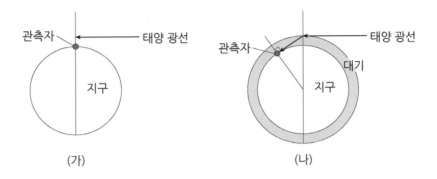

(가)   (나)

① 2.8분　　　② 5.6분　　　③ 8.4분　　　④ 11.2분　　　⑤ 14.0분

25 그림과 같이 직선 광원과 벽 사이에 ㄴ자 구멍이 있는 가림판을 놓았다.

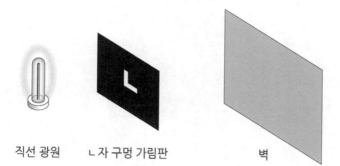

직선 광원   ㄴ자 구멍 가림판   벽

벽에 나타나는 모양으로 가장 적절한 것은? (단, 구멍의 틈은 광원에서 방출되는 빛의 파장에 비해 매우 크다.)

① ② ③ ④ ⑤

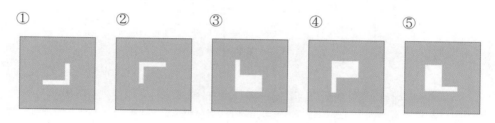

26 그림은 광학 현미경을 통해 물체를 관찰하고 있는 것을 나타낸 것이다. 대물렌즈와 접안렌즈의 초점거리는 각각 f_1, f_2이다.

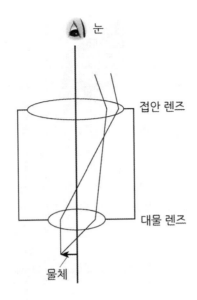

이에 대한 설명으로 옳은 것만을 |보기|에서 있는 대로 고른 것은?

┌─|보기|───┐
ㄱ. $f_1 > f_2$이다.
ㄴ. 대물 렌즈와 접안 렌즈에 의한 물체의 상은 허상이다.
ㄷ. 대물 렌즈와 접안 렌즈에 의한 물체의 상은 정립상이다.
└───┘

① ㄱ ② ㄴ ③ ㄱ, ㄷ ④ ㄴ, ㄷ ⑤ ㄱ, ㄴ, ㄷ

27 그림 (가)는 전자에 대한 X선의 콤프턴 산란을 나타낸 것이고, (나)와 (다)는 서로 다른 산란각 ϕ에서 X선의 세기를 파장에 따라 나타낸 것이다.

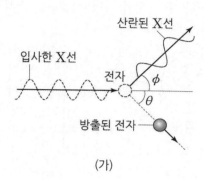

(가)

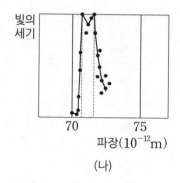

(나)

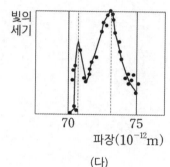

(다)

이에 대한 설명으로 옳은 것만을 |보기|에서 있는 대로 고른 것은?

┤보 기├

ㄱ. ϕ는 (나)에서가 (다)에서보다 작다.
ㄴ. 콤프턴 산란된 X선 광자의 에너지는 (나)에서가 (다)에서보다 크다.
ㄷ. 이 실험 결과로 X선은 파동의 성질을 갖는다는 것을 알 수 있다.

① ㄱ   ② ㄴ   ③ ㄷ   ④ ㄱ, ㄴ   ⑤ ㄱ, ㄷ

28 그림 (가)는 광전 효과 실험 장치를 모식적으로 나타낸 것이고, (나)는 금속판 P, Q 에 빛을 비추었을 때, P와 Q에서 방출되는 광전자의 최대 속력을 빛의 진동수에 따라 나타낸 것이다. P와 Q의 문턱 진동수는 각각 f_P, f_Q이다.

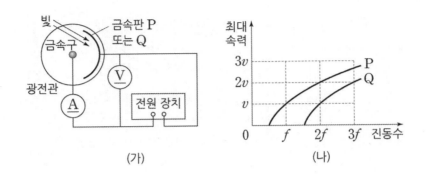

(가)　　　　　　　　(나)

$f_P : f_Q$는?

① 1 : 2　　　② 1 : 3　　　③ 2 : 3　　　④ 2 : 5　　　⑤ 3 : 4

29 그림 (가)는 보어의 수소 원자모형에서 양자수 n에 따른 전자의 에너지 준위와 세 전이 ㉠, ㉡, ㉢을 나타낸 것이고, (나)는 방출되는 빛의 선 스펙트럼을 나타낸 것이다. a, b, c는 ㉠, ㉡, ㉢ 중 하나에 의해 나타난 스펙트럼 선이다.

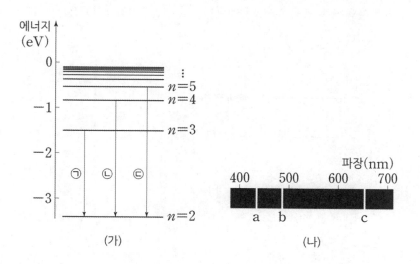

(가)   (나)

이에 대한 설명으로 옳은 것만을 |보기|에서 있는 대로 고른 것은?

┌─|보 기|──┐
│   │
│ ㄱ. ㉢에 의해 나타난 스펙트럼 선은 c이다.   │
│ ㄴ. a와 b의 진동수 차이는 b와 c의 진동수 차이보다 작다. │
│ ㄷ. b와 c의 파장 차이는 $n = 4$에서 $n = 3$인 상태로 전이할 때 방출되는 빛 │
│   의 파장과 같다.   │
│   │
└──┘

① ㄱ   ② ㄴ   ③ ㄱ, ㄷ   ④ ㄴ, ㄷ   ⑤ ㄱ, ㄴ, ㄷ

30 그림 (가)와 같이 보어의 수소원자 모형에서 양자수가 $n=m$인 상태에 있던 전자가 바닥상태로 전이할 때 방출된 빛을 정지해 있던 입자가 완전히 흡수하였다. 그림 (나)는 (가)의 입자가 자기장 영역에 수직으로 입사하여 자기장 영역에서 원궤도를 따라 운동하는 것을 나타낸 것이다. $m=2$일 때 반지름은 r_2, $m=4$일 때 반지름은 r_4이다.

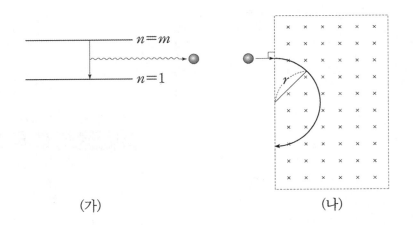

(가)   (나)

$\dfrac{r_4}{r_2}$는? (단, 입자는 (나)에서 평면 운동한다.)

① $\dfrac{\sqrt{3}}{4}$ ② $\dfrac{\sqrt{5}}{4}$ ③ $\dfrac{\sqrt{10}}{4}$ ④ $\dfrac{\sqrt{3}}{2}$ ⑤ $\dfrac{\sqrt{5}}{2}$

2021년
기출문제

01 그림과 같이 질량이 같은 물체 A, B가 수평면으로부터 높이 h, $2h$인 지점에서 동시에 정지 상태로부터 출발하여 경사면을 따라 운동한다. 경사면 I에서 출발한 A, B는 최저점을 지나 경사면 II에서 탄성 충돌한다. I과 II의 경사각은 각각 θ, 2θ이다.

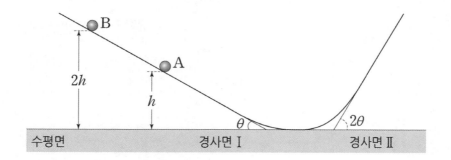

충돌 후 수평면으로부터 A의 최고 높이는? (단, 물체의 크기와 마찰은 무시한다.)

① h ② $\dfrac{3h}{2}$ ③ $2h$ ④ $\dfrac{5h}{2}$ ⑤ $3h$

02 그림과 같이 단면이 정삼각형인 삼각기둥 모양의 물체 A가 크기가 a인 일정한 가속도로 수평면 위에서 운동하고 있다. A의 측면에 물체 B가 놓인 상태에서, B가 미끄러지지 않고 A와 함께 운동하고 있다. A와 B 사이의 정지마찰계수는 $\frac{1}{2}$ 이다.

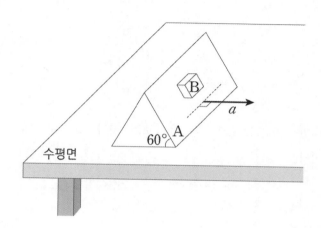

B가 미끄러지지 않을 a의 최솟값은? (단, A의 가속도의 방향은 A의 중심축에 수직인 방향이고, 중력가속도는 g이며, 공기저항은 무시한다.)

① $(6\sqrt{3}-4)g$ ② $(5\sqrt{3}-4)g$ ③ $(\sqrt{3}-1)g$

④ $(6\sqrt{3}-8)g$ ⑤ $(5\sqrt{3}-8)g$

03 그림은 질량이 m, $2m$인 두 별이 각각 속력 v_1, v_2로 한 점을 중심으로 공전하는 것을 나타낸 것이다. 두 별은 각각 반지름 a, b인 원궤도를 따라 공전한다.

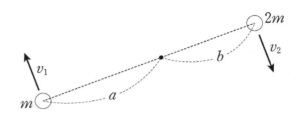

이에 대한 설명으로 옳은 것만을 |보기|에서 있는 대로 고른 것은? (단, 중력상수는 G이다.)

|보기|

ㄱ. $\dfrac{a}{b} = 2$이다.

ㄴ. $\dfrac{v_1}{v_2} = 2$이다.

ㄷ. 질량이 m인 별의 공전주기는 $6\pi\sqrt{\dfrac{b^3}{Gm}}$ 이다.

---

① ㄱ   ② ㄷ   ③ ㄱ, ㄴ   ④ ㄴ, ㄷ   ⑤ ㄱ, ㄴ, ㄷ

04 그림과 같이 수평 거리가 $\sqrt{3}\,d$, 높이 차가 d 인 두 지점에서 물체 A, B를 각각 수평면과 $60°$, $30°$의 각으로 v_A, v_B의 속력으로 동시에 던졌더니, A와 B가 동일 연직면상에서 각각 포물선 운동을 하였다. A와 B가 운동하는 동안 A와 B 사이 거리의 최솟값은 d이다.

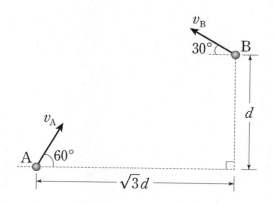

$\dfrac{v_A}{v_B}$ 는?

① $\dfrac{1}{\sqrt{3}}$ ② $\dfrac{1}{\sqrt{2}}$ ③ 1 ④ $\sqrt{2}$ ⑤ $\sqrt{3}$

05 그림과 같이 물체가 연직 방향의 막대에 실로 연결되어 두 실이 팽팽한 상태에서 각속도가 ω인 등속 원운동을 하고 있다.

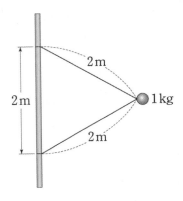

ω의 최솟값은? (단, 중력가속도는 $10\,\mathrm{m/s^2}$이고, 막대의 두께와 물체의 크기는 무시한다.)

① $\pi\,\mathrm{rad/s}$　　② $\sqrt{10}\,\mathrm{rad/s}$　　③ $\dfrac{3\pi}{2}\,\mathrm{rad/s}$　　④ $2\pi\,\mathrm{rad/s}$　　⑤ $10\,\mathrm{rad/s}$

06 그림은 지구를 한 초점으로 하는 타원 궤도를 따라 인공위성이 운동하는 것을 나타낸 것이다. p, q는 지구로부터 각각 r_0, $2r_0$만큼 떨어진 궤도상의 점이다. p에서 인공위성의 중력 퍼텐셜 에너지는 $-E_0$이다.

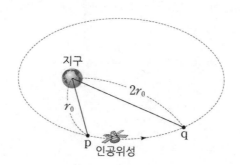

인공위성의 운동에 대한 설명으로 옳은 것만을 |보기|에서 있는 대로 고른 것은? (단, 지구에서 무한히 멀리 떨어진 지점에서 인공위성의 중력 퍼텐셜 에너지는 0이다.)

┌─ 보기 ├─────────────────────────────────
ㄱ. 가속도의 크기는 p에서가 q에서의 4배이다.
ㄴ. 속력은 p에서가 q에서의 2배이다.
ㄷ. 운동에너지는 p에서가 q에서보다 E_0만큼 크다.
──

① ㄱ 　　② ㄴ 　　③ ㄱ, ㄷ 　　④ ㄴ, ㄷ 　　⑤ ㄱ, ㄴ, ㄷ

07 그림과 같이 수평면에서 물체 A가 실에 연결되어 일정한 속력 v로 반지름이 r인 원궤도를 따라 운동하고 있다. 물체 B를 원궤도 위의 한 점에 가만히 놓았더니, A와 B는 충돌 후 한 덩어리가 되어 같은 궤도에서 등속원운동을 하였다. A, B의 질량은 각각 $2m$, m이고, 충돌 전과 후에 실이 물체를 당기는 힘의 크기는 각각 T_1과 T_2이다.

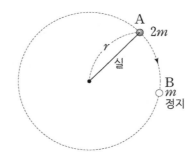

$\dfrac{T_1}{T_2}$은? (단, 물체의 크기와 마찰은 무시한다.)

① $\dfrac{1}{3}$ ② $\dfrac{2}{3}$ ③ 1   ④ $\dfrac{3}{2}$ ⑤ 3

08 그림은 마찰이 없는 수평면에서 질량이 1 kg인 물체 A에 질량이 2 kg인 물체 B를 올려놓고 질량이 1 kg인 추에 실로 연결했을 때, A, B와 추가 운동하는 것을 나타낸 것이다. A와 B가 운동하는 동안, A와 B 사이에 일정한 마찰력이 작용한다. A, B가 정지 상태에서 0초일 때 출발하여 1초 동안 이동한 거리는 각각 1.5 m, d이다.

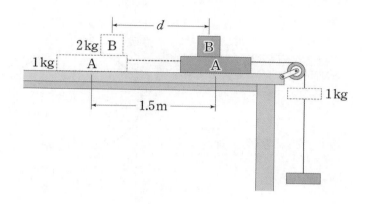

이에 대한 설명으로 옳은 것만을 |보기|에서 있는 대로 고른 것은? (단, 중력가속도는 10 m/s^2이고, 도르래의 질량과 마찰, 공기저항은 무시한다.)

| 보 기 |

ㄱ. $d = 1$m 이다.
ㄴ. 1초일 때, A의 운동에너지는 4.5 J이다.
ㄷ. 1초 동안 B에 작용하는 마찰력이 한 일은 4 J이다.

① ㄱ   ② ㄷ   ③ ㄱ, ㄴ   ④ ㄴ, ㄷ   ⑤ ㄱ, ㄴ, ㄷ

09 그림 (가)는 서로 다른 용수철에 연결된 물체 A, B가 각각 단진동 하는 것을 나타낸 것이고, (나)는 (가)에서 A, B의 속도와 변위를 나타낸 것이다. A, B의 가속도 크기의 최댓값은 각각 a_A, a_B이다.

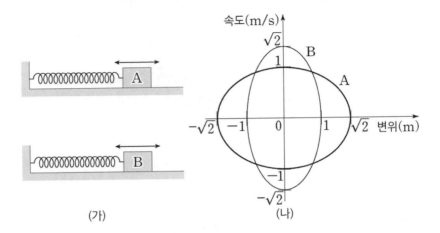

(가) (나)

$\dfrac{a_A}{a_B}$는?

① $\dfrac{\sqrt{2}}{4}$ ② $\dfrac{\sqrt{2}}{2}$ ③ 1   ④ $\sqrt{2}$ ⑤ $2\sqrt{2}$

10 그림과 같이 질량이 m인 전자가 고정되어 있는 원자와 충돌한다. 충돌 직전과 직후 전자의 속력은 각각 v_1, v_2이고, 충돌로 인해 들뜬 원자는 진동수가 $10^{15}\,\text{Hz}$인 광자를 방출하며 충돌 전의 상태로 돌아간다.

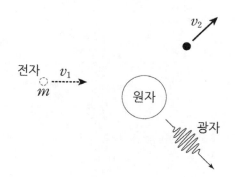

방출된 광자에 대한 설명으로 옳은 것만을 |보기|에서 있는 대로 고른 것은? (단, 플랑크 상수 $h = 6 \times 10^{-34}\,\text{J·s}$이고, 빛의 속력은 $3 \times 10^8\,\text{m/s}$이다.)

보 기

ㄱ. 진동수는 $\dfrac{2m(v_1^2 - v_2^2)}{h}$과 같다.

ㄴ. 운동량은 $2 \times 10^{-27}\,\text{kg·m/s}$이다.

ㄷ. 에너지는 $10^{-18}\,\text{J}$이다.

---

① ㄱ   ② ㄴ   ③ ㄷ   ④ ㄱ, ㄴ   ⑤ ㄴ, ㄷ

11 그림과 같이 양자수가 n인 상태의 수소 원자에 파장이 250 nm인 빛을 비췄더니 수소 원자가 이온화되었다. 수소 원자에서 분리된 전자의 운동에너지는 $3.95\,\text{eV}$이다. 양자수가 n인 상태에 있는 수소 원자의 에너지는 $-\dfrac{13.6}{n^2}\,\text{eV}$이다.

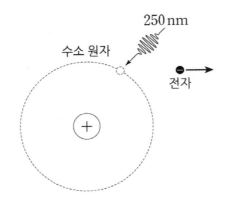

n은? (단, 플랑크 상수는 $4\times10^{-15}\,\text{eV·s}$이며, 빛의 속력은 $3\times10^8\,\text{m/s}$이다.)

① 1　　　　② 2　　　　③ 3　　　　④ 4　　　　⑤ 5

12 그림 (가)와 같이 질량이 $21M$이고 길이가 $10L$인 막대가 받침대 a, b, c 위에서 수평으로 정지해 있다. c 아래에는 부피가 V이고 질량이 M인 직육면체 물체가 있고, 물체는 밀도가 ρ_0인 액체 속에 부피 $\dfrac{V}{5}$만큼 잠긴 채 정지해 있다. 그릇 바닥 면적은 물체 바닥 면적의 3배이다. a가 막대를 미는 힘의 크기는 $11Mg$이고, a, b, c의 질량은 무시한다. 그림 (나)는 (가)의 그릇에 액체를 부피 V'만큼 추가했을 때, b가 막대를 미는 힘이 0이 된 모습을 나타낸 것이다.

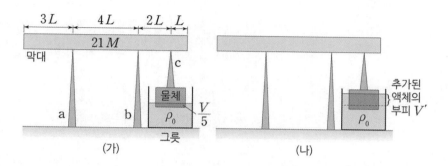

이에 대한 설명으로 옳은 것만을 |보기|에서 있는 대로 고른 것은? (단, 중력가속도는 g이다. 막대의 밀도는 균일하고, 막대의 두께와 폭, 모든 마찰은 무시한다.)

| 보 기 |

ㄱ. (가)에서 b가 막대를 미는 힘의 크기는 $9Mg$이다.

ㄴ. 물체의 밀도는 $\dfrac{\rho_0}{15}$이다.

ㄷ. $V' = \dfrac{6}{5}V$이다.

① ㄱ   ② ㄴ   ③ ㄱ, ㄷ   ④ ㄴ, ㄷ   ⑤ ㄱ, ㄴ, ㄷ

13 그림과 같이 구멍이 뚫린 책상 위에 높이가 0.84 m인 물체 A가 놓여 있다. 총알 B를 연직 방향으로 발사하였더니 A와 충돌하기 직전의 속력은 15 m/s이다. B가 A를 관통하는 데 걸린 시간은 0.1초이고, A와 B 사이에는 일정한 마찰력 f가 작용했다. A, B의 질량은 각각 1 kg, 0.1 kg이다.

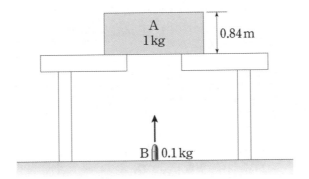

f의 크기는? (단, 중력가속도는 10 m/s²이다. A와 B는 회전하지 않고, A와 B의 질량은 변하지 않으며, B의 크기와 공기저항은 무시한다.)

① 10.8 N   ② 11.2 N   ③ 11.6 N   ④ 12 N   ⑤ 12.4 N

14 그림과 같이 높이 24 m인 지점에 물체를 가만히 놓았더니, 물체는 빗면을 따라 내려간 후 반지름이 12 m인 원형 궤도에 진입하여 운동하다가 궤도를 이탈하였다. 물체가 궤도에서 이탈한 후 수평면으로부터 물체의 최고점의 높이는 h이다.

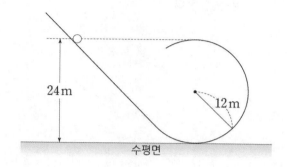

24 m
12 m
수평면

h는? (단, 중력가속도는 $10 \, \mathrm{m/s^2}$이다. 물체는 연직면상에서 운동하고, 물체의 크기, 모든 마찰, 공기저항은 무시한다.)

① $\dfrac{170}{9} \, \mathrm{m}$
② $20 \, \mathrm{m}$
③ $\dfrac{190}{9} \, \mathrm{m}$
④ $\dfrac{200}{9} \, \mathrm{m}$
⑤ $\dfrac{70}{3} \, \mathrm{m}$

15 그림과 같이 경사각이 θ인 경사면에서 질량이 m인 자동차가 반지름이 R인 등속 원운동을 하고 있다. 경사면과 바퀴 사이의 마찰력의 방향은 최고점과 최저점에서 같고, 크기는 최저점에서가 최고점에서의 2배이다. 자동차 바퀴는 경사면에서 미끄러지지 않고 구르는 운동을 한다.

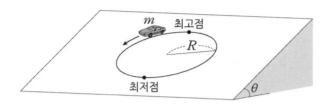

자동차의 속력은? (단, 중력가속도는 g이고, 공기저항과 자동차의 크기는 무시한다.)

① $\sqrt{\dfrac{Rg\sin\theta}{24}}$ ② $\sqrt{\dfrac{Rg\sin\theta}{18}}$ ③ $\sqrt{\dfrac{Rg\sin\theta}{12}}$

④ $\sqrt{\dfrac{Rg\sin\theta}{6}}$ ⑤ $\sqrt{\dfrac{Rg\sin\theta}{3}}$

16 그림과 같이 세기가 $\frac{1}{2}$ N/C인 균일한 전기장이 $+y$방향으로 걸려 있다. 질량이 m, 전하량이 $+q$인 입자가 x축과 $30\,^\circ$의 각을 이루며 속력 v_0으로 점 a를 지난다. 입자가 점 b를 지날 때 입자의 속력은 $2v_0$이다. 입자는 xy평면상에서 운동한다.

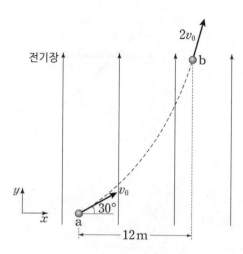

a와 b 사이의 전위차는?

① $(\sqrt{26}+\sqrt{2}\,)\,\mathrm{V}$ ② $(\sqrt{26}+\sqrt{3}\,)\,\mathrm{V}$ ③ $(\sqrt{26}+\sqrt{5}\,)\,\mathrm{V}$
④ $(\sqrt{39}+\sqrt{2}\,)\,\mathrm{V}$ ⑤ $(\sqrt{39}+\sqrt{3}\,)\,\mathrm{V}$

17 그림과 같이 xy 평면에 고정된 가늘고 무한히 긴 직선 도선 P, Q에 각각 방향과 세기가 일정한 전류가 흐른다. 표는 전하량과 질량이 다른 점전하가 각각 a, b, c 지점을 지날 때, 점전하의 속도와 가속도를 나타낸 것이다.

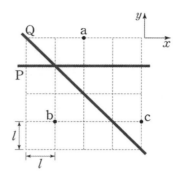

지점	전하량(C)	질량 (kg)	속도		가속도	
			크기 (m/s)	방향	크기 (m/s^2)	방향
a	+2	4	2	$+x$	3	$-y$
b	+1	2	4	$-y$	2	$+x$
c	-2	6	3	$+y$	㉠	㉡

㉠, ㉡으로 옳은 것은? (단, 점전하에는 P, Q에 의한 자기력만 작용한다.)

	㉠	㉡
①	4	$-x$
②	8	$-x$
③	4	$+x$
④	5	$+x$
⑤	8	$+x$

18 그림 (가)와 같이 고정된 금속판과 단열된 피스톤에 의해 분리된 실린더에 같은 양의 동일한 단원자 분자 이상기체 A, B, C가 들어 있다. A, B, C의 압력과 부피는 같다. C에는 용수철이 피스톤과 실린더에 연결되어 있다. (가)에서 A의 부피는 V, 내부에너지는 U이다. 그림 (나)는 (가)의 A와 C에 각각 열량 Q_1, Q_2를 서서히 가했더니 피스톤이 이동하여 정지한 모습을 나타낸 것이다. (나)에서 B의 부피는 $\frac{3}{2}V$, C의 내부에너지는 $2U$, 용수철에 저장된 에너지는 $\frac{1}{3}U$이다.

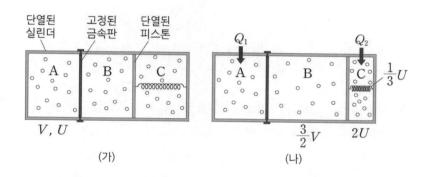

(가)   (나)

이에 대한 설명으로 옳은 것만을 |보기|에서 있는 대로 고른 것은? (단, 피스톤의 마찰, 금속판과 용수철이 흡수한 열량은 무시한다.)

|보 기|

ㄱ. (나)에서 C가 피스톤을 미는 힘의 크기는 용수철이 피스톤을 미는 힘의 크기의 2배이다.
ㄴ. B의 압력은 (나)에서가 (가)에서의 6배이다.
ㄷ. $Q_1 + Q_2 = \frac{52}{3}U$이다.

① ㄱ   ② ㄷ   ③ ㄱ, ㄴ
④ ㄴ, ㄷ   ⑤ ㄱ, ㄴ, ㄷ

19 그림과 같이 질량이 20kg인 물체가 빗면을 따라 점 A에서 점 B까지 거리 10 m만큼 이동하는 동안 높이는 5m만큼 감소했다. A, B에서 물체의 속력은 각각 0, 4 m/s이다. 마찰력이 한 일은 모두 열에너지로 전환된다.

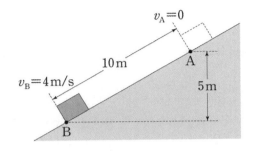

물체가 A에서 B까지 이동하는 동안 발생한 열에너지는? (단, 중력가속도는 10 m/s² 이고, 열의 일당량은 4.2 J/cal이다. 공기저항은 무시한다.)

① 100 cal   ② 200 cal   ③ 300 cal   ④ 400 cal   ⑤ 500 cal

20 그림 (가)는 점전하 A, B, C, D, E가 xy평면에 고정되어 있는 모습을, (나)는 (가)의 B를 $+x$방향으로 d만큼 이동시킨 모습을 나타낸 것이다. A는 양(+)전하이고, (가), (나)에서 B에 작용하는 전기력은 0이다.

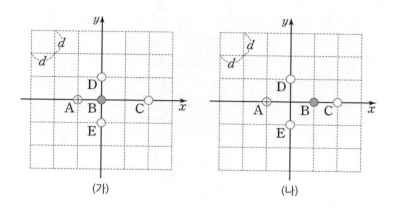

(가)　　　　　　　(나)

전하량의 크기는 D가 C의 몇 배인가?

① $\dfrac{3\sqrt{2}}{4}$　　② $\dfrac{13\sqrt{2}}{16}$　　③ $\dfrac{7\sqrt{2}}{8}$　　④ $\dfrac{15\sqrt{2}}{16}$　　⑤ $\sqrt{2}$

21 그림과 같이 경사각이 30°인 경사면 위에 고정된 회로에 금속 막대를 가만히 놓았더니, 금속 막대가 경사면을 따라 미끄러져 내려왔다. 세기가 4T인 균일한 자기장 B가 연직 아래 방향을 향하고 있다. 금속 막대의 길이는 1m이고, 질량은 1kg이며, 금속 막대의 전기 저항은 없다. 저항의 저항값 R는 3Ω이다.

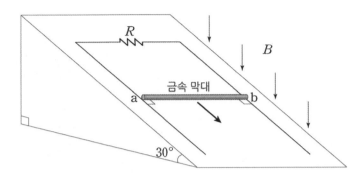

이에 대한 설명으로 옳은 것만을 |보기|에서 있는 대로 고른 것은? (단, 중력가속도는 10m/s²이고, 공기저항 및 마찰은 무시한다. 경사면과 도선의 길이는 금속 막대가 종단속도에 도달할 만큼 충분히 길다.)

|보기|

ㄱ. 금속 막대에 흐르는 유도전류의 방향은 a → b이다.
ㄴ. 금속 막대의 속력이 1m/s일 때, 금속 막대에 작용하는 자기력의 크기는 4N이다.
ㄷ. 금속 막대에 흐르는 유도전류의 최댓값은 $\dfrac{5\sqrt{3}}{6}$A 이다.

---

① ㄱ   ② ㄴ   ③ ㄱ, ㄷ   ④ ㄴ, ㄷ   ⑤ ㄱ, ㄴ, ㄷ

22 그림과 같이 저항값이 R인 저항 8개와 전기용량이 C_1, C_2, C_3인 축전기 3개가 전압이 V인 직류전원장치에 연결되어 있다. 충분한 시간이 지났을 때, 전기용량이 C_2, C_3인 축전기에 저장된 전하량은 같고, 전기용량이 C_1인 축전기에 저장된 전기에너지는 전기용량이 C_3인 축전기에 저장된 전기에너지의 7배가 되었다.

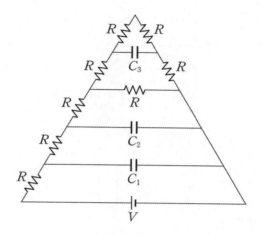

$C_1 : C_2 : C_3$는?

① $1 : 2 : 9$ ② $1 : 3 : 7$ ③ $3 : 14 : 28$ ④ $9 : 14 : 42$ ⑤ $9 : 14 : 63$

23 그림은 1몰의 단원자 분자 이상기체가 상태 A→B→C→D→A를 따라 변할 때 이상기체의 절대온도와 압력을 나타낸 것이다. B→C, D→A 과정은 등적과정이다.

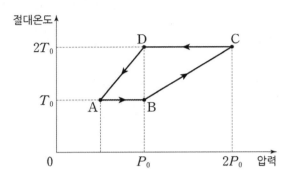

이에 대한 설명으로 옳은 것만을 |보기|에서 있는 대로 고른 것은?

┤보기├

ㄱ. A에서 압력은 $\dfrac{P_0}{2}$이다.

ㄴ. C→D 과정에서 기체가 한 일은 A→B 과정에서 기체가 받은 일과 같다.

ㄷ. 엔트로피는 C→D 과정에서 증가한다.

① ㄱ   ② ㄴ   ③ ㄱ, ㄷ   ④ ㄴ, ㄷ   ⑤ ㄱ, ㄴ, ㄷ

24 그림과 같이 균일한 자기장 영역에서 질량이 $1\,\text{kg}$이고 전하량이 $-1\,\text{C}$인 물체를 y축 상의 $y=-2\,\text{m}$인 지점에서 $-x$방향으로 속력 v_0으로 발사하였더니, xy평면상의 $x=1\,\text{m}$, $y=\sqrt{3}\,\text{m}$인 점 P를 지났다. 자기장의 세기는 $1\,\text{T}$이고, 방향은 xy평면에 수직으로 들어가는 방향이다.

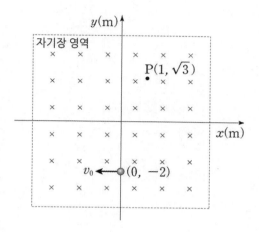

v_0은? (단, 물체에는 자기력만 작용한다.)

① $1\,\text{m/s}$ ② $2\,\text{m/s}$ ③ $3\,\text{m/s}$ ④ $4\,\text{m/s}$ ⑤ $5\,\text{m/s}$

25 그림 (가)는 구의 중심을 지나는 터널이 있는 고정된 구에 전하량 Q가 균일하게 대전된 모습을, (나)는 구멍이 있는 고정된 구 껍질에 전하량 Q가 균일하게 대전된 모습을 나타낸 것이다. (가)의 구와 (나)의 구 껍질의 반지름은 같다. (가), (나) 모두 점 A에서 전하량 $-Q$인 입자를 구의 중심 방향으로 속력 v_0으로 발사하였더니, 점 B를 지났다.

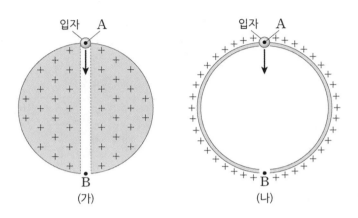

(가)   (나)

입자의 운동에 대한 설명으로 옳은 것만을 |보기|에서 있는 대로 고른 것은? (단, 입자의 운동으로 구와 구 껍질의 전하 분포는 변하지 않으며, 입자의 크기 및 중력은 무시한다.)

─┤보기├─

ㄱ. (가)에서 입자가 발사된 순간부터 처음 B를 지나는 순간까지 입자는 등가속도 운동을 한다.
ㄴ. 입자가 발사된 순간부터 처음 B를 지나는 순간까지 걸리는 시간은 (가)에서가 (나)에서보다 짧다.
ㄷ. 입자가 B를 처음 지난 순간부터 두 번째로 지나는 순간까지 걸리는 시간은 (가)에서와 (나)에서가 같다.

① ㄱ   ② ㄴ   ③ ㄱ, ㄷ   ④ ㄴ, ㄷ   ⑤ ㄱ, ㄴ, ㄷ

26 그림은 저항 A, B, 가변저항, 전지를 연결한 회로를 나타낸 것이다.

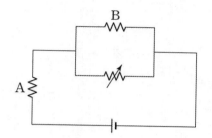

가변저항의 저항값을 증가시킬 때, A와 B의 소비전력의 변화로 옳은 것은?

	A의 소비전력	B의 소비전력
①	증가한다.	증가한다.
②	증가한다.	감소한다.
③	감소한다.	증가한다.
④	감소한다.	감소한다.
⑤	일정하다.	일정하다.

27 그림은 공기 중에서 물체의 오른쪽에 얇은 렌즈를 두었더니, 물체로부터 30 cm 떨어진 지점에 상이 형성된 것을 나타낸 것이다. 상의 크기는 물체의 크기의 2배이다.

이에 대한 설명으로 옳은 것만을 |보기|에서 있는 대로 고른 것은? (단, 공기의 굴절률은 1이다.)

> **|보기|**
>
> ㄱ. 렌즈는 오목렌즈이다.
> ㄴ. 물체와 렌즈 사이의 거리는 렌즈의 초점 거리보다 크다.
> ㄷ. 물체와 렌즈 사이의 거리는 10 cm이다.

① ㄱ   ② ㄷ   ③ ㄱ, ㄴ   ④ ㄴ, ㄷ   ⑤ ㄱ, ㄴ, ㄷ

28 그림은 저항, 직류 전원으로 연결된 회로를 나타낸 것이다. 스위치를 p에 연결하였을 때, 점 A와 B 사이의 전압은 V이고, 스위치를 q에 연결하였을 때, A와 B 사이의 저항값은 R이다.

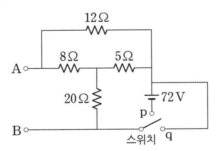

$\dfrac{V}{R}$ 는?

① $\dfrac{51}{5}$ A   ② $\dfrac{52}{5}$ A   ③ $\dfrac{53}{5}$ A   ④ $\dfrac{54}{5}$ A   ⑤ 11 A

29 그림 (가), (나)는 반지름이 같은 원기둥 모양의 철 막대와 유리 막대에 각각 1차 코일과 2차 코일을 감은 것을 나타낸 것이다. 1차 코일과 2차 코일의 감은 수는 각각 N, $2N$이고, 길이는 각각 ℓ, 2ℓ이며, 1차 코일과 2차 코일 사이의 거리는 같다. 1차 코일과 2차 코일의 자체 유도 계수는 (가)에서 L_1, L_2이고, (나)에서 L_3, L_4이다.

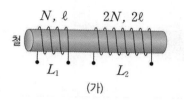

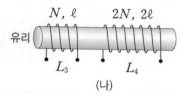

이에 대한 설명으로 옳은 것만을 |보기|에서 있는 대로 고른 것은?

|보기|

ㄱ. $L_1 = \dfrac{1}{2} L_2$이다.

ㄴ. $L_1 > L_3$이다.

ㄷ. 1차 코일과 2차 코일 사이의 상호 유도 계수는 (가)에서가 (나)에서보다 크다.

---

① ㄱ   ② ㄴ   ③ ㄷ

④ ㄱ, ㄴ   ⑤ ㄱ, ㄴ, ㄷ

30 그림과 같이 반지름이 50 mm인 반구형 유리와 두께가 50 mm인 직사각형 유리가 거리 t 만큼 떨어져 있다. 반구형 유리와 직사각형 유리의 굴절률은 1.5로 같다. 평행광이 반구형 유리에 광축과 나란하게 입사되어 직사각형 유리의 끝에 모인다.

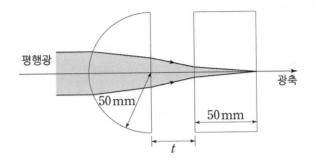

t는? (단, 공기의 굴절률은 1이다.)

① $\dfrac{100}{11}$ mm   ② $\dfrac{100}{9}$ mm   ③ $\dfrac{100}{7}$ mm   ④ $\dfrac{50}{3}$ mm   ⑤ $\dfrac{100}{3}$ mm

2022년 1교시
기출문제

01 그림은 물체가 수평면 위의 점 p를 v의 속력으로 통과한 후 직선 경로를 따라 점 q를 지나 점 r에 도달하여 정지한 것을 나타낸 것이다. p에서 q까지의 구간 Ⅰ, q에서 r까지의 구간 Ⅱ에서 물체는 운동 방향과 반대 방향으로 각각 일정한 크기의 힘을 받는다. 구간의 길이는 Ⅰ이 Ⅱ의 $\frac{1}{2}$배이며, Ⅰ과 Ⅱ에서 물체가 받은 일은 같다.

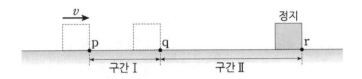

q에서 물체의 속력은? (단, 물체의 크기 및 모든 마찰은 무시한다.)

① $\frac{v}{2}$　　　　② $\frac{v}{\sqrt{3}}$　　　　③ $\frac{2}{3}v$　　　　④ $\frac{v}{\sqrt{2}}$　　　　⑤ $\sqrt{\frac{2}{3}}\,v$

02 그림 (가)와 같이 질량이 각각 m, 6 kg인 물체 A, B를 도르래를 통해 실로 연결하고 시간 $t = 0$일 때 A를 가만히 놓았더니 B가 4초 후에 수평면에 도달한다. 그림 (나)는 A의 운동량을 시간에 따라 나타낸 것이다.

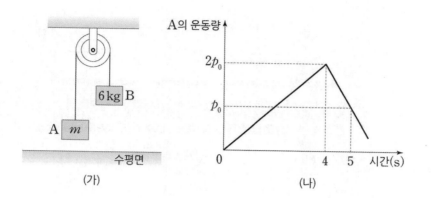

(가)

(나)

이에 대한 설명으로 옳은 것만을 |보기|에서 있는 대로 고른 것은? (단, 물체의 크기, 실과 도르래의 질량 및 모든 마찰과 공기 저항은 무시하며, 중력 가속도는 10 m/s^2이다.)

┌─|보 기|
│
│ ㄱ. 2초일 때, A의 가속도의 크기는 4 m/s^2이다.
│ ㄴ. A의 질량은 2 kg이다.
│ ㄷ. 1초일 때, 실이 B에 작용하는 힘의 크기는 30 N이다.
│

① ㄱ   ② ㄴ   ③ ㄱ, ㄷ
④ ㄴ, ㄷ   ⑤ ㄱ, ㄴ, ㄷ

03 그림과 같이 무빙워크는 지면에 대해 오른쪽으로 3 km/h의 속력으로 움직이고 있으며, 영희는 지면에 정지해 있다. 민수는 무빙워크에 대해 5 km/h의 속력으로 영희를 지나쳐서 일정 시간 동안 이동하다가 순간적으로 뒤돌아서 다시 무빙워크에 대해 5 km/h의 속력으로 영희가 있는 곳까지 돌아왔다.

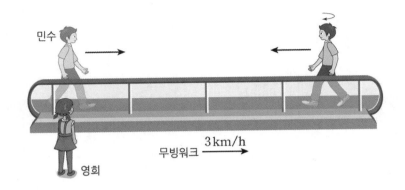

민수가 영희를 지나친 순간부터 다시 영희에게 돌아온 순간까지 영희가 측정한 민수의 평균 속력은? (단, 민수는 무빙워크가 움직이는 방향과 나란한 방향으로 이동하며, 민수의 무빙워크에 대한 속력은 일정하다.)

① 3.2 km/h   ② 3.8 km/h   ③ 4.4 km/h
④ 5.0 km/h   ⑤ 5.6 km/h

04 그림과 같이 높이가 h인 지점에서 질량이 m인 물체 A를 연직 아래 방향으로 속력 v_1로 던지는 순간, 질량이 m인 물체 B를 지면에서 연직 위 방향으로 A를 향해 속력 v_2로 던졌더니 두 물체가 충돌하였다. 충돌 직전, A와 B의 역학적 에너지의 비는 2:1이고 운동 에너지의 비는 4:1이며 B의 속력은 $v_2{'}$이다.

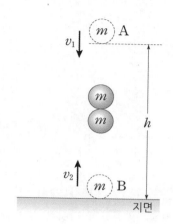

$v_2 : v_2{'}$ 는? (단, 물체의 크기와 공기 저항은 무시하며, 지면에서 물체의 위치 에너지는 0이다.)

① 3 : 1   ② $\sqrt{5}$: 1   ③ 2 : 1   ④ $\sqrt{3}$: 1   ⑤ $\sqrt{2}$: 1

05 그림 (가)와 같이 용수철 상수가 k인 용수철에 질량이 m인 받침대가 매달려 정지해 있다. 이 상태에서 그림 (나)와 같이 질량이 $2m$인 물체를 정지한 받침대에 가만히 놓으면 물체와 받침대는 연직 방향으로 단진동을 한다.

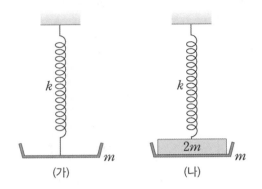

(가)   (나)

(나)에 대한 설명으로 옳은 것만을 |보기|에서 있는 대로 고른 것은? (단, 중력 가속도는 g이고, 공기 저항과 용수철의 질량은 무시한다.)

|보기|

ㄱ. 단진동의 주기는 $2\pi\sqrt{\dfrac{3m}{k}}$ 이다.

ㄴ. 단진동의 진폭은 $\dfrac{2mg}{k}$ 이다.

ㄷ. 물체의 중력에 의한 위치 에너지가 최소인 순간에 운동 에너지는 최대이다.

① ㄱ   ② ㄷ   ③ ㄱ, ㄴ

④ ㄴ, ㄷ   ⑤ ㄱ, ㄴ, ㄷ

06 그림은 수평면에서 물체 A를 연직 위로 50 m/s의 속력으로 발사한 순간, 물체 B를 수평면에서 오른쪽으로 50 m/s의 속력으로 발사한 것을 나타낸 것이다.

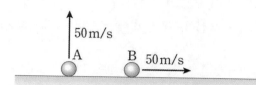

이에 대한 설명으로 옳은 것만을 |보기|에서 있는 대로 고른 것은? (단, 물체의 크기, 마찰 및 공기저항은 무시하고, 중력 가속도는 10 m/s²이다.)

---|보 기|---

ㄱ. A를 발사한 순간부터 수평면에 도달한 순간까지 A가 이동한 거리는 250 m이다.
ㄴ. A를 발사한 순간부터 최고점에 도달한 순간까지 B가 이동한 거리는 250 m이다.
ㄷ. A가 수평면에 도달하기 직전, B에 대한 A의 상대 속도의 크기는 50 m/s 이다.

---

① ㄱ   ② ㄷ   ③ ㄱ, ㄴ
④ ㄴ, ㄷ   ⑤ ㄱ, ㄴ, ㄷ

07 그림과 같이 학생이 수평 방향으로 등속도 운동을 하며 공을 던지고 다시 받는다. 공을 던지고 받은 높이는 같으며 이 위치의 높이를 0으로 한다. 공은 4m 높이의 최고점 A에 도달한 후 던져진 곳으로부터 수평 거리 6m 떨어진 수직 벽에 부딪히고 순간적으로 되튀어 떨어진다. 공이 벽에 부딪힌 지점 B의 높이는 3m이고 공을 받은 위치는 C이다.

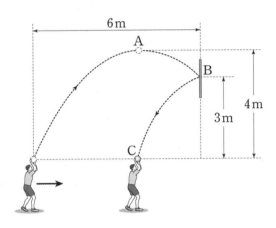

이에 대한 설명으로 옳은 것만을 |보기|에서 있는 대로 고른 것은? (단, 중력 가속도는 $10\,\text{m/s}^2$이다. 공기 저항, 공의 크기와 회전은 무시하며, 벽에 부딪히고 되튈 때 공의 에너지 손실은 없다. 모든 운동은 동일 연직면상에서 일어난다.)

│**보 기**│
ㄱ. 공이 A에서 B까지 걸린 시간과 B에서 C까지 걸린 시간은 같다.

ㄴ. 공을 던진 순간부터 받은 순간까지 걸린 시간은 $\dfrac{4\sqrt{5}}{5}$초이다.

ㄷ. 학생의 속력은 $\sqrt{5}\,\text{m/s}$이다.

---

① ㄱ   ② ㄷ   ③ ㄱ, ㄴ

④ ㄴ, ㄷ   ⑤ ㄱ, ㄴ, ㄷ

08 그림은 수평인 마찰면 위의 물체에 크기가 F인 힘을 가해 당길 때, 물체가 등속도 운동하는 것을 나타낸 것이다. 물체의 무게는 W이고, 힘이 마찰면과 이루는 각도는 $60°$로 일정하다.

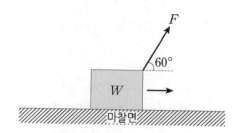

이에 대한 설명으로 옳은 것만을 |보기|에서 있는 대로 고른 것은? (단, 공기 저항은 무시한다.)

|보 기|

ㄱ. 물체에 작용하는 마찰력의 크기는 $\dfrac{F}{2}$이다.

ㄴ. 물체와 마찰면 사이의 운동 마찰 계수는 $\dfrac{F}{2W}$이다.

ㄷ. 다른 조건을 그대로 두고 물체에 가하는 힘의 크기를 $2F$로 바꾸면, 물체는 등속도 운동한다.

① ㄱ   ② ㄴ   ③ ㄱ, ㄷ

④ ㄴ, ㄷ   ⑤ ㄱ, ㄴ, ㄷ

09 그림과 같이 질량이 1kg으로 같은 두 개의 물체 A와 B가 정지 상태로부터 각각 트랙 p와 q를 따라 직선 운동한다. A와 B는 동시에 출발선에서 출발하며 p, q에서 출발선과 도착선 사이의 거리는 10m로 같다. p에서는 A가 전구간에서 운동 방향으로 일정한 힘 5N을 받는다. q에서는 B가 길이 x인 구간 I에서 일정한 힘 10N을 받고, 나머지 구간 II에서는 힘을 받지 않는다.

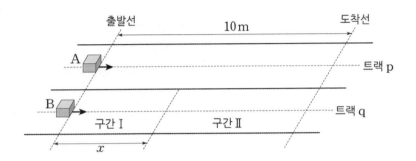

도착선에서 A와 B의 속력이 v로 같을 때, 이에 대한 설명으로 옳은 것만을 |보기|에서 있는 대로 고른 것은? (단, 물체의 크기 및 마찰은 무시한다.)

|보 기|

ㄱ. v는 10m/s이다.
ㄴ. x는 5m이다.
ㄷ. A와 B가 도착선에 도착하는 시간의 차이는 1초이다.

① ㄱ   ② ㄷ   ③ ㄱ, ㄴ
④ ㄴ, ㄷ   ⑤ ㄱ, ㄴ, ㄷ

10 그림 (가)와 (나)는 가속도의 크기가 a이고, 각각 연직 위, 아래 방향으로 등가속도 운동을 하는 엘리베이터에서 공을 연직 아래 방향으로 던지는 모습을 나타낸 것이다. 엘리베이터 바닥을 기준으로 공의 초기 높이는 h이며 바닥과 비탄성 충돌한 후 다시 엘리베이터 바닥으로부터 높이 h에 도달한다. (가), (나)에서 공을 던지는 순간 엘리베이터에 대한 공의 상대 속도의 크기는 각각 v_A, v_B이고, 공이 높이 h에 다시 도달한 순간 엘리베이터에 대한 공의 상대 속도는 0이다. 공과 바닥의 반발 계수는 e이다.

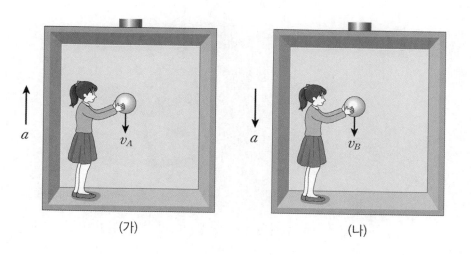

(가)   (나)

$\dfrac{v_B}{v_A}$ 은? (단, 중력 가속도는 g이고, $a < g$이다. $0 < e < 1$이고, 공기 저항은 무시한다.)

① 1

② $\sqrt{\dfrac{g-a}{g+a}}$

③ $\dfrac{g-a}{g+a}$

④ $\dfrac{1}{e}\sqrt{\dfrac{g+a}{g-a}}$

⑤ $\dfrac{1}{e}\left(\dfrac{g+a}{g-a}\right)$

11 그림은 저울 짐판 위 지점 A에 놓은 회전하는 원통이 지점 B를 지나 지점 C까지 굴러서 도착한 것을 나타낸 것이다. C에서 원통은 수직 벽과 짐판 모두에 접촉하여 회전 운동하면서 마찰로 회전속도가 줄어든다. 짐판과 원통, 벽면과 원통 사이의 정지 마찰 계수는 μ_s 이고 운동 마찰 계수는 μ_k 이다. 원통이 B를 지날 때 저울의 눈금은 W_B 이고, C에서 회전하고 있을 때 저울의 눈금은 W_C 이다.

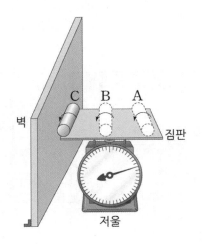

$\dfrac{W_B - W_C}{W_C}$ 은? (단, 짐판은 수평을 유지하며 벽과 떨어져 있고, 원통의 중심축은 벽과 평행하다.)

① 0   ② μ_s ③ μ_k ④ μ_s^2 ⑤ μ_k^2

12 그림 (가)와 (나)는 수평면 위에 물체 A, B를 놓고 B와 A에 각각 크기가 F인 힘이 오른쪽으로 일정하게 작용하는 모습을 나타낸 것이다. (가), (나)에서 A는 B 위에서 미끄러졌다. 수평면과 B 사이에는 마찰이 없으며, A와 B 사이에는 마찰이 있다.

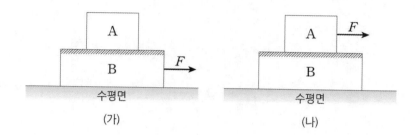

(가)　　　　　　　　　　　　　　(나)

이에 대한 설명으로 옳은 것만을 |보기|에서 있는 대로 고른 것은? (단, A, B는 회전하지 않는다.)

|보기|
ㄱ. (가)에서 수평면에 대한 A의 운동 방향은 오른쪽이다.
ㄴ. (가)에서 B에 작용하는 마찰력의 방향은 왼쪽이다.
ㄷ. A에 작용하는 마찰력의 크기는 (가)에서가 (나)에서보다 크다.

① ㄱ　　　　② ㄷ　　　　③ ㄱ, ㄴ　　　　④ ㄴ, ㄷ　　　　⑤ ㄱ, ㄴ, ㄷ

그림과 같이 높이 h에서 물체 A를 수평 방향으로 v_0의 속력으로 발사하고, 동시에 물체 B를 가만히 놓았더니 A, B가 수평면에서 충돌하였다. 다른 조건은 그대로 두고, A의 발사 속력만 v로 바꾸었더니 A, B가 수평면에서 높이 $\frac{3}{4}h$인 지점에서 충돌하였다.

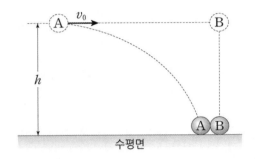

v는? (단, 물체의 크기와 공기 저항은 무시한다.)

① $\frac{4}{3}v_0$ ② $\frac{16}{9}v_0$ ③ $2v_0$ ④ $4v_0$ ⑤ $8v_0$

14 그림과 같이 물체 A를 속력 v_A로 경사면과 수직하게 발사한 순간, 물체 B를 가만히 놓았다. 이후 두 물체가 점 O에 동시에 도달한다. A, B의 질량은 m으로 같고, 출발 높이는 각각 $h, 3h$이다.

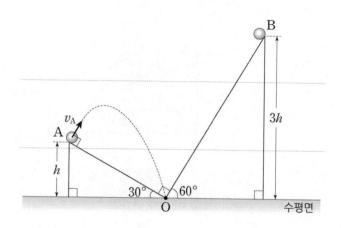

이에 대한 설명으로 옳은 것만을 |보기|에서 있는 대로 고른 것은? (단, 중력 가속도는 g이고, 물체의 크기, 모든 마찰, 공기 저항은 무시한다.)

|보기|

ㄱ. A가 발사된 순간부터 O에 도달할 때까지 걸린 시간은 $\sqrt{\dfrac{18h}{g}}$ 이다.

ㄴ. $v_A = \dfrac{\sqrt{6gh}}{2}$ 이다.

ㄷ. A, B가 O에 도달하기 직전의 운동에너지는 A가 B의 $\dfrac{1}{2}$ 배이다.

---

① ㄱ ② ㄴ ③ ㄱ, ㄷ ④ ㄴ, ㄷ ⑤ ㄱ, ㄴ, ㄷ

15 그림은 단면적이 같고 재질이 서로 다른 물체 A, B, C, D를 이용하여 고열원과 저열원에 연결한 모습을 나타낸 것이다. A, B, C, D의 길이는 각각 L, L, $4L$, $6L$ 이다. A, B, C의 열전도율은 각각 $3k$, k, $2k$이고, A–B–C와 D를 통해 단위 시간당 전도되는 열량이 같다.

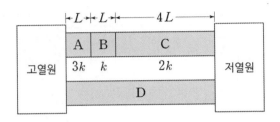

D의 열전도율은? (단, 열의 전달은 전도에 의해서만 이루어지고, 외부와의 열 출입은 없다. A, B, C, D의 열팽창은 무시한다.)

① $1.4\,k$ ② $1.6\,k$ ③ $1.8\,k$

④ $2.0\,k$ ⑤ $2.2\,k$

2022년 2교시
기출문제

01 그림 (가)는 점전하 A, B가 $x = 0$, $x = d$ 에 고정되어 있는 것을 나타낸 것이다. A의 전하량은 $+Q$이다. 그림 (나)는 $x < 0$인 곳에서의 x축 상의 전위를 x에 따라 나타낸 것이다. $x = -\dfrac{d}{2}$에서 전위는 0이다.

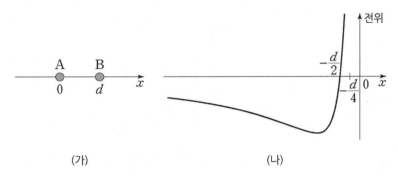

(가)   (나)

이에 대한 설명으로 옳은 것만을 |보기|에서 있는 대로 고른 것은? (단, A, B로부터 무한히 떨어진 곳의 전위는 0이다.)

|보 기|

ㄱ. B의 전하량은 $-3Q$이다.

ㄴ. $x = \dfrac{d}{2}$에서 전위는 0이다.

ㄷ. $x = -\dfrac{d}{2}$에서 전기장의 방향은 $-x$방향이다.

① ㄴ   ② ㄷ   ③ ㄱ, ㄴ

④ ㄱ, ㄷ   ⑤ ㄴ, ㄷ

02 그림 (가)와 (나)는 각각 전압이 V인 전원에 각각 3개와 5개의 저항이 연결된 회로를 나타낸 것이다. (가), (나)의 전류계에 흐르는 전류의 세기는 각각 $I_{(가)}$, $I_{(나)}$이다.

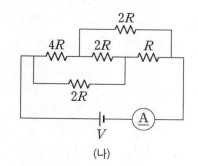

(가)

(나)

$\dfrac{I_{(나)}}{I_{(가)}}$ 는?

① $\dfrac{1}{9}$
② $\dfrac{1}{8}$
③ $\dfrac{1}{7}$
④ $\dfrac{1}{6}$
⑤ $\dfrac{1}{5}$

03 그림은 전기장과 자기장의 세기가 각각 E_0, B_0으로 균일한 영역의 원점 O에 전하량이 Q, 질량이 m인 점전하를 가만히 두었더니, 점전하가 운동을 시작하여 $(\pi r,\ 2r)$인 지점을 x축과 나란하게 v의 속력으로 지나는 것을 나타낸 것이다. 전기장은 $+y$ 방향이고, 자기장은 xy 평면에 수직이다.

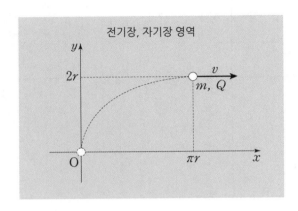

이에 대한 설명으로 옳은 것만을 |보기|에서 있는 대로 고른 것은? (단, 점전하가 가속도 운동하는 동안 방출하는 전자기파는 무시한다.)

|보기|
ㄱ. 자기장의 방향은 xy 평면에서 수직으로 나오는 방향이다.
ㄴ. $(\pi r,\ 2r)$인 지점을 지나는 순간, 점전하가 받는 자기력에 의한 일률은 $Qv^2 B_0$이다.
ㄷ. $E_0 = \dfrac{mv^2}{\pi Qr}$이다.

① ㄱ
② ㄴ
③ ㄱ, ㄷ
④ ㄴ, ㄷ
⑤ ㄱ, ㄴ, ㄷ

04 그림과 같이 저항값이 R, R, $2R$, $2R$ 인 4개의 저항이 도선에 연결되어 있다. 사각형의 꼭짓점에는 도선을 연결할 수 있는 단자 A, B, C, D가 있다. 이 단자 중 C와 D를 동시에 연결하는 경우를 제외하고, 두 단자를 임의로 골라서 전압이 V_0으로 일정한 전원에 연결한다. 연결 방법에 따른 대각선에 있는 저항값이 $2R$인 저항에서 소비되는 전력의 최솟값은 P_1이고, 최댓값은 P_2이다.

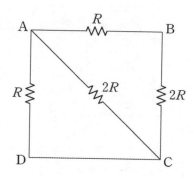

$P_1 : P_2$는?

① $1:4$

② $1:8$

③ $1:16$

④ $4:15$

⑤ $4:25$

05 축전기 A와 B, 저항 R, 스위치를 전압이 V_0으로 일정한 전원에 연결하여 회로를 구성하였다. A의 전기용량은 2F, R의 저항값은 2Ω이다. 그림은 스위치를 닫아 A, B에 각각 20C, 40C의 전하량이 충전되는 순간, R에 3A의 전류가 흐르는 것을 나타낸 것이다.

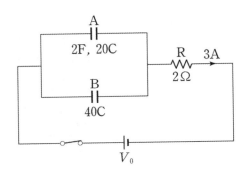

충분한 시간이 흘러 축전기가 완전히 충전되었을 때, B에 충전된 전하량은? (단, A, B의 초기 전하량은 0이다.)

① 34C　　　② 44C　　　③ 54C　　　④ 64C　　　⑤ 74C

06 그림 (가)는 전하량이 Q인 두 점전하가 절연된 실로 천장에 매달려 연직선과 $60°$를 이루며 정지한 모습을, (나)는 전하량이 Q'인 두 점전하가 연직선과 $30°$를 이루며 정지한 모습을 나타낸 것이다. 모든 점전하의 질량은 m이고, 실의 길이는 같다.

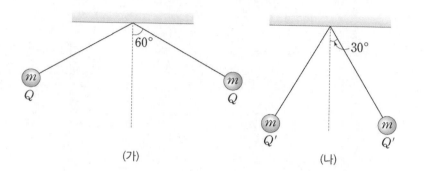

(가)   (나)

이에 대한 설명으로 옳은 것만을 |보기|에서 있는 대로 고른 것은? (단, 중력 가속도는 g이고, 점전하 사이에 작용하는 만유인력 및 실의 질량은 무시한다.)

|보 기|

ㄱ. (가)에서 전기력의 크기는 $\sqrt{3}mg$이다.
ㄴ. 실의 장력의 크기는 (가)에서가 (나)에서의 $\sqrt{3}$ 배이다.
ㄷ. $|Q| = 3|Q'|$이다.

---

① ㄱ   ② ㄴ   ③ ㄱ, ㄷ
④ ㄴ, ㄷ   ⑤ ㄱ, ㄴ, ㄷ

07 그림과 같이 각각 일정한 세기의 전류가 흐르고 있는 무한히 긴 두 직선 도선 A, B 가 각각 $x = -d$, $x = d$에 y축과 나란하게 xy평면상에 고정되어 있다. A에는 $+y$ 방향으로 전류가 흐른다. 표는 x축 상의 점 P, O에서 A와 B에 흐르는 전류에 의한 자기장의 세기와 방향을 일부 나타낸 것이다. ⊙은 xy평면에서 수직으로 나오는 방향을 나타낸다.

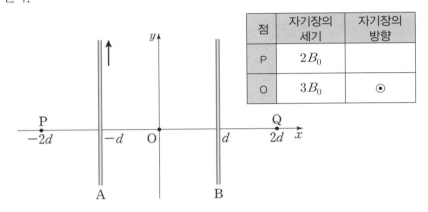

점	자기장의 세기	자기장의 방향
P	$2B_0$	
O	$3B_0$	⊙

점 Q에서 A와 B에 흐르는 전류에 의한 자기장의 세기는?

① $3.5B_0$ ② $4B_0$ ③ $4.5B_0$

④ $5B_0$ ⑤ $5.5B_0$

08 그림은 빗면의 점 a에서 가만히 놓은 자석이 솔레노이드의 중심축에 놓인 수평면을 따라 반대편 빗면을 향해 운동하는 것을 나타낸 것이다. 점 b, c는 수평면에 있다.

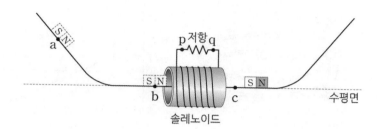

이에 대한 설명으로 옳은 것만을 |보기|에서 있는 대로 고른 것은? (단, 마찰 및 공기 저항은 무시한다.)

┌─ 보 기 ├─
ㄱ. 자석이 b를 지날 때, 전류는 p → 저항 → q로 흐른다.
ㄴ. 속력은 b에서가 c에서보다 크다.
ㄷ. 반대편 빗면에서 자석이 올라간 최대 높이는 a의 높이와 같다.

① ㄱ   ② ㄷ   ③ ㄱ, ㄴ
④ ㄴ, ㄷ   ⑤ ㄱ, ㄴ, ㄷ

09 그림 (가)와 같이 고정된 원형 고리 모양의 도선 A 위에 금속 고리 B가 고정되어 있다. (가)에서 반시계 방향의 전류를 양(+)으로, 시계 방향의 전류를 음(−)으로 한다. 그림 (나)는 (가)에서 A에 흐르는 전류를 시간에 따라 나타낸 것이다.

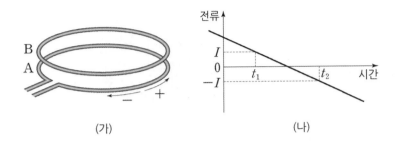

(가)   (나)

이에 대한 설명으로 옳은 것만을 |보기|에서 있는 대로 고른 것은?

보기

ㄱ. t_1일 때, B에 유도되는 전류의 방향은 반시계 방향이다.
ㄴ. B에 유도되는 전류의 세기는 t_1일 때와 t_2일 때가 같다.
ㄷ. A가 B에 작용하는 자기력의 방향은 t_1일 때와 t_2일 때가 같다.

---

① ㄴ   ② ㄷ   ③ ㄱ, ㄴ
④ ㄱ, ㄷ   ⑤ ㄱ, ㄴ, ㄷ

10 그림 (가), (나)와 같이 원점이 중심이고 반지름 R인 xy평면상의 원 위에 점전하가 고정되어 있다. (가)와 (나)의 원점 O에서 전기장의 크기는 각각 $E_{(가)}$, $E_{(나)}$이고, x축 위의 점 $(a, 0)$에서 전기장의 크기는 각각 $E'_{(가)}$, $E'_{(나)}$이다.

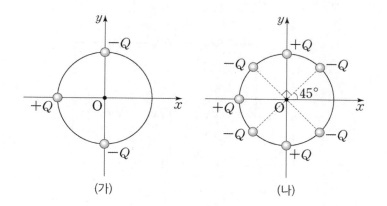

(가)   (나)

이에 대한 설명으로 옳은 것만을 |보기|에서 있는 대로 고른 것은? (단, $a > 0$ 이다.)

|보기|

ㄱ. (나)에서 y축상에 있는 두 점전하 각각에 작용하는 전기력의 크기는 같다.

ㄴ. $E_{(가)} = E_{(나)}$이다.

ㄷ. a가 R에 비해 충분히 클 때$(a \gg R)$, $\dfrac{E'_{(가)}}{E'_{(나)}}$에 가장 가까운 정수는 2이다.

① ㄱ　　② ㄷ　　③ ㄱ, ㄴ　　④ ㄴ, ㄷ　　⑤ ㄱ, ㄴ, ㄷ

11 그림과 같이 6개의 저항과 전압이 일정한 전원으로 회로를 구성한다. 회로도의 저항의 위치에 저항값이 1Ω, 2Ω, 3Ω, 4Ω, 5Ω, 6Ω으로 서로 다른 6개의 저항을 모두 사용하여 배치한다. 저항의 배치에 따른 회로의 전체 소비전력의 최댓값은 P_1이고, 최솟값은 P_2이다.

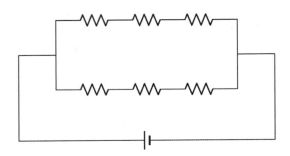

$\dfrac{P_1}{P_2}$ 은?

① $\dfrac{47}{45}$ ② $\dfrac{49}{45}$ ③ $\dfrac{52}{45}$ ④ $\dfrac{6}{5}$ ⑤ $\dfrac{11}{9}$

12 그림과 같이 전하량이 각각 $3Q_0$, Q_0으로 대전된 두 금속구 A, B가 절연된 실에 매달려 정지해 있다. A, B의 크기는 같다.

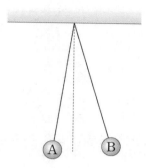

이에 대한 설명으로 옳은 것만을 |보기|에서 있는 대로 고른 것은? (단, A와 B 사이의 만유인력, 실의 질량은 무시하고, 두 실의 길이는 같다.)

|보기|

ㄱ. 질량은 A가 B보다 크다.
ㄴ. 금속구에 작용하는 전기력의 크기는 A가 B보다 작다.
ㄷ. A와 B를 접촉시켰다가 뗀 후, 다시 정지한 A와 B 사이의 거리는 접촉 전
　　보다 더 크다.

① ㄱ　　② ㄴ　　③ ㄱ, ㄷ　　④ ㄴ, ㄷ　　⑤ ㄱ, ㄴ, ㄷ

13 그림 (가)는 물체 앞에 볼록렌즈를 두었더니 실상이 형성된 것을, (나)는 (가)에서 다른 조건은 그대로 두고 렌즈만 절반으로 잘라낸 것을 나타낸 것이다.

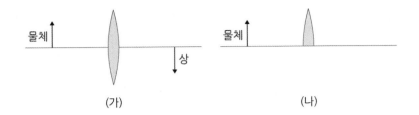

(가)   (나)

(나)에 형성되는 상에 대한 설명으로 옳은 것만을 |보기|에서 있는 대로 고른 것은?

| 보 기 |

ㄱ. 위치는 (가)에서와 같다.

ㄴ. 크기는 (가)에서의 $\frac{1}{2}$ 배이다.

ㄷ. 밝기는 (가)에서와 같다.
---

① ㄱ   ② ㄷ   ③ ㄱ, ㄴ   ④ ㄴ, ㄷ   ⑤ ㄱ, ㄴ, ㄷ

14 그림은 종이면에 수직으로 들어가는 세기가 B로 균일한 자기장 영역에 저항 R이 연결된 폭이 L인 ㄷ자형 도선을 고정시키고, 도선 위에서 90°로 세 번 꺾인 도체 막대를 오른쪽으로 일정한 속력 v로 이동시키는 것을 나타낸 것이다.

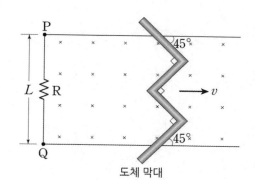

도체 막대

유도 전류의 방향과 유도 기전력의 크기를 짝지은 것으로 옳은 것은?

	유도 전류의 방향	유도 기전력의 크기
①	P → R → Q	BLv
②	P → R → Q	$\sqrt{2}\,BLv$
③	P → R → Q	$2BLv$
④	Q → R → P	BLv
⑤	Q → R → P	$\sqrt{2}\,BLv$

15 그림 (가)는 반사망원경, (나)는 굴절망원경의 구조와 빛의 경로를 나타낸 것이다.

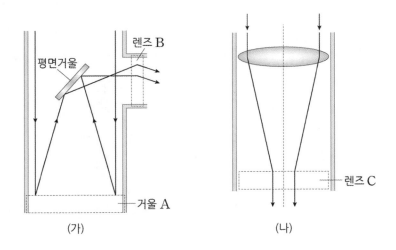

(가)   (나)

이에 대한 설명으로 옳은 것만을 |보기|에서 있는 대로 고른 것은?

┤보 기├

ㄱ. 거울 A는 볼록거울이다.
ㄴ. 렌즈 B는 오목렌즈이다.
ㄷ. 렌즈 C는 오목렌즈이다.

① ㄱ   ② ㄷ   ③ ㄱ, ㄴ
④ ㄴ, ㄷ   ⑤ ㄱ, ㄴ, ㄷ

정답 및 풀이

물리대회

2016년
정답 및 풀이

번호	정답	전체 정답률	상위 30% 정답률	번호	정답	전체 정답률	상위 30% 정답률
1	⑤	45.0	75.8	16	④	44.0	68.1
2	②	40.2	61.0	17	④	13.6	18.1
3	①	42.5	67.2	18	①, ④	20.3	44.5
4	③	13.5	18.4	19	②	26.5	38.0
5	⑤	33.4	40.2	20	⑤	26.5	52.3
6	①	21.0	34.0	21	①, ⑤	5.2	9.6
7	②	8.4	8.4	22	③	42.2	67.0
8	④	4.7	8.5	23	②, ③, ④	15.4	34.5
9	①	23.9	37.4	24	④	22.5	34.6
10	③	17.6	21.2	25	⑤	30.0	47.5
11	③, ④, ⑤	5.8	10.9	26	③, ④, ⑤	7.6	16.6
12	⑤	10.9	17.8	27	④	44.0	70.2
13	①, ③, ⑤	10.6	23.0	28	②	36.1	60.8
14	④	25.2	41.8	29	③	24.2	45.1
15	⑤	19.2	30.5	30	③, ④, ⑤	5.2	10.3

01 정답 ⑤

모든 지점에서 줄이 팽팽하려면 장력이 가장 작은 지점인 최고점에서 장력이 0보다 크면 된다. 최고점에서의 속력을 v_0, 장력을 T라 하면 원운동을 하기 위한 구심력은

$$m\frac{v_0^2}{R} = T + mg$$

이다. 따라서 $v_0^2 \geq gR$. 최저점에서의 속력을 v라 하면, 최고점과 최저점의 높이 차이가 $2R$이므로 에너지 보존 법칙에 의해

$$\frac{1}{2}mv^2 = \frac{1}{2}mv_0^2 + mg \cdot 2R \geq \frac{1}{2}mgR + 2mgR = \frac{5}{2}mgR$$

$$\therefore \quad v \geq \sqrt{5gR}$$

02 정답 ②

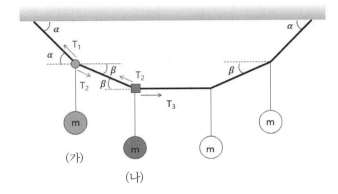

(가) 위치에서

$$T_1\cos\alpha = T_2\cos\beta$$

$$T_1\sin\alpha = T_2\sin\beta + mg$$

(나) 위치에서

$$T_2\sin\beta = mg$$

이것을 첫 번째와 두 번째 식에 대입하여 T_2를 소거하고 $\alpha = 90° - \beta$를 이용하면,

$$T_1\sin\beta = mg\frac{\cos\beta}{\sin\beta}$$

$$T_1\cos\beta = 2mg$$

따라서 $\tan^2\beta = 1/2$인데 $0 < \beta < 90°$이므로

$$\tan\beta = \frac{1}{\sqrt{2}}$$

03 정답 ①

수직 방향의 속도는 충돌에 의해 영향을 받지 않는다. 따라서 수직 방향은 중력 가속도 g에 의한 자유낙하 운동과 같다. 수평 방향은 충돌할 때마다 속력이 $e = 1/\sqrt{2}$ 배로 줄어든다. 따라서 공을 던지는 속력을 $v_0 = 10\mathrm{m/s}$, 각도를 $\theta = 45°$라 하면 처음 충돌이 일어나는 시간 t_1은

$$t_1 = \frac{1\mathrm{m}}{v_0\cos\theta} = \frac{\sqrt{2}}{10}\,\mathrm{s}$$

이다. 충돌 직후의 수평, 수직 방향 속도 성분을 v_{1x}, v_{1y}라 하면

$$v_{1x} = ev_0\cos\theta = \frac{1}{\sqrt{2}}10\cos45° = 5\,(\mathrm{m/s}),$$

$$v_{1y} = v_0\sin\theta - gt_1 = 10\sin45° - 10\frac{\sqrt{2}}{10} = 4\sqrt{2}\,(\mathrm{m/s})$$

따라서 첫 번째 충돌 이후 두 번째 충돌이 일어날 때까지 걸리는 시간을 Δt라 하면 $\Delta t = \frac{1}{5}\mathrm{m/s}$이고 수직 방향 높이의 변화는

$$v_{1y}\Delta t - \frac{1}{2}g\Delta t^2 = 4\sqrt{2}\frac{1}{5} - \frac{1}{2}10\left(\frac{1}{5}\right)^2 = \frac{4\sqrt{2}-1}{5} \simeq 0.93\,(\mathrm{m})$$

04 정답 ③

도르래는 질량이 없으므로 도르래에 작용하는 알짜힘이 0이어야 한다. 따라서 블록에 연결된 실의 장력을 T라고 하면

$$6mg - 2T = 0 \;\Rightarrow\; T = 3mg$$

따라서 A, B의 운동 방정식은 각각 다음과 같다.

$$ma_1 = T - mg \;\Rightarrow\; a_1 = 2g$$

$$2ma_2 = T - 2mg = mg \;\Rightarrow\; a_2 = \frac{g}{2}$$

한쪽 실이 줄어들면 그만큼 다른 쪽 실이 늘어나므로 도르래에서 본 두 블록의 가속도의 크기는 같아야 한다. 즉,

$$a_1 - a_p = a_p - a_2 \;\Rightarrow\; a_1 + a_2 = 2a_p \;\Rightarrow\; a_p = \frac{5}{4}g$$

또한 도르래에 대한 B의 상대 가속도의 크기는 $|a_2 - a_p| = \frac{3}{4}g$이다.

05 정답 ⑤

지구의 질량을 M, 우주정거장의 원 궤도 반지름을 r이라고 하자. 반지름 r인 원 궤도를 따라 운동하려면 질량 m인 물체의 속력은 $v_c = \sqrt{\dfrac{GM}{r}}$ 이고, 역학적 에너지는 $E_c = \dfrac{1}{2}mv_c^2 - \dfrac{GMm}{r} = -\dfrac{GMm}{2r}$ 이다. 그러므로 원 궤도에서는 반지름이 작을수록 속력이 커진다. 따라서 로켓이 우주정거장을 따라잡으려면 우선 반지름이 작은 원 궤도로 이동하여 이동 속력을 높여야 한다. 그런데 반지름이 작은 원 궤도로 이동하려면 역학적 에너지를 줄여야 하므로 로켓을 후진시켜 속력을 줄일 필요가 있다. 그러면 로켓의 궤도는 원에서 타원으로 바뀌고, 로켓은 그 궤도를 따라 지구 쪽으로 다가간다. 적절한 낮은 원 궤도에 도착하면 다시 추진하여 로켓의 진행 방향을 원 궤도에 맞게 바꾼다. 이제 궤도 반지름이 작아져서 우주정거장보다 더 빠르게 이동할 수 있다. 로켓이 우주정거장에 충분히 가까워지면 로켓을 가속시켜(역학적 에너지 증가) 타원 궤도를 따라 원래의 원 궤도에 도달한 후 로켓의 방향을 조절하여 원 운동을 하게 만든 다음 우주정거장과 접촉하면 된다.

06 정답 ①

ㄷ. 중력만 작용하는 경우 뉴턴의 운동 방정식에서 질량은 좌, 우변이 서로 상쇄된다. 따라서 속력은 질량과 무관하고 궤도에 따라 달라진다. 인공위성의 궤도가 다르고 P지점만을 같이 지나가므로 P지점에서의 속력을 각각 v_A, v_B라 하면 $v_A \neq v_B$이다. (×)

ㄱ. P지점은 S에서 a만큼 떨어져 있고 인공위성의 속도가 중심 방향과 수직을 이루고 있으므로 각운동량의 크기는 $L_A = mv_A a$이고, $L_B = (2m)v_B a$이다.
  그런데 $v_A \neq v_B$이므로 $L_B \neq 2L_A$이다. (×)

ㄴ. 케플러 문제에서 역학적 에너지는 질량에 비례하고 타원 궤도의 긴 반지름에 반비례한다. B의 질량과 긴 반지름은 각각 A의 두 배이므로 상쇄되어 A와 B의 역학적 에너지는 같다. (구체적으로는 $E_A = -\dfrac{GMm}{2a}$, $E_B = \dfrac{GM(2m)}{2(2a)} = E_A$이다.) (○)

07 정답 ②

용수철이 늘어난 길이를 x라 하면 $kx \geq \dfrac{3}{2}\mu(2m)g$인 경우 왼쪽 나무토막 A가 움직이게 된다. 문제에서 움직이지 않는 최대한의 힘이라고 했으므로 이때 $kx = 3\mu mg$이고 B는 정지해 있어야 한다. (만약 이때 B가 정지해 있지 않고 오른쪽으로 움직이고 있으면 그 다음에 용수철이 x보다 더 늘어나므로 A가 가해지는 힘이 마찰력보다 커져서 A가 움직여버린다.) 용수철이 x만큼 늘어나는 동안 오른쪽 나무토막도 x만큼 움직였으므로 그 동안 A가 받은 일은 Fx인데, 운동 마찰력 μmg에 의해 일부 에너지가 열에너지로 바뀌고 나머지가 용수철의 탄성 에너지로 변환된다. 즉,

$$Fx = \mu mgx + \frac{1}{2}kx^2$$

$kx = 3\mu mg$라고 하였으므로 $F = \mu mg + \dfrac{1}{2}(3\mu mg) = \dfrac{5}{2}\mu mg$이다.

08 정답 ④

ㄱ. 운동량 보존 법칙에 의해

$$-Mv_A\sin\theta + mv_B\sin\alpha = 0, \tag{1}$$
$$Mv_A\cos\theta + mv_B\cos\alpha = mv$$

두 구슬이 벽에 동시에 도달하므로 수평 방향의 속도가 같아야 한다. 즉,

$$v_A\cos\theta = v_B\cos\alpha \tag{2}$$

이 식을 첫 번째 식에 대입하면 $M\tan\theta = m\tan\alpha$인데 $M > m$이므로 $\alpha > \theta$이다. (○)

ㄴ. 탄성 충돌이므로 역학적 에너지가 보존된다. 즉,

$$\frac{1}{2}mv^2 = \frac{1}{2}Mv_A^2 + \frac{1}{2}mv_B^2$$

식 (1)과 (2)를 이용하여 v와 v_A를 소거하면

$$\frac{1}{2M}(M+m)^2v_B^2\cos^2\alpha = \frac{1}{2}Mv_B^2\frac{\cos^2\alpha}{\cos^2\theta} + \frac{m}{2}v_B^2$$

$\tan\theta = \dfrac{m}{M}\tan\alpha$를 이용하여 이 식을 정리하면 $\cos^2\alpha = 1/2$이다.

따라서 $\alpha = 45°$이다. (○)

ㄷ. 충돌 후 운동 에너지의 비는

$$\frac{mv_A^2/2}{Mv_B^2/2} = \frac{m}{M}\frac{\cos^2\alpha}{\cos^2\theta} < \frac{m}{M}$$이다. (×)

09 정답 ①

ㄱ. 탄소14는 반감기 5730년이 지날 때마다 양이 1/2로 줄어든다. $1/8 = (1/2)^3$이므로 1/8로 줄어드는 데는 $5730 \times 3 = 17190$년이 걸린다. (○)

ㄴ. 동식물은 지구 대기 속의 탄소12와 탄소14를 고르게 흡수하고 배출한다. 따라서 살아있는 동안 체내에서 비율을 일정하게 유지한다. (×)

ㄷ. 화석연료는 땅 속에 묻혀 있었으므로 외부에서 탄소14가 유입되지 못하여 대기에 비해 탄소14의 비율이 작다. (×)

10 정답 ③

초기 속도 (v_{0x}, v_{oy})에 대한 운동의 궤적은 $y(x) = \dfrac{v_{0y}}{v_{0x}}x - \dfrac{g}{2v_{0x}^2}x^2$이다. 여기서 문제는 $x = d$일 때 $y \geq \dfrac{3}{4}d$가 되는 $v_0 = \sqrt{v_{0x}^2 + v_{oy}^2}$의 최솟값을 구하는 것이다.

먼저 v_0가 일정할 때 $h = y(d)$의 최댓값을 구해보자. $r = \dfrac{v_{0y}}{v_{0x}} \ (= \tan\theta)$라 하면 $v_{0x} = v_0\cos\theta$이고 $1/\cos^2\theta = 1 + \tan^2\theta$이므로

$$h = rd - \frac{gd^2}{2v_0^2}(1 + r^2) = -\frac{gd^2}{2v_0^2}\left(r - \frac{v_0^2}{gd}\right)^2 - \frac{gd^2}{2v_0^2} + \frac{v_0^2}{2g}$$

h의 최댓값이 $\dfrac{3}{4}d$보다 커야 하므로 $\dfrac{v_0^2}{2g} - \dfrac{gd^2}{2v_0^2} \geq \dfrac{3}{4}d$. 이것을 정리하면

$$(2v_0^2 + gd)(v_0^2 - 2gd) \geq 0 \quad \Rightarrow \quad v_0 \geq \sqrt{2gd}$$

11 정답 ③, ④, ⑤

왼쪽 고리의 유도 기전력 $\varepsilon = -\dfrac{d\Phi_B}{dt} = -Blv$에 의해 $I_L = \dfrac{\varepsilon}{R} = \dfrac{Blv}{R}$는 시계 방향으로 흐른다. 오른쪽 고리의 유도 기전력과 전류의 크기는 왼쪽 고리와 같으며 반시계 방향으로 흐른다. 따라서 도체 막대에는 두 전류가 같은 방향으로 흐르게 되고 알짜 전류 I는 $I = 2I_L = 2\dfrac{Blv}{R}$이다. 일정한 속력 v로 움직일 때 작용하는 힘은 추에 의한 중력과 같으므로 $F = IlB = 2\dfrac{B^2l^2v}{R} = mg$, $v = \dfrac{mgR}{2B^2l^2}$이다. 도선의 왼쪽 변을 떼어내어도 $F = IlB = mg$는 그대로 성립하므로 전류의 크기는 변하지 않는다.

12　정답 ⑤

A를 위로 던진 속력을 v_0, 중력 가속도를 g라 하자. 그러면 최고점에 도달하는 시간은 $t_1 = \dfrac{v_0}{g}$ 이다. 이때 B와 충돌하려면 B의 초기 속도는 수직 방향(z) v_0, 수평 방향(x) $\dfrac{d}{t_1} = \dfrac{gd}{v_0} \equiv v_1$ 이 되어야 한다. 따라서 충돌 직전 B의 속도는 $v_1 \hat{x}$ 이고 충돌 직후에는 $\dfrac{1}{2} v_1 \hat{y}$ 가 된다.

A와 B의 질량을 각각 m_A, m_B, 탄성 충돌 직후 A의 속도를 $\vec{v_2} = v_{2x} \hat{x} + v_{2y} \hat{y}$ 라 놓고, 충돌 전후에 대해 운동량 보존 법칙과 에너지 보존의 법칙을 적용하자.

$$m_B v_1 = m_A v_{2x}, \quad 0 = m_B \frac{v_1}{2} + m_A v_{2y}, \quad \frac{1}{2} m_B v_1^2 = \frac{1}{2} m_B \left(\frac{v_1}{2}\right)^2 + \frac{1}{2} m_A v_2^2$$

이로부터 $\dfrac{m_A}{m_B} = \dfrac{5}{3}$, $v_{2x} = \dfrac{3}{5} v_1$, $v_{2y} = -\dfrac{3}{10} v_1$ 을 얻는다. 그러므로 충돌 직후 속력의 비는 $\dfrac{v_2}{v_1 / \sqrt{2}} = \dfrac{3}{\sqrt{5}}$ 이 된다. 또한 충돌 직후 A와 B는 수평 방향으로 움직이므로 둘의 낙하 시간은 충돌 전 최고점에 도달하는 시간과 같은 t_1 이고, 둘 사이의 상대 속도의 크기는 v_1 이므로 이들이 지표면에 도달했을 때의 상대적인 거리는 $v_1 t_1 = d$ 이다.

13　정답 ①, ③, ⑤

전자는 원자핵과의 쿨롱 인력을 구심력으로 하여 등속 원운동 하므로, $k \dfrac{e^2}{r^2} = \dfrac{mv^2}{r}$ 이다. 따라서 $v^2 = \dfrac{k}{mr}$ 이다. 보어의 가설에 의하면 각운동량은 $L = mvr = n\hbar$ 이다. $v = \dfrac{n\hbar}{mr}$ 을 앞의 식에 대입하면 $\left(\dfrac{n\hbar}{mr}\right)^2 = \dfrac{k}{mr}$ 이다. 따라서 반지름 r 은 n^2 에 비례한다. 전자의 에너지는 $E = \dfrac{1}{2} mv^2 - k \dfrac{e^2}{r}$ 이므로 앞에서 구한 v 와 r 을 대입하여 정리하 $E = -\dfrac{mk^2 e^4}{2\hbar^2} \dfrac{1}{n^2}$ 으로 n 의 제곱에 반비례한다. 또한 허용된 궤도를 넘나들 때 아래 식과 같이 그 차에 해당하는 광자를 방출하거나 흡수한다.

$$E_n - E_m = \frac{mk^2 e^4}{2\hbar^2} \left(\frac{1}{m^2} - \frac{1}{n^2}\right) = hf, \ (n \geq m \geq 1)$$

14 정답 ④

운동량과 에너지 보존 법칙에 의해

$$\frac{h}{\lambda} = mv + \left(-\frac{h}{\lambda'}\right)$$

$$h\frac{c}{\lambda} = \frac{1}{2}mv^2 + h\frac{c}{\lambda'}$$

이것을 문제에서 주어진 근사식에 따라 정리하면

$$\frac{1}{\lambda} + \frac{1}{\lambda'} = \frac{mv}{h} \approx \frac{2}{\lambda}$$

$$\frac{1}{\lambda} - \frac{1}{\lambda'} = \frac{mv^2}{2hc} \approx \frac{\Delta\lambda}{\lambda^2}$$

따라서

$$\Delta\lambda = \frac{mv^2}{2hc}\lambda^2 = \frac{mv^2}{2hc}\left(\frac{2h}{mv}\right)^2 = \frac{2h}{mc}$$

15 정답 ⑤

로켓의 질량을 m, 지구의 질량과 반지름을 M, R로 놓자. 지표면에서 중력 가속도는 $g = \dfrac{GM}{R^2}$이므로 $v_0 = \sqrt{gR/2} = \sqrt{\dfrac{GM}{2R}}$이다. 따라서 로켓의 초기 에너지는 $E = \dfrac{1}{2}mv_0^2 - \dfrac{GMm}{4R} = 0$이 나온다. 이는 로켓이 지구와 충돌하지 않으면 지구를 벗어나 무한히 멀리까지 갈 수 있다는 것을 의미한다. 즉, 로켓은 지구를 탈출할 수 있다. $0° < \theta < 180°$인 경우에는 처음 향한 방향의 직선 궤도보다 지구 쪽으로 휘어져 운동하게 된다(에너지가 0이므로 실제로 그 궤도는 포물선이다). 로켓이 지구에 가장 가까이 접근했을 때를 $r = r_m$, $v = v_m$이라 하면 이때 속도는 지구 중심 방향에 대해 수직이다. 역학적 에너지와 더불어 각운동량도 보존되므로,

$$E = 0 = \frac{1}{2}mv_m^2 - \frac{GMm}{r_m}$$

$$L = m(4R)v_0\sin\theta = mr_m v_m$$

이 두 식을 풀면 $r_m = 4R\sin^2\theta$이다. 지구와 충돌하지 않으려면, $r_m > R$이어야 하므로 $\theta > 30°$이다. 만약 $\theta > 90°$이면 로켓이 점점 멀어지므로 발사 당시의 거리가 가장 가까운 거리가 된다. 즉, $r_m = 4R$이다. 이 경우에는 발사 후 속력이 계속 줄어든다.

16 정답 ④

ㄱ. (나)영역에서 등속 운동을 하려면 $\vec{F}_E + \vec{F}_B = q(\vec{E} + \vec{v} \times \vec{B}) = 0$이다. $\vec{v} \times \vec{B}$가 x방향이므로 전기장은 $-x$방향이어야 한다. (×)

ㄴ. 속력 v는 $qvB = m\dfrac{v^2}{r}$에서 $v = \dfrac{eaB}{m}$이므로 한 바퀴 도는 데 걸리는 시간은

$$t = \frac{2\pi a}{v} + 2\frac{2a}{v} = \frac{2a}{v}(\pi + 2) = \frac{2m}{qB}(\pi + 2) \quad (\bigcirc)$$

ㄷ. $v = \dfrac{eaB}{m}$이고 또한 $E = vB$에서 $v = \dfrac{E}{B}$이므로 $a = \dfrac{mE}{eB^2}$이다.

따라서 B가 두 배, E가 네 배 증가하면 속력이 처음 상황의 두 배이고, a는 변하지 않는다. (○)

17 정답 ④

상자 B가 압축된 곳에서 알짜힘이 0이므로 $Mg\sin\theta = kx_1$에서 $x_1 = \dfrac{Mg\sin\theta}{k}$이다.

A가 B에 충돌하기 직전의 속력 v는 에너지 보존 법칙 $mgL\sin\theta = \dfrac{1}{2}mv^2$에 의해 $v = \sqrt{2gL\sin\theta}$이다.

두 물체의 충돌 직후 속력을 v'이라 하면 운동량 보존 법칙 $mv + 0 = (M+m)v'$에 의해 $v' = \dfrac{m}{M+m}\sqrt{2gL\sin\theta}$이다.

충돌 직후 x_1 위치일 때와 x_2 위치일 때의 에너지가 같아야 하므로

$$\frac{1}{2}kx_1^2 - (M+m)gx_1\sin\theta + \frac{1}{2}(M+m)v'^2 = \frac{1}{2}kx_2^2 - (M+m)gx_2\sin\theta + 0$$

문제에 주어진 값을 모두 대입하면 이차방정식 $400x_2^2 - 160x_2 + 7 = 0$이 나온다(SI 단위 사용). 이것을 풀면 0.35 m와 0.05 m의 해가 나오는데 이 중에서 $x_1(=0.15\,\text{m})$보다 더 긴 0.35 m가 답이다.

2016

2017

2018

2019

2020

2021

2022

18 정답 ①, ④

각 방에 대해서 이상 기체 방정식을 사용하면 $P_A V_A = n_A R T_A$, $P_B V_B = n_B R T_B$ 이다. 방이 연결되어 있으므로 두 방의 모든 곳에서 압력은 같아야 한다. 즉 $P_A = P_B$ 이다. $V_A = V_B$이고 $T_A = 2T_B$이므로 $n_A = \dfrac{n_B}{2}$이다. 즉, 방 A의 평균 입자 수는 방 B의 1/2이다. 내부 에너지는 $E = \dfrac{3}{2}nRT$이다. 몰수와 온도의 조건을 이용하면 $E_A = \dfrac{3}{2}n_A R T_A = \dfrac{3}{2}\dfrac{n_B}{2}R2T_B = \dfrac{3}{2}n_B R T_B = E_B$으로 내부 에너지는 같다. 공기 하나의 평균 운동 에너지는 $\dfrac{1}{2}m\overline{v^2} = \dfrac{3}{2}kT$로 온도에 비례한다. 방 A 공기 의 평균 속력은 방 B의 $\sqrt{2}$배이다. 두 방의 전체 에너지는 $E_A + E_B = 6n_A R T$이고 외부와의 열 접촉을 차단하면 이 에너지가 그대로 보존되고 밀도와 온도는 두 방 전체 에서 같아진다. 따라서 나중 온도를 T'이라 하면

$$6n_A R T = \frac{3}{2}(3n_A)R T' \;\Rightarrow\; T' = \frac{4}{3}T$$

19 정답 ②

$\dfrac{P_1 V_1}{T_1} = \dfrac{P_2 V_2}{T_2}$이고 $T_2 = 2T_1$이므로 $P_2 V_2 = 2P_1 V_1$이다.

힘의 평형을 생각하면

$$PA = kx_1,$$

$$P_2 A = kx_2 = k(x_1 + x) = PA + kx \;\Rightarrow\; x = (P_2 - P_1)\frac{A}{k}$$

$V_2 = V_1 + Ax$이므로

$$P_2 V_1 + P_2 A\frac{P_2 - P_1}{k}A = 2P_1 V_1$$

$$\therefore \left(\frac{P_2}{P_1}\right)^2 + \left(\frac{kV_1}{A^2 P_1} - 1\right)\frac{P_2}{P_1} - 2\frac{kV_1}{A^2 P_1} = 0$$

이것은 P_2에 대한 이차방정식이다. 문제에 주어진 값을 넣고 $P_1 \simeq 10^5 \text{N/m}^2$으로 근 사하면

$$\left(\frac{P_2}{P_1}\right)^2 + \frac{P_2}{P_1} - 4 \simeq 0$$

이것을 풀면 $P_2 \simeq 1.5P_1$이다.

20 정답 ⑤

질량이 m이고 전하가 q인 입자가 v의 속력으로 자기장인 B인 곳에 수직으로 입사하면 원운동을 하고 $qvB = \dfrac{mv^2}{r}$이다. 따라서 $r = \dfrac{mv}{qB}$이다.

주기는 $r = \dfrac{mv}{qB} = \dfrac{m}{qB}\dfrac{2\pi r}{T}$에서 $T = 2\pi\dfrac{m}{qB}$이다.

양성자가 $(0, 2R)$에 도달한 것은 1/2 주기만큼 시간이 흘렀고 반지름이 $r = R$인 것이다. 움직일 때 4초가 걸렸으므로 $T = 2\pi\dfrac{m}{qB} = 8$초이다.

헬륨 원자의 핵은 질량이 $4m$, 전하량이 $2q$이다. 속력이 $2v$로 입사하므로 헬륨 원자의 원운동 반지름은 $r_{\text{He}} = \dfrac{4m \times 2v}{2qB} = 4r$이고, 주기는 $T_{\text{He}} = 2\pi\dfrac{4m}{2qB} = 2T = 16$초이다. 4초는 1/4 주기에 해당한다. 따라서 헬륨 원자의 핵은 1/4주기 후에는 $(r_{\text{He}}, r_{\text{He}}) = (4R, 4R)$인 위치에 있어야 한다.

21 정답 ①, ⑤

① 서서히 대전시켜야 순간적으로 큰 전류가 흐르지 않는다.

② 판이 금속이므로 금속구가 가까이 있으면 판의 전하 분포가 변한다. 따라서 접지된 경우에도 금속구가 어느 한쪽 판에 가까우면 그쪽으로 움직인다.

③ 금속구가 원통과 닿으면 원통이 대전되므로 금속박이 계속 떨어져 있다.

④ 금속은 전위가 모두 같다.

⑤ A를 고온으로 가열하면 A의 저항이 증가한다. 병렬연결이어서 전압은 그대로이므로 전력은 V^2/R에서 처음보다 더 작아진다. 따라서 A는 처음보다 어두워진다. 반면 B의 전압과 저항은 변하지 않으므로 처음과 같은 밝기이다.

22 정답 ③

직렬연결일 때, $I = \dfrac{2V}{2r + R}$이다. 따라서 전력은 $A_1 = I^2 R = \left(\dfrac{2V}{R + R}\right)^2 R = \dfrac{V^2}{R}$이다.

병렬연결일 때, $I = \dfrac{V}{\dfrac{r}{2} + R}$이다.

전력은 $A_2 = I^2 R = \left(\dfrac{V}{R/4 + R}\right)^2 R = \dfrac{16}{25}\dfrac{V^2}{R}$이다.

따라서 $\dfrac{A_1}{A_2} = \dfrac{1}{16/25} = 1.6$이다.

23 (정답) ②, ③, ④

① 더 많이 굴절되는 것은 입사각이 다르기 때문이다. 곡률 반경은 동일하다.

② 앞쪽이 평평하면 $R_1 = \infty$이다.

④ 무지개 색 중 빨간색의 굴절률이 가장 작으므로 초점 거리가 가장 길다.

⑤ 물의 굴절률이 공기의 굴절률보다 크다.

24 (정답) ④

중심에서 떨어진 거리 r에 따라 전위를 구해보면 다음과 같다.

$$r \geq 3R: V = \frac{k(6Q)}{r}$$

$$2R \leq r \leq 3r: V = \frac{k(3Q)}{r} + c_1, \quad r = 3R에서 \quad \frac{6kQ}{3R} = \frac{3kQ}{3R} + c_1 \Rightarrow c_1 = \frac{kQ}{R}$$

$$R \leq r \leq 2r: V = \frac{kQ}{r} + c_2, \quad r = 2R에서 \quad \frac{3kQ}{2R} + \frac{kQ}{R} = \frac{kQ}{2R} + c_2 \Rightarrow c_2 = \frac{2kQ}{R}$$

$$r \leq R: V = \frac{3kQ}{R}$$

에너지 보존 법칙에 의해

$$-e\frac{6kQ}{3R} = \frac{1}{2}mv^2 - \frac{3keQ}{R} \quad \Rightarrow \quad v^2 = \frac{2keQ}{mR}$$

25 (정답) ⑤

ㄱ. 전하가 원점에서 x만큼 떨어졌을 때 네 전하가 5번째 전하에 가하는 힘은

$$F = -\frac{2kq^2}{(d/2)^2 + (d/2-x)^2} \frac{d/2-x}{\sqrt{(d/2)^2 + (d/2-x)^2}}$$

$$+ \frac{2kq^2}{(d/2)^2 + (d/2+x)^2} \frac{d/2+x}{\sqrt{(d/2)^2 + (d/2-x)^2}}$$

$$= \frac{2kq^2}{d^2/4} \left\{ -\frac{1-s}{[1+(1-s)^2]^{3/2}} + \frac{1+s}{[1+(1+s)^2]^{3/2}} \right\}$$

이다. 여기서 $s = 2x/d$이다. $s \ll 1$이면

$$[1+(1-s)^2]^{-3/2} \simeq (2-2s)^{-3/2} \simeq \frac{1}{2\sqrt{2}}(1+\frac{3}{2}s)$$

이므로 괄호 안에 있는 양은

$$\{\ \} \simeq -(1-s)(1+\frac{3}{2}s) + (1+s)(1-\frac{3}{2}s) \simeq -(1+\frac{s}{2}) + 1 - \frac{s}{2} = -s$$

따라서 5번째 전하가 원점에서 약간 오른쪽에 있으면 네 전하는 힘을 왼쪽으로 가

한다. 그러므로 5번째 전하의 속력이 매우 작게 중심으로 움직이려면 이때는 힘을 오른쪽으로 가해줘야 한다. (×)

ㄴ. 점전하 4개를 배치하기 위한 전기 에너지는 $A = \dfrac{4kq^2}{d} + \dfrac{2kq^2}{\sqrt{2}\,d}$ 이고 5번째 전하를 가운데 배치하기 위해서 $B = 4\dfrac{kq^2}{d/\sqrt{2}}$ 의 에너지가 필요하다.

따라서 $\dfrac{A}{B} = \dfrac{4+\sqrt{2}}{4\sqrt{2}} = \dfrac{1+2\sqrt{2}}{4}$ 이다. (○)

ㄷ. 5번째 전하를 중심에서 왼쪽으로 살짝 치면 위의 계산에 따라 네 전하는 변위에 비례하고 중심 쪽을 향하는 힘을 작용시킨다. 따라서 중심을 평형점으로 하여 수평 방향으로 진동한다. (○)

26 정답 ③, ④, ⑤

① 소금물에 젖은 실은 전기를 통하므로 금속구 B가 대전된 구체에 더 가까이 끌려온다.
② 금속구 A의 전하량은 0이다.
③ 물에 젖어 있던 실이 완전히 마른 후 오른쪽 금속구에 있는 전하량은 그대로 유지되므로 같은 위치에 있다.
④ 금속구 B가 음전하로 대전되어 있으므로 두 금속구는 서로 인력이 작용한다.
⑤ 작용 반작용의 법칙에 의해 두 금속구 사이에 작용하는 힘의 크기는 같으므로 장력의 크기도 같다.

27 정답 ④

물이 얻은 열량은 $Q = mc\,\Delta t = 200\,\mathrm{g} \times 1\,(\mathrm{cal/g \cdot K}) \times 84\,\mathrm{K} = 1.68 \times 10^4\,\mathrm{cal}$

니크롬선에서 발생한 열량은 $Q' = \dfrac{Q}{0.8} = \dfrac{1.68 \times 10^4\,\mathrm{cal}}{0.8} = 2.1 \times 10^4\,\mathrm{cal}$

니크롬선의 저항을 R이라 하면

$$Q' = I^2 Rt = \frac{1}{4.2} \times 7^2 \times R \times 120 = 1400R = 2.1 \times 10^4\,\mathrm{cal}$$

따라서 $R = 15\ \Omega$

28

정답 ②

좌표 $(x, 0)$에서 자기장을 구하면 각 도선에 의한 자기장의 x 성분은 서로 상쇄되고 y 성분만 구하면 되므로

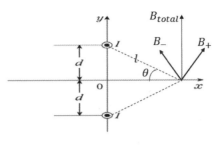

$$B_y = 2\frac{\mu_0 I}{2\pi l}\cos\theta = \frac{\mu_0 I}{\pi l}\frac{x}{r} = \frac{\mu_0 I}{\pi}\frac{x}{d^2 + x^2}$$

따라서 $x < 0$이면 자기장의 방향이 $-y$방향이다. 한편,

$$\frac{|x|}{d^2 + x^2} = \frac{1}{d^2/|x| + |x|}$$
$$= \frac{1}{(\sqrt{|x|} - d/\sqrt{|x|})^2 + 2d}$$

이므로 자기장이 최대인 지점은 $x = \pm d$이고 이때 최댓값은 $\dfrac{\mu_0 I}{2\pi d}$이다.

29

정답 ③

ㄱ. 에너지 보존 법칙에 의해 $eV = \dfrac{1}{2}mv^2$이다. 따라서

$$v = \sqrt{\frac{2eV}{m}} = \sqrt{\frac{2 \cdot 1.6 \times 10^{-19} \times 45}{9 \times 10^{-31}}} = \sqrt{16 \times 10^{12}} = 4 \times 10^6 (\text{m/s}) \ (\bigcirc)$$

ㄴ. 시간이 충분히 흐르면 전류가 흐르지 않으므로 두 극판 사이의 전위차는 저항에 무관하다. 즉 v는 변하지 않는다. $(\times)$

ㄷ. 병렬연결이므로 왼쪽 축전기에 연결된 도선이 끊어져도 오른쪽 축전기의 전압은 변하지 않는다. 따라서 이 경우에도 v는 변하지 않는다. $(\bigcirc)$

30

정답 ③, ④, ⑤

① 실제 태양전지가 발생시킬 수 있는 최대 전류는 I_{SC}이다.

② 특정한 외부 저항을 가지는 기기일 때만 P_{MAX}를 공급받을 수 있다.

③ R_S가 작을수록 전력 손실이 작으므로 좋은 전지이다.

④ R_{SH}가 클수록 전지 외부에 큰 전류를 공급하므로 좋은 전지이다.

⑤ I_{SC}는 $V = 0$일 때만 가능하므로 전력이 P_T가 되는 것은 불가능하다.

2017년
정답 및 풀이

번호	정답	전체 정답률	상위 30% 정답률	번호	정답	전체 정답률	상위 30% 정답률
1	①	20.2	37.1	16	①, ③, ⑤	38.4	72.3
2	모두	100.0	100.0	17	⑤	43.6	69.5
3	⑤	36.4	65.5	18	④	14.2	23.1
4	③	5.3	10.2	19	①	6.4	13.0
5	③	9.3	16.5	20	①	35.8	63.0
6	①	14.0	32.7	21	③	33.0	63.6
7	②	69.5	90.8	22	③	27.3	45.0
8	③	60.8	91.4	23	①, ②, ④	48.9	73.6
9	③	78.3	97.0	24	③	27.8	44.0
10	②, ③, ⑤	22.3	40.3	25	③	25.1	53.7
11	①	55.8	77.1	26	②, ⑤	2.6	5.4
12	①, ⑤	25.1	55.4	27	⑤	23.2	51.4
13	④	72.0	96.0	28	④	29.1	55.2
14	③	40.3	72.1	29	③	15.9	29.9
15	①	43.5	76.3	30	①, ③, ④	16.1	42.7

01 (정답) ①

ㄱ. 관성계의 관찰자 입장에서 원형 트랙을 도는 자동차 안의 운전자는 원운동을 하고 있다. 원운동을 유지하기 위해서 원의 중심 방향으로 힘이 작용한다. (○)

ㄴ. 관성계의 관찰자 입장에서 정지 궤도에 있는 우주선 안의 우주인은 원운동을 하고 있다. ㄱ과 같은 이유로 우주선에 탑승한 사람에게 구심력이 작용한다. (×)

ㄷ. 관성계의 관찰자 입장에서 우주선 안의 우주인은 원운동을 하고 있다. 원 궤도의 반지름과 관계없이 우주선에 탑승한 사람에게 원의 중심 방향으로 구심력이 작용한다. (×)

02 문제 오류로 삭제

03 (정답) ⑤

ㄱ. 수소 원자의 방출 스펙트럼에서 m은 최소, n은 최대가 될 때, 가장 짧은 파장의 빛이 방출된다. 따라서 $m=1$, $n=\infty$일 때, 가장 짧은 파장의 빛이 방출되고, 이때 파장은 $\dfrac{1}{R}$이다. (○)

ㄴ. $m=2$와 $m=3$으로부터 방출되는 빛의 진동수의 대소 비교에 대한 보기이다. 빛의 진동수와 파장은 $f=\dfrac{c}{\lambda}$와 같이 반비례 관계에 있다. 이를 이용하여 리드버그 공식을 진동수에 대해 다시 쓰면, $f=Rc\left(\dfrac{1}{m^2}-\dfrac{1}{n^2}\right)$가 된다. 따라서 m이 고정된 경우, $n=m+1$일 때, 방출되는 빛의 진동수는 최소가 된다. 한편, $n=\infty$일 때, 방출되는 빛의 진동수는 최대가 된다. $m=2$로부터 방출되는 빛의 진동수 중 최솟값은 $f=\dfrac{5}{36}Rc(n=3)$이고, $m=3$으로부터 방출되는 빛의 진동수 중 최댓값은 $f=\dfrac{1}{9}Rc(n=\infty)$이다. (○)

ㄷ. 백색광을 수소 원자에 비추면, 백색광 중 리드버그 공식에 부합하는 파장의 빛은 수소 원자에 의해 흡수되고, 흡수되지 않은 빛은 분광기에 입사된다. 따라서 흡수 스펙트럼에서 리드버그 공식에 부합하는 파장의 빛이 상대적으로 어둡게 보인다. (○)

04 (정답) ③

질량 m인 물체의 처음 속도 벡터를 $\vec{v_0}$, 질량 m인 물체가 꼭대기에 이르렀을 때의 속도 벡터를 $\vec{v}$, 이때 트랙의 속도 벡터를 $\vec{V}$라 하자. 물체가 원형 트랙의 최고점에 이르렀을 때, 운동량 보존 법칙을 적용하면 $m\vec{v_0}=m\vec{v}+2m\vec{V}$이 되고, 역학적 에너지 보존 법칙을 적용하면 $\dfrac{1}{2}mv_0^2 = \dfrac{1}{2}mv^2 + mg\,2R + \dfrac{1}{2}2m\,V^2$이 된다. 또한, 원형 트랙에서 떨어지지 않고 돌기 위한 조건을 적용하면 $mg = \dfrac{m}{R}(\vec{v} - \vec{V})^2$이 된다. 원형 트랙에서 떨어지지 않고 돌기 위한 조건으로부터 $\vec{v} - \vec{V} = -\sqrt{gR}$를 얻을 수 있고, 이를 역학적 에너지 보존 법칙으로부터 얻은 식에 대입하면,

$$V = \dfrac{1}{3}\sqrt{gR}(1+\sqrt{7})$$와 $v = \dfrac{1}{3}\sqrt{gR}(-2+\sqrt{7})$임을 알 수 있다.

이를 운동량 보존 법칙으로부터 얻은 식에 대입하면, $v_0 = \sqrt{7gR}$이다.

05 정답 ③

ㄱ. 제동복사는 원자핵에 의해 전자가 산란되어 가속되고, 가속된 전자가 에너지를 잃게 되는 과정에서 발생한다. 전자 3은 핵에 정면으로 입사되고, 전자 1은 핵에서 멀리 떨어져 입사된다. 따라서 산란 과정에서 전자 3이 전자 1보다 에너지를 더 많이 잃게 되고, 전자 3에 의해 발생되는 X선의 에너지가 크다. X선의 에너지는 파장에 반비례하므로, 전자 3에 의해 발생되는 X선의 파장이 더 짧다. (×)

ㄴ. X선 발생 장치에서 나오는 특성 X선은 전자껍질의 에너지 차이에 의해 결정되므로 발생 장치의 시료에 따라 다르다. 따라서 X선 발생 장치의 전압을 증가시켜도, 같은 구리 시료에서 발생하는 특성 X선의 파장은 변하지 않는다. (×)

ㄷ. 러더퍼드는 알파 입자 산란 실험을 통하여 원자핵의 존재를 밝혀냈다. 하지만 러더퍼드의 원자 모형에서는 안정된 전자를 설명하지 못하였고, 보어의 양자화 가설에 의해 안정된 전자가 설명되었다. 특성 X선의 발생은 전자껍질에 있는 안정된 전자에 기인하므로, X선 발생 장치의 실험 결과는 러더퍼드의 원자 모형으로 설명할 수 없다. (○)

06 정답 ①

ㄱ. 퍼텐셜 에너지의 기울기는 힘과 관련되어 있다. 퍼텐셜 에너지의 기울기의 크기는 점 A에서가 점 B에서보다 크다. 또한 퍼텐셜 에너지의 기울기는 A에서 음수이고, B에서 양수이다. 즉, 작용하는 힘의 크기는 A에서가 B에서보다 크고, 힘의 방향은 서로 반대이다. (○)

ㄴ. 이 보기의 진위는 역학적 에너지 보존 법칙으로 파악할 수 있다. B에서 가벼운 입자를 가만히 놓았다면, 입자의 초기 운동 에너지는 0이다. 입자는 인력을 받아 퍼텐셜 에너지가 감소하는 방향으로 움직이고, 퍼텐셜 에너지가 최소가 되는 점을 지나 A까지 도달한 후, 다시 B로 되돌아온다. 하지만, 가벼운 입자가 B에서 0이 아

닌 초기 속력을 가지고 있었다면, A보다 더 가까운 위치까지 도달할 수 있다. (×)

ㄷ. 가벼운 원자를 점 C와 D에 가만히 두면 단진동을 한다고 가정하였다. 즉 퍼텐셜 에너지가 최소가 되는 지점을 중심으로 가벼운 원자는 단진동을 한다. 단진동의 주기는 진폭과 무관하므로, C에 가만히 두었을 때의 단진동과 D에 가만히 두었을 때의 단진동의 주기는 같다. (×)

07 〔정답〕 ②

위쪽 도르래에 작용하는 알짜힘 $F_1 = T_1 + T_1 - Mg - T_2$이고, 아래쪽 도르래에 작용하는 알짜힘 $F_2 = T_2 + T_2 - Mg - 4Mg$이다. 추와 도르래는 정지해 있으므로, $F_1 = F_2 = 0$이 성립한다. 따라서 $T_2 = \dfrac{5}{2}Mg$, $T_1 = \dfrac{7}{4}Mg$이고, $\dfrac{T_1}{T_2} = \dfrac{7}{10}$이다.

08 〔정답〕 ③

공은 연직으로 던져졌고, 관찰자는 공의 운동에 수직인 평면상에 존재한다. 따라서 관찰자의 입장에서 공은 이차원의 포물체 운동을 하고, 공의 속도의 z성분 v_z는 모두 v로 같다.

ㄱ. 모든 관찰자의 입장에서 공의 v_z는 같으므로, 공이 다시 땅에 도달하는 시간은 모든 관찰자에게 같다. (×)

ㄴ. 공이 최고점에 도달했을 때, $v_z = 0$이고, 공의 속력은 관찰자의 속력과 같다. 따라서 B가 보는 공의 속력은 A가 보는 공의 속력보다 2배 더 빠르다. (×)

ㄷ. 공에 작용하는 힘은 중력이고, 따라서 공의 가속도는 중력 가속도로, 관찰자와 무관하게 같다. (○)

09 〔정답〕 ③

ㄱ. 자동차 B는 a~b에서 등가속도 운동을 하였으므로, 등가속도 운동 공식 $v^2 - v_0^2 = 2as$로부터 b에 도달하는 순간의 B의 속력은 $v = 40\,\mathrm{m/s}$이다. (○)

ㄴ. B가 원형 도로를 따라 미끄러지지 않고 운동하려면 도로와 자동차 사이의 마찰력이 구심력 역할을 해야 한다. 마찰력의 크기는 구심력의 크기와 같아 $m\dfrac{v^2}{R} = \mu mg$가 성립하고, $\mu = \dfrac{v^2}{Rg} = \dfrac{40 \times 40}{320 \times 10} = 0.5$이다. (○)

ㄷ. 자동차 B가 움직이기 시작한 시점으로부터 t초 후, A가 이동한 거리 $s_A = 30t$, B가 이동한 거리 $s_B = 200 + 40(t - 10)$이다. B가 A를 t초 후에 따라 잡는다면, $s_A = s_B$가 성립하고, 따라서 B는 A를 20초 후에 따라잡는다. (×)

2016

2017

2018

2019

2020

2021

2022

10 정답 ②, ③, ⑤

① 아래쪽 실은 손으로 당기는 힘 F를 받고, 위쪽 실은 손으로 잡아당기는 힘에 추의 무게만큼 더해진 $F + Mg$의 힘을 받는다.

④ 종이에 작용하는 힘은 손으로 당기는 힘 F와 그와 반대 방향으로 작용하는 마찰력이므로, 종이의 운동 방정식은 $F - f = Ma$이다.

11 정답 ①

물체의 초기 속도를 v, 발사 각도를 θ라고 할 때, 발사된 시점으로부터 t초 후의 y 방향 속도 성분 v_y와 높이 y는 각각 $v_y = v \sin\theta - gt$, $y = v \sin\theta t - \dfrac{1}{2}gt^2$이다. 두 공이 완전 비탄성 충돌을 하면, 충돌 후 x방향 속도는 0이며, y 방향 속력은 동일하다. 따라서 t_1초 후에 완전 비탄성 충돌하면, 충돌 후에는 $v_y = v \sin\theta - gt_1$로 연직 운동을 한다. 따라서 두 공은 충돌 위치와 관계없이 항상 같은 시간에 땅에 떨어진다.

12 정답 ①, ⑤

② ㉡ : $V + v$, 무거운 행성과의 충돌을 탄성 충돌로 설명하면 속력은 변하지 않는다.

③ ㉢ : V, 행성은 무겁기 때문에 우주선에 의한 영향을 거의 받지 않는다.

④ ㉣ : $2V + v$, 우주선의 속력은 행성을 기준으로 $V + v$이므로, 태양을 기준으로 하면 행성의 속력 V를 더해 $2V + v$가 된다.

13 정답 ④

ㄱ. 용수철이 연직 방향으로부터 θ만큼 기울어져 있다고 하자. 삼각비를 이용하면, $\tan\theta = \dfrac{3}{4}$이 됨을 알 수 있다. 한편, 용수철과 실이 이루는 각은 $\theta + \dfrac{\pi}{2}$이므로, 용수철과 실이 이루는 각과 120°의 대소 비교는 $\tan\theta = \dfrac{3}{4}$와 $\tan 30° = \dfrac{\sqrt{3}}{3}$ ≈ 0.577의 대소 비교로 치환된다. $\tan\theta > \tan 30°$이므로, 용수철과 실이 이루는 각은 120°보다 크다. (×)

ㄴ. 물체에 작용하는 중력의 크기는 4 N이다. 물체에 작용하는 알짜힘이 0이므로, 복원력의 크기를 F라고 하면, $F\cos\theta = 4$ N이다. 따라서 $F = 5$ N이다. 한편, 장력의 크기는 $F\sin\theta$와 같아야 하므로, 장력의 크기는 3 N이다. (○)

ㄷ. 복원력의 크기와 용수철 상수가 주어질 때, 훅의 법칙으로부터 용수철의 늘어난 길이는 10 cm임을 알 수 있다. 늘어난 용수철의 길이가 15 cm이므로, 용수철의 원래 길이는 5 cm이다. (○)

14 **정답** ③

ㄱ. 바닥으로부터 높이 0.2 m인 지점을 지날 때, 물체는 용수철로부터 떨어지지 않는다. 따라서 계의 역학적 에너지는 탄성 퍼텐셜 에너지, 중력 퍼텐셜 에너지, 운동 에너지의 합으로

$$\frac{1}{2}(2000 \text{ N/m})(0.2 \text{ m})^2 + \frac{1}{2}(2 \text{ kg})(2 \text{ m/s})^2 + (2 \text{ kg})(10 \text{ m/s}^2)(0.2 \text{ m})$$

$= 48 \text{ J}$이다. 역학적 에너지 보존 법칙으로부터, $mgh = 48 \text{ J}$이 성립하고, 물체가 올라간 최고 높이 $h = 2.4 \text{ m}$이다. (○)

ㄴ. 바닥으로부터 높이 0.6 m인 지점을 지날 때, 물체는 용수철로부터 분리되었다. 따라서 역학적 에너지는 물체의 중력 퍼텐셜 에너지와 운동 에너지의 합이다. 따라서

$$\frac{1}{2}mv^2 + mg(0.6 \text{ m}) = 48 \text{ J}$$이 성립하고, 따라서 $v = 6 \text{ m/s}$이다. (○)

ㄷ. 처음 물체를 누르고 손을 떼기 직전, 물체의 속력은 0이다. 바닥으로부터 높이를 h라 하면, 역학적 에너지 보존 법칙으로부터 $\frac{1}{2}k(0.4-h)^2 + mgh = 48 \text{ J}$이 성립한다. 이차방정식의 근의 공식을 이용하면, $h \approx 0.19 \text{ m}$가 된다. (×)

15 **정답** ①

지표면 근처에서 수평으로 던져진 공은 포물선 운동을 한다. 공이 던져진 직후부터, 공 속도의 수평 방향 성분 v_x와 수직 방향 성분 v_y를 시간에 따라 나타내면 다음과 같다.

$$v_x = v_0 \tag{1}$$
$$v_y = gt \tag{2}$$

식 (2)를 식 (1)로 나누면 $\dfrac{v_y}{v_x} = \tan\theta = \dfrac{g}{v_0}t$가 된다.

16 **정답** ①, ③, ⑤

② (나)에서 철수에게 작용하는 알짜힘은 밧줄과 나란한 방향으로 작용하는 장력과 연직 방향으로 작용하는 중력의 합으로, 알짜힘의 방향은 장력의 방향과 다르다.

④ (나)에서 최하점까지 내려오는 데 걸리는 시간은 줄의 길이의 제곱근에 비례하고, 철수의 질량과는 무관하다.

17 ⑤

전하 q_1과 q_2 사이의 거리가 r일 때, 점전하들로부터 무한히 멀리 떨어진 곳을 정전기 퍼텐셜 에너지의 원점으로 하면, 정전기 퍼텐셜 에너지는 $U = k\dfrac{q_1 q_2}{r}$이다. 네 개의 전하가 있으므로, 점전하의 쌍은 6개가 있고, 6개 쌍의 정전기 퍼텐셜 에너지의 합이 전하계의 정전기 퍼텐셜 에너지가 된다. 예를 들어 (가)의 경우, 정전기 퍼텐셜 에너지

$$U_{\text{가}} = -k\frac{q^2}{a} + k\frac{q^2}{a} - k\frac{q^2}{\sqrt{2}\,a} + k\frac{q^2}{a} - k\frac{q^2}{a} - k\frac{q^2}{\sqrt{2}\,a} = -\sqrt{2}\,k\frac{q^2}{a}$$

이다. 이와 같은 방식으로 $U_{\text{나}}$와 $U_{\text{다}}$를 구해보면, $U_{\text{나}} = -(4 - \sqrt{2})k\dfrac{q^2}{a}$, $U_{\text{다}} = 0$이다. 따라서 $U_{\text{다}} > U_{\text{가}} > U_{\text{나}}$이다.

18 ④

전원 장치의 음극 쪽의 전위를 0으로 택한다. 또한, 저항 사이에 있는 교점을 a, 축전기 사이에 있는 교점을 b라고 하자.

ㄱ. 스위치 S가 열린 상태로 축전기의 충전 과정이 완료되면, 전류는 흐르지 않으므로 a의 전위는 0이다. b의 전위를 x라 하면, 1, 2, 3 μF의 축전기에서 b와 가까운 극판에 저장된 전하량은 각각 $x - 9$, $2x$, $3x$이고, 그 합은 $6x - 9$이다. 초기의 그 극판들에 저장된 전하량이 0이었으므로, 전하량 보존 법칙에 의해 $x = \dfrac{3}{2}$ V이다. 따라서 $2\,\mu\text{F}$의 축전기에 저장된 전하량은 $3\,\mu\text{C}$이다. (○)

ㄴ. 축전기들이 충전된 상태에서 스위치 S가 닫히면 저항에 전류가 흐르고, a의 전위가 5 V까지 높아진다. 따라서 S가 닫힌 직후에는 전류가 a에서 전류계를 지나 $3\,\mu\text{F}$의 축전기 쪽으로 흐른다. (○)

ㄷ. 시간이 충분히 지난 뒤에는 저항을 통해서만 전류가 흐르므로 전류의 세기는 1 A이고 a의 전위는 5 V이다. 한편, b의 전위는, ㄱ의 풀이와 같은 방식으로 풀면, 4 V임을 알 수 있고, 따라서 $2\,\mu\text{F}$의 축전기에 저장된 전하량은 $8\,\mu\text{C}$이다. (×)

19 ①

ㄱ. 전하가 직접 축전기를 가로지를 수 없으므로 전류의 방향이 천천히 바뀔수록 전류가 잘 흐르지 못한다. 즉, f가 작을수록 축전기의 유효 저항(용량 리액턴스 $\dfrac{1}{2\pi f C}$)이 커져 전류의 세기가 줄어들고, 저항에 걸린 전압 V_{out}도 작아진다. (○)

ㄴ. f가 클수록 전류가 잘 흐르고 V_{out}도 커진다. (×)

ㄷ. 축전기로 인해 교류 전원의 전압과 회로에 흐르는 전류 사이에 위상차가 발생한다. 저항에 걸리는 전압의 위상은 전류의 위상과 같으므로, 교류 전원의 전압과 저항에 걸리는 전압의 위상은 다르다. (×)

20 (정답) ①

이상 기체의 압력, 부피, 온도는 이상 기체 상태 방정식 $PV = nRT$를 만족한다. 점 C 에서의 온도를 $T_0 = \dfrac{P_0 V_0}{nR}$ 이라 하면 A와 B의 온도는 각각 $9T_0$, $3T_0$이다.

ㄱ. 내부 에너지 변화량은 온도차에 비례한다. A → B 과정에서 내부 에너지 변화량은 $\Delta U_{\mathrm{AB}} = \dfrac{3}{2}nR(3T_0 - 9T_0) = -9P_0 V_0$ 이고, B → C 과정에서 내부 에너지 변화량은 $\Delta U_{\mathrm{BC}} = -3P_0 V_0$이다. 따라서 $\dfrac{\Delta U_{\mathrm{AB}}}{\Delta U_{\mathrm{BC}}} = 3$이다. (○)

ㄴ. A → B 과정에서 한 일은 없으므로 방출된 열량은 줄어든 내부 에너지와 같고, $Q_{\mathrm{AB}} = -\Delta U_{\mathrm{AB}} = 9P_0 V_0$이다. B → C 과정에서 기체가 한 일은 $-2P_0 V_0$이므로 $Q_{\mathrm{BC}} = -(\Delta U_{\mathrm{BC}} + W_{\mathrm{BC}}) = 5P_0 V_0$이다. 따라서 $\dfrac{Q_{\mathrm{AB}}}{Q_{\mathrm{BC}}} = \dfrac{9}{5}$이다. (×)

ㄷ. A → B → C 과정에서 계에서 방출된 열량은 $Q_{\mathrm{out}} = Q_{\mathrm{AB}} + Q_{\mathrm{BC}} = 14P_0 V_0$이다. C → A 과정에서는 열량 Q_{in}이 계로 유입된다. 한 순환 과정에서 기체가 한 일 W_{net}은 삼각형의 넓이인 $2P_0 V_0$이고, 에너지 보존 법칙에 의해 $Q_{\mathrm{in}} = Q_{\mathrm{out}} + W_{\mathrm{net}} = 16P_0 V_0$이다. 그러므로 열효율 $e = \dfrac{W_{\mathrm{net}}}{Q_{\mathrm{in}}} = \dfrac{1}{8} = 12.5\%$이 다. (×)

21 (정답) ③

I_1에 의한 자기장은 서쪽에서 남쪽으로 30° 방향이므로, 나침반이 서쪽을 가리키려면 I_1에 의한 자기장의 세기는 지구자기장의 세기의 2배이어야 한다. I_2에 의한 자기장은 서쪽에서 남쪽으로 60° 방향이므로, 나침반이 서쪽에서 남쪽으로 30°를 가리키려면 I_2 에 의한 자기장의 세기는 지구자기장의 세기의 $\sqrt{3}$ 배이어야 한다. 두 도선이 나침반의 중심으로부터 같은 거리만큼 떨어져 있기 때문에 전류에 의한 자기장의 세기는 전류에 비례한다. 따라서 $\dfrac{I_1}{I_2} = \dfrac{2}{\sqrt{3}}$이다.

22　정답 ③

특정 온도의 물을 단위 시간당 최대로 공급하기 위해 공급 가능한 최대량의 온수에 적정량의 냉수를 섞는다. 온수기의 소비 전력은 온수의 양에 비례하므로, 온수기에서 나오는 온수의 온도는 일정하다. 온수 밸브를 최대로 열 때, 온수기의 소비 전력 5 kW이고, 이중 84 %가 물의 온도를 높이는 데 사용되므로, 초당 4200 J = 1000 cal의 에너지가 물에 공급된다. 온수 밸브를 최대로 열 때, 초당 40 mL에 1000 cal가 공급되므로 물의 온도는 25 ℃ 증가하고, 온수기 직후의 온수 온도는 35 ℃가 된다. 온수기를 통과한 물이 수도꼭지에 도달하기 전까지 열손실이 발생하여, 외부 온도와의 차이(25 ℃)의 4 %인 1 ℃만큼 온도가 낮아져 수도꼭지에 도달하는 온수의 온도는 34 ℃가 된다. 10 ℃의 냉수와 34 ℃의 온수를 1 : 5로 섞으면 30 ℃가 되므로 냉수를 8 mL를 공급한다.

23　정답 ①, ②, ④

지문에서 알 수 있는 사실은 다음과 같다.
- 첫 번째 지문에서 A와 D 사이에 척력이 작용하므로 같은 종류의 전하로 대전된 것이며, 대전되는 순서는 A가 B보다 앞이면 D가 C보다 앞이며 B가 A보다 앞이면 C가 D보다 앞이다.
- 두 번째 지문에서 A와 C 사이에 인력이 작용하므로 다른 종류의 전하로 대전된 것이며, 두 물체가 다른 종류의 전하로 대전되려면 대전되는 순서에서 A와 C 사이에 E가 있다.
- 세 번째 지문에서 B가 마찰로 전자를 얻은 후 방전되므로 E가 B보다 전자를 잃기 쉽다.

③은 첫 번째 조건, ⑤는 두 번째 조건을 만족하지 않는다.

24　정답 ③

ㄱ. (나)에서 전류계의 내부 저항은 외부 저항에 흐르는 전류를 작게 하고, 전압계로 흐르는 전류는 전지 내부 저항에 걸리는 전압을 더 크게 하여 (나)의 전류계에서 측정되는 전류는 (가)에 흐르는 전류보다 항상 작다. (○)

ㄴ. (나)의 회로에서 외부 저항에 걸린 전압보다 측정된 전압이 크고 외부 저항에 흐르는 전류는 측정된 전류와 같으므로 (나)에서 측정된 전압을 측정된 전류로 나눈 값은 R보다 크다. (○)

ㄷ. 전류계의 내부 저항이 클수록 전체 전류는 작아지고 전압계의 내부 저항이 작을수록 전체 전류는 커진다. 전류계와 전압계의 내부 저항과 외부 저항의 상대적인 크기에 따라 전체 전류 및 전지 내부 저항에 걸리는 전압은 (가)에서보다 (나)에서 더 클 수도 있고 작을 수도 있다. 한편, (나)에서의 측정 전압은 전지의 기전력에서 내

부 저항에 걸리는 전압을 뺀 값이므로, 내부 저항에 걸리는 전압에 따라 (나)에서 측정되는 전압은 (가)의 외부 저항에 걸리는 전압보다 클 수도 있고 작을 수도 있다. (×)

25 **정답** ③

O점을 통과하며 스크린에 수직한 선과 반사된 레이저 빔이 이루는 각을 θ', 그 수직한 선과 스크린이 만나는 지점으로부터 P점까지의 거리를 l이라고 하자. $\tan\theta' = \dfrac{l}{25\,\text{cm}}$ 이고, θ'가 충분히 작을 때, $\theta' \approx \dfrac{l}{25\,\text{cm}}$ 이 된다. 충분히 작은 시간 동안 θ'의 변화량은 $\dfrac{d\theta'}{dt} \approx \dfrac{1}{25\,\text{cm}}\dfrac{dl}{dt}$ 이 되고, $\dfrac{dl}{dt} = 100\,\text{cm/s}$을 대입하면 $\dfrac{d\theta'}{dt} \approx 4\,\text{rad/s}$이다. 한편, 반사의 법칙에 의해 거울의 중심이 θ만큼 회전하면, 반사된 레이저 빔은 2θ만큼 회전한다. 따라서 거울의 각속도 $\dfrac{d\theta}{dt} \approx 2\,\text{rad/s}$이다.

26 **정답** ②, ⑤

점광원으로부터 나온 광선의 일부가 P에 상을 이룬다. 점광원으로부터 P까지 광선의 광경로는 일정하여, 광경로차는 0이다. 따라서 P에서 보강 간섭이 일어난다.

광선이 경로 1을 통해 점광원으로부터 P에 도달하는 거리를 $z_1 + d_1$, 경로 2를 통해 도달하는 거리를 $z_2 + d_2$라 하자. z_i는 공기 중에서의 광선의 길이, d_i는 렌즈의 매질 내에서의 광선의 길이이다.

점광원으로부터 P까지 광선의 광경로는 일정하므로, $z_1 + nd_1 = z_2 + nd_2$이다. 따라서 $\Delta = (z_1 + d_1) - (z_2 + d_2) = (n-1)(d_2 - d_1)$이다.

① 페르마의 원리에 의해 점광원에서 상에 도달하는 시간은 경로에 무관하므로 같다.

③ 볼록 렌즈의 초점은 스크린과 z축이 만나는 지점에 있고, 렌즈 중심으로부터 스크린까지의 거리는 볼록 렌즈의 초점 거리와 같다.

④ 파면은 광선과 수직을 이룬다. 면 S는 파면과 평행하지 않으므로, 파면이 아니다. 따라서 면 S에서 빛의 위상은 모두 다르다.

27 정답 ⑤

ㄱ. 스크린의 O점에서 어두운 무늬가 관찰되었고, P는 이웃한 어두운 무늬가 관찰되는 지점이므로, 슬릿 B와 C로부터 점 P까지 경로차는 파장의 정수배이다. (×)

ㄴ. 단일 슬릿의 중심이 광축으로부터 벗어나 있기 때문에 단일 슬릿으로부터 슬릿 B와 슬릿 C 사이의 거리는 다르다. 따라서 슬릿 B와 슬릿 C에서 발생한 빛은 위상은 다르다. 한편 스크린의 O점에서 상쇄 간섭이 일어난 것을 통해, 슬릿 B와 슬릿 C에서 발생한 빛의 위상차는 180°의 홀수배임을 알 수 있다. (○)

ㄷ. 다른 파장의 단색광을 비추게 되면 슬릿 A에서부터 슬릿 B, 슬릿 C까지의 경로차를 파장의 정수배가 되게 할 수 있다. 이 조건하에서는 점 O에서 밝은 무늬가 형성될 수 있다. (○)

28 정답 ④

두 점전하의 질량이 같으므로 질량 중심은 두 점전하 사이의 중심에 있다. 그림과 같이 전기 쌍극자가 균일한 전기장 속에 놓여 있으므로, 전하량이 $+q$, $-q$인 점전하들은 크기가 같고 방향이 반대인 전기력 F_E, $-F_E$을 받는다. 두 힘의 크기가 같고 방향이 반대이므로, 전기 쌍극자에 작용하는 알짜힘은 0이다. 한편, 그림과 같이 각각의 점전하는 크기가 $F_2 = F_E \sin\theta = \dfrac{2qE}{L}x = kx$인 복원력을 받게 된다. 따라서 복원력에 의해 단진동하는 물체의 진동수는 $f = \dfrac{1}{2\pi}\sqrt{\dfrac{k}{m}}$ 이므로, F_2에 의해 단진동하는 전기 쌍극자의 진동수는 $f = \dfrac{1}{2\pi}\sqrt{\dfrac{2qE}{mL}}$ 이다.

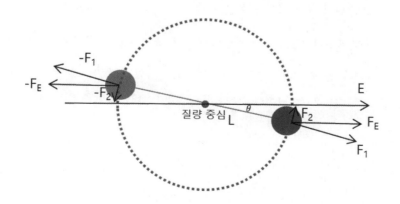

29 정답 ③

ㄱ. A에 있는 전하가 C에 만드는 전기장의 세기 $E_1 = k\dfrac{2q}{4d^2} = \dfrac{E_0}{2}$이고, B에 있는 전하가

C에 만드는 전기장의 세기 $E_2 = k\dfrac{q}{4d^2} = \dfrac{E_0}{4}$이다. 두 전하가 만드는 전기장 사이의 각

도는 120°이므로 C에서의 전기장의 세기는 $\sqrt{E_1^2 + E_2^2 + 2E_1 E_2 \cos 120°} = \dfrac{\sqrt{3}}{4}E_0$

이다. (○)

ㄴ. A에 있는 전하로 인한 C에서의 전위 $V_1 = -k\dfrac{q}{d}$이고, B에 있는 전하로 인한 C에

서의 전위 $V_2 = +k\dfrac{q}{2d}$이다. 따라서 두 전하로 인한 C에서의 전위 $V_c = V_1 + V_2$

$= -k\dfrac{q}{2d}$이다. 같은 방식으로, 두 전하로 인한 O에서의 전위 $V_O = -k\dfrac{q}{d}$

이다. 따라서 전기력이 한 일 $W = -Q\Delta V = -q \times \left(-k\dfrac{q}{2d}\right) = \dfrac{qE_0 d}{2}$이다. (○)

ㄷ. 두 점전하 사이에 작용하는 전기력의 크기는 거리의 제곱에 반비례하고, 두 전하량
의 곱에 비례한다. 두 점전하의 종류가 같으면 척력이 작용하고, 두 점전하의 종류
가 다르면 인력이 작용한다. $x < -d$ 지역에 $-q$의 전하를 놓으면 A에 위치한 전
하로부터 척력이 작용하고, B에 위치한 전하로부터 인력이 작용한다. 하지만 이 경
우 척력이 인력보다 항상 크므로, $-q$의 전하에 항상 척력이 작용한다.
$-d < x < d$ 지역에 $-q$의 전하를 놓으면 A에 위치한 전하로부터 척력이 작용하
고, B에 위치한 전하로부터 인력이 작용한다. 이 경우 척력과 인력의 방향이 같으
므로, $-q$의 전하는 B를 향해 힘을 받는다. 반면, $d < x$ 지역에 $-q$의 전하를 놓
으면 인력과 척력이 균형을 이룰 수 있는 점이 존재한다. $-q$의 전하는 A에 있는

전하로부터 $F_A = k\dfrac{2q^2}{(x+d)^2}$을 받고, B에 있는 전하로부터 $F_B = -k\dfrac{q^2}{(x-d)^2}$인

전기력을 받는다. 알짜힘이 0이 되는 지점은 $F_A + F_B = 0$으로부터 알 수 있고,
$x = (3 + 2\sqrt{2})d$이다. 따라서 알짜힘이 0인 지점은 한 군데 있다. (×)

30 〈정답〉 ①, ③, ④

② $R_5 > R_4$이므로, R_4에 흐르는 전류의 세기는 R_5에 흐르는 전류의 세기보다 크다. 따라서 R_3에는 $c \rightarrow b$로 전류가 흐른다.

④ R_1과 R_4에 걸리는 전압의 합은 4 V이다. R_1과 R_4에 흐르는 전류의 세기가 같다면 두 저항에 걸리는 전압은 각각 2 V이다. 하지만 R_4에 흐르는 전류는 R_1과 R_3에 흐르는 전류의 합으로 R_4에는 R_1보다 전류가 많이 흐른다. 따라서 R_4에 걸리는 전압이 R_1에 걸리는 전압보다 더 크고, R_4에 걸리는 전위차는 2 V보다 크다.

⑤ R_4에는 2 V보다 큰 전압이 걸리므로 R_1에는 2 V보다 작은 전압이 걸린다. 따라서 R_1에 흐르는 전류는 2 A보다 작다.

2018년
정답 및 풀이

번호	정답	전체 정답률	상위 30% 정답률	번호	정답	전체 정답률	상위 30% 정답률
1	②	45.0	63.5	16	④	67.0	92.0
2	④	42.7	77.7	17	②	34.1	67.9
3	③	29.8	38.1	18	①	25.8	51.9
4	④	40.5	71.3	19	④	8.6	14.4
5	①	45.5	70.8	20	①, ⑤	11.6	25.8
6	②	64.2	92.2	21	⑤	8.8	11.1
7	①	20.1	46.0	22	⑤	7.1	13.9
8	①	27.3	50.5	23	⑤	73.3	96.3
9	②, ④	14.4	30.8	24	③	28.6	47.8
10	②	6.7	12.5	25	③	57.8	92.0
11	②	43.7	77.0	26	③	20.8	45.1
12	③	67.7	93.9	27	③	24.2	45.8
13	④	11.4	14.3	28	모두	100.0	100.0
14	②, ④	3.9	10.6	29	②, ⑤	3.9	10.3
15	④	48.6	90.4	30	④	50.5	79.4

01 정답 ②

평면상에서 운동하는 물체의 순간 가속도는 속도의 방향과 속도에 수직한 방향으로 분해할 수 있다. 속도에 수직 성분 가속도의 크기는 $a_r = \dfrac{v^2}{r}$ 이다. 이때 v는 순간 속력, r은 순간 곡률 반지름이다. 또한 속도에 수평 성분 가속도의 크기는 순간 속도의 변화에 대응된다. 따라서 순간 속력 자체의 크기는 속도에 수직 성분한 성분을 통해서 구해야 한다.

문제의 상황에서 자동차는 원형 트랙에서 운동하고 있으므로, 순간 곡률 반지름 r은 일정하다. 따라서 자동차의 순간 속력 v는 a_r의 제곱근에 비례한다. 보기에서 B의 경우가 a_r이 가장 크므로 자동차의 순간 속력이 최대가 된다. 정답은 ②이다.

02 정답 ④

역학적 에너지 보존 법칙으로부터 원형트랙에 놓인 물체가 바닥에 도달했을 때 속력은 $v = \sqrt{2gh}$ 이다. 두 물체가 충돌할 때, 외력이 작용하지 않으므로 운동량 보존 법칙과 역학적 에너지 보존 법칙이 성립한다.

한편, 두 물체의 상대 속력이 0 일 때, 용수철이 최대로 압축된다. 최대로 압축되었을 때 두 물체의 속력을 u라고 하면 운동량 보존 법칙으로부터 $mv = 2\mu$이 성립한다. 또한 용수철이 압축되는 최대길이를 x_m 이라고 하면, 역학적 에너지 보존 법칙으로부터 $\dfrac{1}{2}mv^2 = \dfrac{1}{2}(2m)u^2 + \dfrac{1}{2}kx_m^2$ 이 성립한다. 두 보존 법칙으로부터 $x_m = v\sqrt{\dfrac{m}{2k}}$ 임을 알 수 있다. 위 속력을 대입하면 $x_m = \sqrt{\dfrac{mgh}{k}}$ 이고, 정답은 ④이다.

03 정답 ③

단진동의 각 진동수를 ω, $t = 0$에서 물체를 가만히 놓았다고 하자. 두 용수철의 용수철 상수가 같고, 두 물체는 같은 위상으로 단진동 운동을 한다고 하였으므로, 왼쪽의 벽면을 위치의 원점으로 하면 임의의 시각에서 두 물체의 위치는 $x_1(t) = \ell + s_1\cos(\omega t)$, $x_2(t) = 2\ell + (s_1 + s_2)\cos(\omega t)$이고, 두 물체의 속도는 $v_1(t) = -\omega s_1\sin(\omega t)$, $v_2(t) = -\omega(s_1 + s_2)\sin(\omega t)$ 이 된다.

임의의 시각에서 계의 역학적 에너지 $E = \dfrac{1}{2}k(x_1 - \ell)^2 + \dfrac{1}{2}k(x_2 - x_1 - \ell)^2 + \dfrac{1}{2}m(v_1)^2 + \dfrac{1}{2}m(v_2)^2$이다. $t = 0$일 때, 역학적 에너지 $E(t = 0) = \dfrac{1}{2}k(s_1^2 + s_2^2)$ 이고, $t = \dfrac{\pi}{2\omega}$일 때, 역학적 에너지 $E\left(t = \dfrac{\pi}{2\omega}\right) = \dfrac{1}{2}m\omega^2\left[s_1^2 + (s_1 + s_2)^2\right]$ 이다.

역학적 에너지 보존 법칙 $E(t=0)=E\left(t=\dfrac{\pi}{2\omega}\right)$과 $\dfrac{s_1}{s_2}=\dfrac{\sqrt{5}+1}{2}$의 조건에 의해,

$\omega=\dfrac{\sqrt{5}-1}{2}\sqrt{\dfrac{k}{m}}$이고, 진동수는 $f=\dfrac{\omega}{2\pi}=\dfrac{\sqrt{5}-1}{4\pi}\sqrt{\dfrac{k}{m}}$가 됨을 알 수 있다. 따라서 정답은 ③이다.

04 정답 ④

(가)에서 물체가 던져진 순간부터 물체는 수직 방향으로 등가속도운동을 하고, 수평방향으로 등속도 운동을 한다. 최고점에 도달할 때까지 걸리는 시간 t_1은 최고점에서 속도의 수직성분이 0이기 때문에 $v\sin 45\degree -gt_1=0$에서 $t_1=\dfrac{v\sin 45\degree}{g}$이다. 물체가 다시 수평면에 도달할 때까지 걸리는 시간은 $t_{(가)}=2t_1$이고, 수평면에 도달할 때까지 움직인 거리는 $L=v\cos 45\degree \times t_{(가)}=\dfrac{v^2}{g}$이 성립한다.

한편 (나)에서 물체가 던져진 순간부터 최고점에 도달할 때까지 걸리는 시간은 $t_2=\dfrac{v\sin\theta}{g}$이다. 물체가 최종 위치까지 도달할 때까지 걸리는 시간은 $t_{(나)}=4t_2$이고, $L=v\cos\theta \times t_{(나)}=\dfrac{4v^2\sin\theta\cos\theta}{g}$이 성립한다. 따라서 (가)와 (나)에서 구한 거리 L이 같기 때문에 $\sin\theta\cos\theta=\dfrac{1}{4}$이고, $\theta=15\degree$이다.

따라서 $\dfrac{t_{(나)}}{t_{(가)}}=\dfrac{2\sin\theta}{\sin 45\degree}=2\sqrt{2}\sin\left(\dfrac{\pi}{12}\right)$이고, 정답은 ④이다.

05 정답 ①

문제에서 행성 B의 처음 위치에서 일정한 시간 t가 흐른 후 행성 B가 움직인 각도는 $\theta_B=\omega_B t=\dfrac{2\pi}{T_B}t$이고, 같은 시간이 흐른 후, 행성 B의 처음 위치에서 행성 A가 이루는 각도는 $\theta_A=\dfrac{2\pi}{T_A}t+\pi$이다. 여기서 ω_B, T_A, T_B는 각 행성의 각속도와 주기를 말한다.

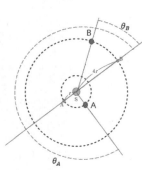

두 행성이 나란히 서 있기 위한 조건은 두 각도의 차이가 $\theta_A-\theta_B=n\pi$을 만족하면 된다. 이때 n은 정수이다. 문제에서 다시 행성들이 일렬로 늘어서는 최소시간을 묻고 있으므로 $n=1$이다. 따라서 문제의 조건은

$(\dfrac{2\pi}{T_A}+\pi-\dfrac{2\pi}{T_B})t=\pi$ 이다.

한편 케플러의 제 3법칙에 의해 $T^2 \propto r^3$ 이다. $\dfrac{T_B^2}{T_A^2}=\dfrac{r_B^3}{r_A^3}=\dfrac{64}{1}$ 과 $T_A=1$ 년을 이용하면, $T_B=8$ 년이다. 이 값을 위 식에 대입하면 $t=\dfrac{4}{7}$ 년이 된다. 따라서 정답은 ①이다.

06 정답 ②

〈관성계에서의 풀이〉

지면에 정지한 관찰자를 기준으로 생각한다. 탑승객은 가속도가 $a=\dfrac{g}{\sqrt{3}}$ 인 등가속도 운동을 하고, 물체는 속도가 $v_0\cos\theta$ 인 등속운동을 한다. 탑승객이 물체를 다시 받으려면, 탑승객의 수평 이동거리와 물체의 수평 비행거리가 일치해야 한다. 발사한 뒤 시간 t 가 흐른 후 탑승객이 물체를 다시 받았다면, 이동거리와 비행거리는 $\dfrac{1}{2}at^2=v_0\cos\theta\,t$ 즉, $\dfrac{1}{2}\dfrac{g}{\sqrt{3}}t=v_0\cos\theta$ 가 성립한다.

한편, 시간 t 는 물체의 비행시간이므로, 물체가 수직방향으로 가속도가 $-g$ 인 등가속도 운동을 한다는 조건에서 $t=\dfrac{2v_0\sin\theta}{g}$ 로 구할 수 있다. 이를 앞의 식에 대입하면 $\dfrac{1}{2}\dfrac{g}{\sqrt{3}}\dfrac{2v_0\sin\theta}{g}=v_0\cos\theta$ 이다. 여기에서 $\tan\theta=\sqrt{3}$ 이고 $\theta=60\,^\circ$ 이다

공의 수평비행거리는 $R=v_0\cos60\,^\circ\,t=v_0\cos60\,^\circ\,\dfrac{2v_0\sin60\,^\circ}{g}=\dfrac{\sqrt{3}\,v_0^2}{2g}$ 이다. 이 거리 R 은 버스가 이동한 거리와 같으므로 답은 $\dfrac{\sqrt{3}\,v_0^2}{2g}$ 이다.

〈비관성계에서의 풀이〉

버스 탑승객 입장에서는 $\dfrac{1}{\sqrt{3}}g$ 만큼 왼쪽으로 가속되는 관성력을 느낀다. 따라서 중력과 합성하면 지면에 대해 반시계 방향으로 아래쪽으로 60도 방향의 관성력이 있다고 느끼게 되고, 따라서 물체를 다시 받을 수 있기 위해서는 버스 바닥에서 위로 θ 가 60도로 던져야 한다. 이후 풀이는 관성계와 같다. 단 이 경우 물체는 수평방향 성분은 $-\dfrac{1}{\sqrt{3}}g$ 의 가속도와, 수직방향 성분은 $-g$ 의 가속도를 받는 등가속도 운동을 한다.

07 정답 ①

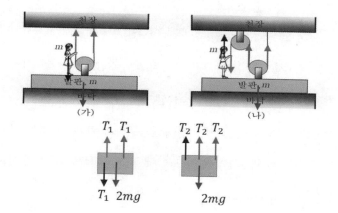

도르래와 줄의 질량을 무시하면 줄에 걸리는 장력은 동일하다. (가)의 경우 줄에 걸리는 장력을 T_1 으로 하고 (나)의 경우 줄에 걸리는 장력을 T_2 라고 하자. 그림은 (가)와 (나)의 경우 작용하는 힘을 나타낸다. 사람과 발판, 움직도르래를 하나의 계로 생각하고 이 계에 작용하는 힘만 그린 것을 같이 보여주었다. 작용－반작용에 의해서 영희가 줄에 주는 힘과 크기가 같고 방향이 반대인 힘을 줄이 영희에게 준다.

그림에서 (가)에서는 계를 들어 올릴 수 있는 실이 가장 오른쪽에 있는 한 개의 실, (나)에서는 영희가 붙잡고 있는 실과 발판에 붙어 있는 도르래 양쪽의 실 두 개를 더하여 총 세 개의 실이 계를 들어 올릴 수 있다는 사실을 알 수 있다. (나)에서 영희가 붙잡고 있는 실은 영희를 들어올리는 반작용력을 주고 있다.

따라서 (가)에서 계를 들어 올리는 장력은 T_1, (나)에서는 $3T_2$ 임을 알 수 있고, 각각의 값은 $2mg$ 보다 커야 한다. 따라서 계를 들어올리기 위한 최소 장력은 $T_1 = 2mg$, $T_2 = \dfrac{2}{3}mg$ 이상이어야 한다. 결국 문제에서 원하는 장력의 비는 $\dfrac{1}{3}$ 이다.

08 정답 ①

O점과 P점에서 수평면과 이루는 각이 같게 던져진 두 물체가 만나기 위해서는 두 물체가 던져질 때의 속력이 같아야 한다. 그러므로 물체 A와 B의 수평 방향 속도 성분의 크기는 서로 같고 일정하다.

만일 B를 던지고 $\dfrac{T_0}{2}$ 초가 지날 때 두 물체가 충돌한다면, A는 총 $\dfrac{3T_0}{2}$ 의 시간이 흐른 뒤에 충돌한 것이다. 이것은 A가 충돌 없이 갔다면 $2T_0$ 시간 뒤에 P에 도달한다는 것을 의미한다. 즉 T_0 에서 A는 OP의 중간지점에 있다. 그 뒤 $\dfrac{T_0}{2}$ 초 동안 A와 B가 움직여

두 물체는 OP 사이의 $\frac{3}{4}$이 되는 지점에서 충돌한다. 그런데 A가 높이 h인 최고점에서 높이 $\frac{h}{2}$인 지점으로 내려오는 데 걸린 시간은 B가 수평면에서 높이 $\frac{h}{2}$인 지점으로 올라가는 데 걸린 시간보다 길다. 따라서 $\frac{T_0}{2}$초가 지날 때 두 물체가 충돌한다면, 두 물체는 $\frac{h}{2}$인 지점보다 더 높은 곳에서 충돌할 것이다.

ㄱ. 위 설명으로부터 높이 $\frac{h}{2}$인 지점에서 충돌하기 위해서는 충돌 지점이 OP 사이의 $\frac{3}{4}$이 되는 지점보다 오른쪽에 있어야 한다. 그리고 B가 충돌지점까지 이동하는 데 걸린 시간은 $\frac{T_0}{2}$초보다 짧다. (○)

ㄴ. 충돌하는 순간 질량이 같은 물체 A와 B의 속도의 크기는 같고 방향은 정반대이며, 따라서 충돌 직전 두 물체의 운동량의 합은 0이다. 그러므로 충돌 직후 한 덩어리가 된 물체의 속도는 0이다. 따라서 한 덩어리가 된 물체는 충돌 후 Q점 위 높이 $\frac{h}{2}$인 충돌 지점에서 가만히 놓아 낙하하는 물체와 같이 운동한다. 그러므로 한 덩어리가 된 물체는 Q점에 도달한다. (×)

ㄷ. 이 문제의 충돌 지점은 OP 사이의 $\frac{3}{4}$이 되는 지점보다 오른쪽이며, 이로부터 A가 최고점 h에서 높이 $\frac{h}{2}$만큼 낙하하는 데 걸린 시간이 $\frac{T_0}{2}$초보다 길다는 것을 알 수 있다. 따라서 충돌 직후 속도가 0인 상태에서 높이 $\frac{h}{2}$만큼 낙하하는 데 걸리는 시간도 $\frac{T_0}{2}$초보다 길다. (×)

09   정답 ②, ④

① O점에서 물체가 원호 상에서 운동하므로 속도가 일정하지 않으며 가속도 운동을 한다. 따라서 물체에 작용하는 알짜힘은 0이 아니다. (×)

② B점에서 물체의 속력은 0이므로 구심 가속도는 없고, 물체의 운동 방향, 즉 속도의 방향이 180° 바뀐다. 따라서 속도 변화량의 방향은 물체가 운동하는 궤도의 접선 방향이다. 물체의 가속도 방향은 속도 변화량의 방향과 같으므로, B점에서 물체의 가속도 방향은 운동하는 궤도의 접선 방향이다. (○)

③ 물체의 속도 방향은 물체가 운동하는 궤도의 접선 방향이다. C점에서 물체는 원운동을 하므로 구심 가속도가 있고, 속력이 빨라지므로 접선 가속도도 존재한다. 따라서 물체의 가속도 방향은 구심가속도와 접선 가속도의 합 벡터 방향이며 궤도의 접선 방향은

아니다. 따라서 물체의 속도 방향과 물체의 가속도 방향은 같지 않다. (×)

④ 물체를 매단 실이 연직선과 이루는 각을 θ라고 하자. 물체에는 장력 T와 중력 mg 가 작용하며, 임의의 각 θ에서 $T - mg\cos\theta = m\dfrac{v^2}{L}$의 관계가 성립한다. 즉, $T = m\dfrac{v^2}{L} + mg\cos\theta$이다. 그런데 물체가 내려올수록 θ가 작아져 $\cos\theta$ 값이 커지고, 속력 v도 커진다. 즉, 물체가 내려오는 동안 장력의 크기는 증가한다. (○)

⑤ 문제에서 물체는 항상 장력에 수직인 방향으로 운동한다. 따라서 장력이 한 일은 0이 며, 물체의 역학적 에너지는 보존된다. (×)

10 ㉑답 ②

그림 (가)에서 나무판과 두 물체의 질량 중심은 받침점 바로 위에 있다. 이 경우 F_1은 두 물체의 무게와 나무판의 무게를 합한 것과 크기가 같다. 받침점을 옮겨도 질량 중심과 나무판과 두 물체의 무게의 합은 변하지 않는다.

그림 (나)에서 나무판은 시계방향으로 회전하는데, 이때 질량 중심이 아래로 내려온다. 그림 (다)에서 나무판은 반시계방향으로 회전하는데, 이때도 질량 중심이 아래로 내려온 다. (나)와 (다)에서 질량 중심이 아래로 내려온다는 것은 나무판과 두 물체가 이루는 계에 작용하는 알짜힘이 아래 방향이라는 것이다. 즉, 두 물체의 무게와 나무판의 무게를 합한 것보다 받침점이 나무판을 연직 방향으로 떠받치는 힘의 크기가 작다는 것이다.

나무판 및 두 물체의 무게는 변하지 않으므로, 받침점이 나무판을 연직 방향으로 떠받치는 힘의 크기가 (가)에서보다 줄어들었다는 것을 알 수 있다.

11 ㉑답 ②

두 물체가 첫 번째로 부딪칠 때까지 걸리는 시간이 t_1일 때, $-\dfrac{1}{2}gt_1^2 - v_0 t_1 + 225$ $= -\dfrac{1}{2}gt_1^2 + 185$가 성립하고 $t_1 = 2$초 임을 알 수 있다. 첫 번째 충돌 직전 두 물체의 높이 는 지면으로부터 165 m이고, 두 물체의 속력은 $v_{A,t_1} = -40$ m/s, $v_{B,t_1} = -20$ m/s이 다. 두 물체는 탄성 충돌을 하여 충돌 직후 두 물체의 속력은 $v'_{A,t_1} = -20$ m/s, $v'_{B,t_1} = -40$ m/s이다.

첫 번째 충돌 후 B가 바닥과 부딪칠 때 걸리는 시간이 t_2일 때, $-\dfrac{1}{2}gt^2 - 40t + 165 = 0$ 가 성립하고, $t_2 = 3$초 임을 알 수 있다. B가 바닥과 부딪칠 때 A의 높이는 지면으로부터 60 m이고, 두 물체의 속력은 $v_{A,t_2} = -50$ m/s, $v_{B,t_2} = -70$ m/s이다. B가 바닥과 탄 성 충돌을 하여 충돌 직후 B의 속력은 $v_{B,t_2} = 70$ m/s이다.

B가 바닥과 충돌 후 두 물체가 다시 부딪칠 때까지 걸리는 시간이 t_3일 때, $-\dfrac{1}{2}gt^2 - 50t + 60 = -\dfrac{1}{2}gt^2 + 70t$가 성립하고, $t_3 = \dfrac{1}{2}$초 임을 알 수 있다. 따라서 두 물체를 떨어뜨린 순간부터 두 번째로 서로 부딪칠 때까지 걸리는 시간은 $t_1 + t_2 + t_3 = \dfrac{11}{2}$초이다. 따라서 정답은 ②이다.

12 정답 ③

그림 (나), (다)를 통해 2초일 때 수레는 운동을 시작하였다. 0초에서 2초 사이에 물체는 정지 상태에 있으므로, 추의 질량을 m이라고 하면 사람이 수레에 작용하는 힘의 크기는 $F_{사람} = 8\,\mathrm{N}$이고, 추의 무게는 $mg = 8\,\mathrm{N}$이며, $m = 0.8\,\mathrm{kg}$임을 알 수 있다.

한편, 2초에서 4초 사이에 수레와 추는 가속도의 크기가 $2\,\mathrm{m/s^2}$인 등가속도 운동을 한다. 따라서 $mg - T_1 = ma$가 성립하여 $T_1 = mg - ma = 8 - 0.8 \times 2 = 6.4\,\mathrm{N}$임을 알 수 있다. 따라서 정답은 ③이다.

13 정답 ④

ㄱ. 백열등에도 보라색에 해당하는 파장의 가시광선이 포함되어 있으므로, 백열등 A를 보라색 램프로 바꾸더라도 광전 효과에 의한 전류는 관측되지 않는다. 따라서 시도해 볼 수 있는 실험 방법으로 옳지 않다.

ㄴ. E, F와 G를 함께 움직여 각 θ를 더 크게 하는 것은 백열등에서 방출된 빛 중에서 더 짧은 파장의 빛을 금속판에 입사시키는 것과 같다. 따라서 시도해 볼 수 있는 실험 방법으로 옳다.

ㄷ. 문턱 진동수보다 작은 빛이 금속판에 입사되면 광전 효과에 의한 전류는 관측되지 않지만, 입사되는 빛의 진동수가 문턱 진동수보다 클 경우 전원 M의 양극과 음극을 바꾸면 광전 효과에 의한 전류를 전류계에서 관측할 수 있다. 따라서 시도해 볼 수 있는 실험 방법으로 옳다.

14 정답 ②, ④

포탄은 수평 방향으로 등속 운동, 수직 방향으로는 등가속도 운동을 한다.

① 대포의 위치가 P에 있었다면 θ는 45도이나, 대포의 초기 높이가 지면으로부터 100 m 이므로, θ는 45도보다 작다. 따라서 보기의 진위는 거짓이다.

② 포탄의 질량이 2배 커지면 포탄에 작용하는 중력 또한 2배로 커진다. 따라서 물체의 가속도는 포탄의 질량에 관계없이 같다. 따라서 포탄의 질량이 2배 커지더라도 가장 멀리 가는 각도는 θ이다. 따라서 보기의 진위는 참이다.

③ 달의 중력 가속도는 지구의 중력 가속도보다 작으므로 달에서 포탄이 수평 방향으로 가장 멀리 도달하기 위해서는 θ보다 큰 각으로 발사되어야 한다. 따라서 보기의 진위는 거짓이다.

④ 가장 멀리 날아가는 각도는 초속도가 커짐에 따라 커지는 경향이 있다. 따라서 포탄의 초속도를 2배로 하면 가장 멀리 가는 각도는 θ보다 크다. 따라서 보기의 진위는 참이다.

⑤ 뒤로 일정한 속도로 움직이는 대포가 포탄을 쏠 때, 포탄이 가장 멀리 날아가기 위해서는 대포의 속력을 고려하여 더 낮게 쏘아야 한다. 따라서 보기의 진위는 거짓이다.

따라서 정답은 ②, ④이다.

15 정답 ④

ㄱ. 전기장 영역에서 입자는 전기력 qE에 의해 가속된다. 일−운동에너지 정리에 의해 전기력이 한 일은 입자의 운동 에너지로 전환되어 $qV = qEd = \frac{1}{2}mv^2$가 성립한다. 따라서 입자가 자기장 영역에 도달할 때 입자의 속력 $v = \sqrt{\dfrac{2qEd}{m}}$이다. 따라서 보기의 진위는 거짓이다.

ㄴ. 입자에 작용하는 자기력의 방향은 입자의 속도 방향에서 자기장의 방향으로 오른손을 감았을 때, 엄지 손가락이 향하는 방향이다. 이 자기력에 의해 입자의 회전 방향은 ⓑ이다. 따라서 보기의 진위는 참이다.

ㄷ. 자기장 영역에서 입자에 작용하는 자기력의 방향은 입자의 속도 방향과 수직을 이룬다. 따라서 자기력이 구심력 역할을 하여 입자는 자기장 영역에서 등속 원운동을 한다. 따라서 $\dfrac{mv^2}{r} = qvB$가 성립하고, 따라서 $r = \dfrac{mv}{Bq} = \dfrac{m}{Bq}\sqrt{\dfrac{2qEd}{m}} = \sqrt{\dfrac{2mEd}{B^2q}}$이다. 따라서 보기의 진위는 참이다.

따라서 정답은 ④이다.

16 정답 ④

(나)에서 두 기체는 평형 상태를 이루어 피스톤이 정지하고 있으므로, 압력과 온도는 A, B가 서로 같다. 또한, A, B의 부피가 각각 $\frac{1}{2}V$, $\frac{3}{2}V$이므로, 이상 기체 상태방정식 $PV = nRT$에 의해 $n_A = \dfrac{PV}{2RT}$, $n_B = \dfrac{3PV}{2RT}$가 성립한다. 따라서 기체의 몰수는 B가 A의 3배이다. (가)에서 A, B의 압력이 각각 P, $2P$이고, 부피가 같으므로, 이상 기체 상태방정식 $PV = nRT$에 의해 $T_A = \dfrac{PV}{n_AR}$, $T_B = \dfrac{2PV}{n_BR}$가 성립한다. 따라서

$T_B = \dfrac{3}{2} T_A$이다.

ㄱ. 위의 설명에 의해 보기의 진위는 거짓이다.

ㄴ. 위의 설명에 의해 보기의 진위는 참이다.

ㄷ. 위의 설명에 의해 보기의 진위는 참이다.

따라서 정답은 ④이다.

17 **정답** ②

도선 XY에 흐르는 전류에 의해 도선 XY의 오른쪽에는 지면을 향해 들어가는 방향의 자기장이 형성되고, 고리 ABCD의 각 부분에 흐르는 전류로 인해 고리에 자기력이 작용한다. 고리의 각 부분에 작용하는 자기력의 방향은 각 부분의 전류의 방향에서 도선 XY에 흐르는 전류에 의해 발생한 자기장의 방향으로 오른손을 감았을 때, 엄지 손가락이 향하는 방향이다. 도선 AD에 작용하는 자기력의 방향은 왼쪽이고, 자기력의 크기 $F_{\mathrm{AD}} = k\dfrac{3I \times I \times 4a}{a} = 12kI^2$이고, 도선 BC에 작용하는 자기력의 방향은 오른쪽이고, 자기력의 크기는 $F_{\mathrm{BC}} = k\dfrac{3I \times I \times 4a}{3a} = 4kI^2$이다. 도선 AB와 CD에 흐르는 방향이 반대이고, 도선 XY으로부터 같은 거리만큼 떨어져 있으므로, 도선 AB와 CD에 작용하는 자기력의 합은 0이다. 따라서 고리 ABCD에 작용하는 힘의 크기는 $8kI^2$이다. 따라서 정답은 ②이다.

18 **정답** ①

축전기가 직렬로 연결되어 있으므로 두 축전기의 합성 전기 용량 C는 $\dfrac{1}{C} = \dfrac{1}{C_1} + \dfrac{1}{C_2}$으로부터 $2\mu\mathrm{F}$임을 알 수 있다. 한편 회로에 흐르는 전류는 코일의 유도 리액턴스와 축전기의 용량 리액턴스가 같을 때 최대가 되고, 회로에 흐르는 전류가 최대가 되게 하는 진동수를 공명 진동수라고 한다.

공명 진동수 $f_0 = \dfrac{1}{2\pi\sqrt{LC}} = \dfrac{1}{2\pi\sqrt{4 \times 2 \times 10^{-6}}} = \dfrac{10^3\sqrt{2}}{8\pi}$ Hz이다. 따라서 정답은 ①이다.

19 (정답) ④

기체의 정적 몰비열은 1몰의 기체의 온도를 부피 변화 없이 1 K 올리는 데 필요한 에너지이고, 단원자 분자 이상 기체와 이원자 분자 이상 기체의 경우, 정적 몰비열은 각각 $c_V^{(단)} = \frac{3}{2}R$, $c_V^{(이)} = \frac{5}{2}R$이다. 용기가 단열되어 있으므로 판 제거 전후의 에너지는 보존되어야 한다. 정적 몰비열이 c_V이고 절대 온도가 T인 n몰의 이상 기체의 (내부) 에너지는 $U = nc_V T$이므로,

$$U_{총} = U_A + U_B = n_A c_V^{(단)} 2T_0 + n_B c_V^{(이)} T_0 = n_A c_V^{(단)} \frac{7}{6}T_0 + n_B c_V^{(이)} \frac{7}{6}T_0$$이 성립하고, $n_B = 3n_A$임을 알 수 있다.

혼합 기체의 온도가 ΔT만큼 변할 때, 단원자 분자 이상 기체와 이원자 분자 이상 기체의 온도 또한 ΔT만큼 변하므로,

$$\Delta U_{총} = (n_A + n_B)c_V^{(혼)}\Delta T = n_A c_V^{(단)}\Delta T + n_B c_V^{(이)}\Delta T$$가 성립하고

$$c_V^{(혼)} = \frac{n_A c_V^{(단)} + n_B c_V^{(이)}}{n_A + n_B} = \frac{9}{4}R$$

임을 알 수 있다. 따라서 정답은 ④이다.

20 (정답) ①, ⑤

질량이 m인 단원자 분자 이상 기체의 입자당 평균 운동 에너지 $\langle K \rangle = \left\langle \frac{1}{2}mv^2 \right\rangle = \frac{1}{2}mv_{rms}^2 = \frac{3}{2}kT$이고, v_{rms}는 최빈 속력 v_p에 비례하므로, 입자당 평균 운동 에너지는 절대 온도에 비례하고, v_p는 절대 온도의 제곱근에 비례한다.

① 제시된 분포 곡선과 v축 사이의 면적은 분자수이므로, $n_A > n_B$이다. 따라서 보기의 진위는 참이다.

② 제시된 분포 곡선과 v축 사이의 면적은 분자수이므로, $n_C > n_B$이다. 따라서 보기의 진위는 거짓이다.

③ 최빈 속력은 A와 B가 같으나 분자량은 B가 A보다 크므로 $T_A < T_B$이다. 따라서 보기의 진위는 거짓이다.

④ 최빈 속력은 C가 B의 2배이므로, $\frac{T_B}{T_C} = \frac{M_B}{4M_C}$가 성립하고 $M_B < M_C$이므로, $T_B < \frac{1}{4}T_C$이다. 따라서 보기의 진위는 거짓이다.

⑤ 분포 곡선을 최빈 속력으로 척도 변환을 한 분포 $\frac{N(v/v_p)}{N(v_p)}$은 모든 경우에 동일한

곡선이 된다. 따라서 보기의 진위는 참이다.

따라서 정답은 ①, ⑤이다.

21 （정답） ⑤

ㄱ. 스위치를 a에 연결하면 RC 회로가 되므로 충전된 전하량은 $Q_1 = CV_0$이다. (옳음)

ㄴ. 충전되는 동안에 전지는 충전된 전하량만큼 전하를 전위차 V_0으로 이동시켜야 하므로 한 일은 $Q_1 V_0 = CV_0^2$이다. 축전기가 완전히 충전된 후 축전기에 저장된 에너지는 $\frac{1}{2}QV = \frac{1}{2}CV^2$이며, 이것은 전지가 한 일의 절반이다. 나머지 절반의 에너지는 저항에서 줄열로 발산된다. (옳지 않음)

ㄷ. 스위치를 b에 연결하면 전하량 $Q_1(=CV_0)$가 전기용량이 C인 축전기에 저장된 상태에서 전기용량이 $2C$인 축전기와 직렬연결되어 기전력이 $3V_0$인 전지에 직렬연결된다.

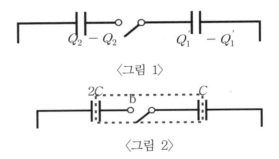

〈그림 1〉

〈그림 2〉

스위치가 b에 연결되어 평형상태에 도달하였을 때, 전기용량이 C인 축전기에 대전된 전하량을 Q_1'이라 하면, 전기용량 $2C$인 축전기에 대전된 전하량이 Q_2이므로 〈그림 1〉와 같은 전하분포를 갖는다. 이때 〈그림 2〉와 같이 두 축전기 사이의 판은 전지와 직접연결되어 있지 않기 때문에 외부와의 전하의 이동이 없어 원래의 전하량 Q_1이 재배열되어 평형상태가 된다. 따라서 $-Q_2 + Q_1' = Q_1$이다.

각 축전기에 걸린 전압강하의 합은 총 기전력 $3V_0$와 같아야 하므로, $\frac{Q_2}{2C} + \frac{Q_1'}{C} = 3V_0$이다. 두 식을 연립하여 계산하면 $Q_2 = \frac{4}{3}CV_0$이다. (옳음)

22   정답 ⑤

외부에서 작용하는 힘이 없으므로 계의 총 에너지와 운동량이 보존된다.

ㄱ. A와 B의 처음 중심 위치를 각각 $x = 0, 4R$로 나타내면 두 구의 질량 중심은

$$x_{CM} = \frac{0 + 2m \cdot 4R}{m + 2m} = \frac{8}{3}R$$이다.

총 운동량이 0이므로 질량 중심은 변하지 않는다. 두 구가 접촉하는 순간의 A 중심

위치를 x_A라고 하면, 질량 중심은 $x_{CM} = \frac{(m \cdot x_A + 2m \cdot (x_A + 2R))}{m + 2m} = \frac{8}{3}R$이

다. $x_A = \frac{4}{3}R$이므로, 충돌때까지 A가 이동한 거리는 $\frac{4}{3}R$이다. (옳음)

ㄴ. 총 운동량이 0이므로 A의 속력은 B의 속력의 2배이고, 운동 에너지는 $K_A = 2K_B$이

다. 에너지(운동 에너지+퍼텐셜 에너지) 보존을 이용하면, $0 - k\frac{3Q^2}{4R} = K_A + $

$K_B - k\frac{3Q^2}{2R}$(k: 쿨롱 상수)이므로 운동 에너지는 $K_A = k\frac{Q^2}{2R}$이다. 또한 $F_A = $

$k\frac{3Q^2}{(2R)^2}$이므로 $K_A = \frac{2R}{3}F_A$이다. (옳음)

ㄷ. 각 위치에서 운동 에너지는 두 구의 전하량의 곱에 비례한다. A의 전하량이 2배가

되면 운동 에너지가 2배가 되어 속력은 $\sqrt{2}$ 배이다. 즉, 일정한 거리를 이동하는 시간

은 $\frac{1}{\sqrt{2}}$ 배가 된다. (옳음)

23   정답 ⑤

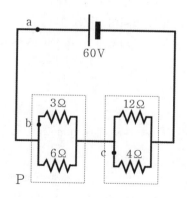

3Ω 저항과 6Ω 저항이 병렬로 연결된 P 부분의 합성저항은 2Ω이고, 12Ω 저항과 4Ω
저항이 병렬로 연결된 Q 부분의 합성저항은 3Ω이다. 따라서 회로의 총 등가저항은 5Ω이
다.

옴의 법칙에 의해 a점에서의 전류는 $\dfrac{60\text{V}}{5\Omega}=12\text{A}$이고, 회로 P와 Q에 흐르는 전류도 역시 12A이다. 병렬 회로에서 전류는 저항에 반비례하므로 3Ω 저항이 연결된 b점에는 8A의 전류가 흐르고, 4Ω 저항이 연결된 c점에서는 9A의 전류가 흐른다.

따라서 a, b, c에 흐르는 전류의 합은 29A이다.

24 정답 ③

도체구 내부에 있는 빈공간 중심에 있는 전하에 의해 빈공간의 표면 주위로 −Q의 전하가 유도되고, 도체구 외부에 +2Q의 전하가 유도된다.

ㄱ. 도체구 내부의 빈공간의 중심에 있는 전하는 다른 빈공간에 있는 전하에 의한 전기력을 받는다. 그런데 빈공간표면에 유도된 전하에 의한 전기력과 상쇄되어 결국 전하에 작용하는 알짜힘은 0이다. (옳음)

ㄴ. 도체구 외부에 유도된 +2Q의 전하는 자유롭게 이동할 수 있기 때문에 서로 간의 거리를 최대로 하여 균일하게 분포한다. (옳음)

ㄷ. P점에서는 빈공간 중심에 있는 전하에 의한 전기장이 존재한다. (옳지 않음)

25 정답 ③

균일한 자기장 $\vec{B}$ 안에서 속도 $\vec{v}$로 운동하는 전하(전하량 q)는 $q\vec{v}\times\vec{B}$의 자기력을 받는다.

ㄱ. 속도의 z축 성분은 자기장과 평행하므로 자기력을 받지 않는다. 그러므로 속도의 z축 성분은 일정하다. (옳음)

ㄴ. 자기력은 자기장과 수직인 속도에 비례하므로, $v\cos\theta$에 비례한다. $\theta=0°$이면, $v\cos\theta$이 최대가 되므로 자기력이 가장 크다. (옳음)

ㄷ. $\theta=90°$이면, 전하의 운동방향과 자기장이 나란하여 자기력을 받지 않는다. 따라서 원운동하지 않고 등속운동한다. (옳지 않음)

26 정답 ③

ㄱ. 첫 번째 층과 두 번째 층에서 반사된 빛은 모두 고정단 반사이므로 위상이 180°씩 변한다. (옳음)

ㄴ. 반사광이 없다는 것은 상쇄 간섭을 하였기 때문이다. 따라서 첫번째 계면에서 반사된 빛과 두 번째 계면에서 반사된 빛의 경로차가 반파장의 홀수배이어야 한다. 즉, $2t=(2m+1)\dfrac{\lambda'}{2}$이다. 여기서 λ'은 두 번째 매질 속에서의 파장이므로 $\lambda'=\lambda/n$이

다. 따라서 $t = \left(m + \dfrac{1}{2}\right)\dfrac{\lambda}{2n_2}$이고, 가장 얇은 두께는 $m = 0$때에 해당되는 $t = 100$ nm이다. (옳음)

ㄷ. 두 번째 층의 두께가 2배가 되면 경로차가 반파장의 짝수배가 되어 보강간섭이 된다. 반사가 강하게 일어나는 조건이 된다. (옳지 않음)

27 (정답) ③

거울에 의한 물체와 상의 관계는 $\dfrac{1}{a} + \dfrac{1}{b} = \dfrac{1}{f}$로 주어진다. 여기서 a는 물체~거울의 거리, b는 상~거울의 거리, f는 초점거리($= \dfrac{R}{2}$)이며, 볼록거울은 $f < 0$이고, 오목거울은 $f > 0$이다.

ㄱ. 앞쪽면은 볼록거울이므로 항상 바로 선 모양의 상이 생긴다. 뒷쪽면은 오목거울인데, 물체의 위치가 초점보다 멀리 있기 때문에 뒤집어진 모양의 상이 생긴다. (옳음)

ㄴ. 거울에 의한 물체와 상의 관계식에, $a = R$, $f = -\dfrac{R}{2}$을 대입하면, 상의 위치 $b = -\dfrac{R}{3}$이다. 상의 크기와 물체의 크기는 거울에서 상과 물체까지의 거리에 비례하기 때문에 상의 크기는 물체 크기의 $\dfrac{1}{3}$이다. (옳음)

ㄷ. 거울에 의한 물체와 상의 관계에 대한 식에서, $a = 3R$, $f = \dfrac{R}{2}$을 대입하면, 상의 위치 $b = \dfrac{3}{5}R$이다. 즉, 뒷쪽면에서 $\dfrac{3}{5}R$인 위치에 상이 생기며, 이 위치는 풍선의 중심으로부터 $\dfrac{2}{5}R$인 위치이다. (옳지 않음)

28 문제 오류로 삭제

29 (정답) ②, ⑤

이 현상은 뉴턴링으로 공기층 위쪽과 아래쪽에서 반사된 빛의 간섭에 의해 발생한다.

① 렌즈의 중앙 지점에서는 공기층의 두께가 0이므로 경로차가 0이지만, 아래면에서 고정단 반사에 의한 위상이 180° 바뀌기 때문에 상쇄간섭이 일어난다. (옳지 않음)

② A지점에서 4번째 어두운 무늬가 관찰되었기 때문에 경로차가 4λ이다. 경로차는 $2t$이기 때문에 $t = 2\lambda$이다. (옳음)

③ $R^2 = x^2 + (R - t)^2$이므로, $x^2 = 2Rt - t^2$이다. $R \gg t$이므로, $x^2 \approx 2Rt$이다. 따라서 $x = \sqrt{2Rt}$이다. (옳지 않음)

④ 공기층의 두께(즉, 경로차)는 중앙에서 바깥쪽으로 갈수록 점점 더 커지기 때문에 바깥

쪽으로 갈수록 간섭무늬 간격이 더 좁아진다. (옳지 않음)

⑤ 공기층에 물을 넣으면 경로차가 더 길어지기 때문에 간섭무늬의 간격이 더 좋아져 더 많은 간섭무늬를 관찰할 수 있다. (옳음)

30 **정답** ④

전지와 전구 1개를 연결한 회로를 내부 저항을 고려하면 다음과 같이 나타낼 수 있다.

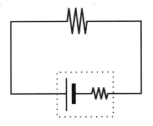

이때 전지의 기전력을 V, 내부저항을 r, 백열전구의 저항을 R이라고 하면, 회로에 흐르는 전류는 $I_0 = \dfrac{V}{(R+r)}$ 이다. 따라서 전구의 밝기는 $P_0 = k\dfrac{RV^2}{(R+r)^2}$ (k: 비례상수)이다.

전지 1개를 직렬로 추가 연결한 회로를 내부 저항을 고려하여 나타내면 다음과 같다.

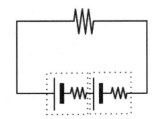

회로에 흐르는 전류는 $I_1 = \dfrac{2V}{(R+2r)}$ 이다. 따라서 전구의 밝기는 $P_1 = k\dfrac{4RV^2}{(R+2r)^2}$ 이다.

따라서 $P_1 = k\dfrac{4RV^2}{(R+2r)^2} < k\dfrac{4RV^2}{(R+r)^2} = 4P_0$이다.

전지 1개를 병렬로 추가 연결한 회로를 내부 저항을 고려하여 나타내면 다음과 같다.

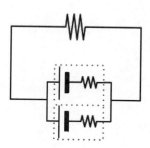

회로에 흐르는 전류는 $I_2 = \dfrac{V}{(R+r/2)}$ 이고, 전구의 밝기는 $P_2 = k\dfrac{RV^2}{(R+r/2)^2}$ 이다.

따라서 $P_2 = k\dfrac{RV^2}{(R+r/2)^2} > k\dfrac{RV^2}{(R+r)^2} = P_0$ 이다.

2019년
정답 및 풀이

번호	정답	전체 정답률	상위 30% 정답률	번호	정답	전체 정답률	상위 30% 정답률
1	⑤	74.8	96.8	16	②	73.2	94.1
2	④	87.5	98.9	17	⑤	23.3	37.7
3	②	52.2	93.2	18	①	13.0	28.3
4	⑤	35.9	68.2	19	③	50.6	88.8
5	⑤	68.1	95.7	20	③	41.5	76.7
6	④	26.2	57.8	21	②	39.8	87.2
7	③ 또는 ④	87.7	98.5	22	⑤	14.8	34.2
8	②	43.0	79.2	23	①	7.8	11.0
9	③	71.7	98.1	24	⑤	17.3	29.5
10	③	70.8	98.7	25	④	50.1	86.6
11	②	78.6	98.0	26	③	24.2	50.9
12	②	55.7	85.6	27	②	13.2	15.9
13	④	18.1	41.0	28	①, ⑤	35.5	69.6
14	①	66.9	97.8	29	①	57.5	87.1
15	①	57.4	93.4	30	①	21.7	52.5

01 정답 ⑤

ㄱ. 온도가 다른 두 물체를 접촉시키면 열은 온도가 높은 쪽에서 낮은 쪽으로 이동한다. 따라서 0~60초 동안 열은 A에서 B로 이동한다. (○)

ㄴ. A가 잃은 열과 B가 얻은 열은 그 크기가 같다. 이때 그 값을 Q라고 하자. A의 열용량은 $C_A = \dfrac{Q}{90-30} = \dfrac{Q}{60}$ 이고, B의 열용량은 $C_B = \dfrac{Q}{30-0} = \dfrac{Q}{30}$ 이다. 따라서 $C_B = 2C_A$ 이다. (○)

ㄷ. A의 비열은 $c_A = \dfrac{C_A}{m_A}$ 이고 B의 비열은 $c_B = \dfrac{C_B}{m_B}$ 이다. ㄴ의 결과 $C_B = 2C_A$ 를 이용하면, $c_B m_B = 2c_A m_A$ 이고 문제에서 $m_A = 2m_B$ 라 하였으므로 $c_B m_B = 2c_A(2m_B)$, 따라서 $c_B = 4c_A$ 이다. (○)

답은 ⑤ ㄱ, ㄴ, ㄷ이다.

02 정답 ④

작용 반작용 법칙에 의해 두 학생 A, B에 작용하는 힘의 크기는 같다.

ㄱ. 두 학생 A, B에 작용하는 힘의 크기는 같은데 가속도 크기의 비가 3 : 2 이므로 질량의 비는 2 : 3이다. (×)

ㄴ. 작용 반작용 법칙에 의해 두 학생 A, B에 작용하는 힘의 크기는 같다. (○)

ㄷ. A와 B의 질량비는 2 : 3, 속력 비는 3 : 2 이고, 운동 에너지의 비는 질량×속도2으로 구할 수 있으므로 운동 에너지 비는 3 : 2이다. (○)

03 정답 ②

세 위성 사이의 거리가 같으므로 위성들 사이의 각이 60°임을 이용한다.

한 개의 위성에 작용하는 힘은 (행성과의 중력 + 반대편 두 위성과의 중력)으로 나타낼 수 있으며, 반대편 두 위성과의 중력의 합은 행성에 의한 중력의 방향과 나란하다.

여기서 한 개의 위성에 작용한 합력이 항상 원운동의 중심 방향(행성 방향)이기 때문에, 구심력의 역할을 하게 된다. 이를 식으로 표현하면

$$m\frac{v^2}{r} = \frac{GmM}{r^2} + 2\frac{Gm^2}{(\sqrt{3}\,r)^2}\cos 30°$$

가 된다. 그러므로

$$v^2 = \frac{G}{r}\left(M + m/\sqrt{3}\,\right)$$

이고, 주기는

$$T = 2\pi \sqrt{\frac{r^3}{G(M + m/\sqrt{3})}}$$

이다.

04 정답 ⑤

ㄱ. 공통 질량 중심이 O이므로

$$r \times m_A = 3r \times m_B$$

$$\therefore m_B = \frac{1}{3}m_A = \frac{1}{3}m$$

ㄴ. 두 별의 공통 질량 중심이 변하지 않으므로 A와 B의 공전주기는 동일하다. 같은 공전 주기 동안 반지름이 큰 공전궤도를 도는 B의 속력이 더 빠르다.

ㄷ. 쌍성의 공전주기를 T, 두 별 사이의 거리를 a라 하자(a=4r).

$$\frac{Gm_A m_B}{a^2} = m_A \cdot \frac{1}{4}a \cdot \left(\frac{2\pi}{T}\right)^2 \quad \therefore m_B = \frac{1}{4}\left(\frac{4\pi^2 a^3}{GT^2}\right)$$

$$\text{또는} \quad \frac{Gm_A m_B}{a^2} = m_B \cdot \frac{3}{4}a \cdot \left(\frac{2\pi}{T}\right)^2 \quad \therefore m_A = \frac{3}{4}\left(\frac{4\pi^2 a^3}{GT^2}\right)$$

따라서, $T^2 = \frac{3\pi^2 a^3}{Gm_A} = \frac{3\pi^2 (4r)^3}{Gm}$, $T = \sqrt{\frac{192\pi^2 r^3}{Gm}}$ 이다.

05 정답 ⑤

용수철의 압축 길이를 x_0, 용수철 상수를 k, 원호의 반경을 R, 최고점에서의 속력을 v, 물체의 질량을 m, 중력가속도를 g, 포물선 운동을 하여 땅에 떨어질 때까지 걸린 시간을 t라 하자.

에너지 보존 법칙에 의해 용수철에 저장된 위치 에너지는 최고점에서의 역학적 에너지와 같다. 따라서 $\frac{1}{2}kx_0^2 = \frac{1}{2}mv^2 + mg(2R)$이다. 여기서 최고점에서의 속력을 구하면

$$v = \sqrt{\frac{2\left(\frac{1}{2}kx_0^2 - mg(2R)\right)}{m}} = 4\sqrt{2} \ (\text{m})$$

이다. 최고점에서 물체가 포물선 운동을 하여 점 B까지 도달하는 데 걸리는 시간은 물체가 최고점에서 A점까지 자유낙하할 때 걸리는 시간과 같다. 즉

$$2R = \frac{1}{2}gt^2 \text{에서 } t = \sqrt{\frac{4R}{g}} = \frac{\sqrt{2}}{5} \text{ (s)}$$

이다. 따라서 수평이동거리는 $d = vt = \frac{8}{5} = 1.6\,(\text{m})$이 된다.

06 정답 ④

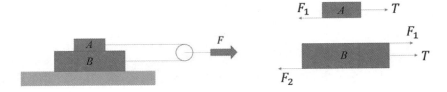

A에 대한 운동방정식은 $T - F_1 = m_A a_1$에서 $a_1 = \frac{T - F_1}{m_A} = \frac{F/2 - \mu m_A g}{m_A} = \frac{48 - 1 \times 1 \times 10}{1} = 38 \text{ m/s}^2$이다. 또한 B에 대한 운동방정식은 $T + F_1 - F_2 = m_B a_2$에서

$$a_2 = \frac{T + F_1 - F_2}{m_B} = \frac{F/2 + \mu m_1 g - \mu(m_A + m_B)g}{m_B} = \frac{48 + 10 - 50}{4} = 2 \text{ m/s}^2$$

이다. 도르래의 움직임은 두 물체의 평균 운동에 따른다. 따라서 도르래의 가속도는 두 물체의 가속도의 평균이다.

즉 $a = \frac{a_1 + a_2}{2} = \frac{38 + 2}{2} = 20 \text{ m/s}^2$이다.

07 정답 ③

출발점에서 8번째 계단 끝까지 수평 방향의 거리는 $x = vt = 8b$이고, 수직 방향의 거리는 $y = \frac{1}{2}gt^2 = 8a$이다. 8번째 계단 끝을 겨우 벗어났다는 조건에서 8번째 계단 끝에 공이 와야 한다. 공이 출발할 때 속도의 수직성분 크기는 0 이고 수평 방향 성분만 존재한다. 따라서 공의 초속도는 $v = \frac{8b}{t} = \frac{8b}{\sqrt{\frac{16a}{g}}} = \frac{8 \times 2}{\sqrt{\frac{16 \times 1}{10}}} = 4\sqrt{10}$ 이다. 공이 9번째 계

단에 닿을 때까지 걸린 시간은 $y_9 = \dfrac{1}{2}gt_9^2 = 9a$에서 $t_9 = \sqrt{\dfrac{18a}{g}} = \sqrt{\dfrac{18}{10}}$ 이다.

따라서 8번째 계단 끝에서 공이 닿는 곳까지의 거리는

$$a = vt_9 - 8b = 4\sqrt{10} \times \sqrt{\dfrac{18}{10}} - 8 \times 2 = 12\sqrt{2} - 16 = 12 \times 1.4 - 16 = 0.8 \text{ m}$$

이다.

08 **정답** ②

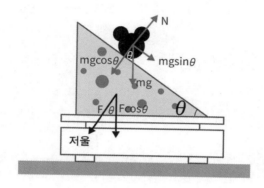

쥐가 경사면을 따라 미끄러지므로 쥐에 작용하는 알짜힘의 방향은 빗면 아래 방향이다.
따라서, 쥐에 작용하는 힘을 빗면에 수직한 방향과 나란한 방향으로 분해하면,

* 쥐에 작용하는 힘
  빗면에 수직한 방향: $N = mg\cos\theta$
  빗면에 나란한 방향: $mg\sin\theta$
* 치즈에 작용하는 힘
  작용–반작용 법칙에 의해 치즈도 쥐로부터 힘 F를 받는다.
  경사면에 수직한 방향: $F = mg\cos\theta$ 이다.
  지면에 수직한 방향: $F\cos\theta = mg\cos^2\theta$

즉, 쥐가 치즈를 저울의 수직 방향으로 누르는 힘은 $mg\cos^2\theta$가 된다.
따라서 저울에 측정되는 무게는 치즈의 무게 + 쥐가 가하는 힘이므로

$$W = 4mg + mg\cos^2\theta = (4 + \cos^2)mg$$

이 된다.

09 <정답> ③

물체의 질량을 m, 실의 길이를 l, 장력을 T라 하자. 각속도 w로 원운동하는 물체가 받는 구심력의 크기는 $m(lsin\theta)\omega^2$이므로, 물체에 대한 힘의 평형을 적용하면 다음과 같다.

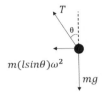

$$T\cos\theta = mg, \qquad T\sin\theta = m(l\sin\theta)w^2$$

따라서

$$\cos\theta = 10\,\text{N}/25\,\text{N} = 2/5, \ \sin\theta = \sqrt{1-\cos\theta^2} = \sqrt{21}\,\text{N}$$

이다.

한편 w는 다음과 같다.

$$w = \sqrt{\frac{25\,\text{N}}{1\,\text{kg} \times 1\,\text{m}}} = 5\,\text{rad/s}$$

그러므로 속력 v는

$$v = lw\sin\theta = 1\,\text{m} \times 5\,\text{rad/s} \times \frac{\sqrt{21}}{5} = \sqrt{21}\ \text{m/s}$$

10 <정답> ③

물체에 작용하는 중력과 부력의 크기가 같을 때 물체가 물에 떠서 정지해 있게 되는 성질을 이용한다.

원통형 물체의 윗면의 반지름을 R, 물체와 물의 밀도를 각각 $\rho_{(물체)}$, $\rho_{(물)}$이라 할 때, 물체에 작용하는 중력의 크기는

$$F_g = mg = \rho_{(물체)} V_{(물체)} g = 0.5 \times \pi R^2 \times (a+b) \times g = \pi R^2 \frac{(a+b)}{2} g$$

물체에 작용하는 부력의 크기는

$$F_b = \rho_{(물)} V_{(물체가 밀어낸 물의 부피)} g = 1.0 \times \pi R^2 \times b \times g = \pi R^2 b\, g$$

두 힘의 크기를 같게 놓으면

$$\frac{a+b}{2} = b, \ a+b = 2b, \ a = b. \ \text{따라서} \ \frac{a}{b} = 1.0 \text{이다.}$$

11 **정답** ②

물체가 속력 v로 모래에 닿았을 때부터 정지할 때까지 운동 에너지의 변화는 그 물체에 작용하는 합력이 한 일과 같다. 즉, $W = \Delta K$이다.

여기서 합력이 한 일과 운동 에너지의 변화를 보면,

$$(mg - f)h = 0 - \frac{1}{2}mv^2$$

이다. 이때 모래에 닿았을 때의 운동 에너지는 처음 높이에서 모래까지의 위치 에너지 mgH와 같다.

따라서

$$(mg - f)h = -\frac{1}{2}mv^2 = -mgH$$

이고, 저항력은

$$f = mg + mg\frac{H}{h} = mg\left(\frac{h + H}{h}\right)$$

이다.

12 **정답** ②

근일점과 원일점에서의 속력을 각각 $v_{근일점}$, $v_{원일점}$라고 할 때, 두 지점에서의 각운동량 $L_{근일점}$, $L_{원일점}$은 다음과 같다.

$$L_{근일점} = mv_{근일점}(1 - 0.6)a = 0.4\,mv_{근일점}a$$
$$L_{원일점} = mv_{원일점}(1 + 0.6)a = 1.6\,mv_{원일점}a$$

각운동량 보존($L_{근일점} = L_{원일점}$)에 의해 $v_{근일점} = 4v_{원일점}$이다.

근일점에서의 운동 에너지를 $K_{근일점}$라 할 때, 근일점과 원일점에서의 운동 에너지 비는

$$\frac{K_{근일점}}{K} = \frac{\frac{1}{2}mv^2_{근일점}}{\frac{1}{2}mv^2_{원일점}} = 16 \text{ 이고, } K_{근일점} = 16K \text{ 이다.}$$

근일점과 원일점에서의 중력 퍼텐셜 에너지를 각각 $P_{근일점}$, $P_{원일점}$라 할 때, 역학적 에너지 보존에 따라

$$K_{\text{근일점}} + P_{\text{근일점}} = K_{\text{원일점}} + P_{\text{원일점}},$$

$$P_{\text{원일점}} - P_{\text{근일점}} = K_{\text{근일점}} - K_{\text{원일점}} = 16K - K = 15K$$

이다.

13 정답 ④

ㄱ. 중력과 구심력을 같게 놓으면 $\dfrac{GMm}{r^2} = m\dfrac{v^2}{r}$ $\therefore v = \sqrt{\dfrac{GM}{r}}$ 그러므로 $v_E =$

$\sqrt{\dfrac{GM}{R}}$, $v_M = \sqrt{\dfrac{GM}{1.5R}}$ 이고, 따라서 $v_E > v_M$

ㄴ. 역학적 에너지 $= \dfrac{1}{2}mv^2 + (-\dfrac{GMm}{r}) = -\dfrac{GMm}{2r}$

$(\because \dfrac{GMm}{r^2} = m\dfrac{v^2}{r} \Rightarrow \dfrac{1}{2}mv^2 = \dfrac{GMm}{2r})$

따라서 태양과의 거리가 멀수록, 그리고 행성의 질량이 작을수록 역학적 에너지는 크다(행성의 역학적 에너지는 음수임에 주의할 것).

ㄷ. 호만 전이궤도의 긴 반지름은 $\dfrac{5}{4}R$이다.

호만 전이궤도 A지점에서의 속력을 v_A, 우주 비행체의 질량을 m'이라고 하면 (운동 에너지=역학적 에너지−중력 퍼텐셜 에너지)이므로

$$\frac{1}{2}m'v_A^2 = -\frac{GMm'}{2(\frac{5}{4}R)} - (-\frac{GMm'}{R}) = \frac{3GMm'}{5R} \quad \therefore v_A = \sqrt{\frac{6GM}{5R}}$$

앞서 구한 $v_E = \sqrt{\dfrac{GM}{R}}$ 과 비교하면 $\sqrt{\dfrac{6}{5}}$ 배이다.

14 정답 ①

풍선의 부력 = 빈 풍선의 질량에 의한 중력+풍선 속 헬륨의 질량에 의한 중력

이므로 $F_{부력} = F_{빈 풍선} + F_{헬륨}$ 로부터

$V\rho_{air}g = m_{빈 풍선}g + V\rho_{He}g$ 이다(여기서, ρ_{air}, ρ_{He}는 각각 공기와 헬륨의 밀도이고, V는 풍선의 부피를 나타낸다).

따라서 풍선의 부피 V는

$$V = \frac{m_{빈 풍선}}{\rho_{air} - \rho_{He}} = \frac{2.8 \times 10^{-3}}{1.3 - 0.2} \approx 2.55 \times 10^{-3} \ \text{m}^3$$

이다.

가장 가까운 부피는 $V = 2.5 \times 10^{-3} \ \text{m}^3$ 이다.

15 정답 ①

일반적으로 전도에 의해 이동하는 열량 Q는 다음과 같다.

$$Q = kA \frac{T_H - T_L}{\ell} t$$

(k: 열 전도도, A: 단면적, ℓ: 길이, $T_H - T_L$: 온도차(단위 K), t: 시간)

따라서 금속 막대 A, B, C 를 단위시간당 이동하는 열량은 다음과 같다.

$$\frac{Q}{t} = kA \frac{373 - t_1}{L} = 4kA \frac{t_1 - t_2}{2L} = 9kA \frac{t_2 - 285}{3L}$$

즉, $373 - t_1 = 2(t_1 - t_2) = 3(t_2 - 285)$ 이 성립한다.

위 식들을 연립하여 풀면 $t_1 = 325 \text{ K} = 52\,℃$, $t_2 = 301 \text{ K} = 28\,℃$ 가 된다.

16 정답 ②

압력(P)–부피(V) 그래프로 변환시키면 왼쪽 그림과 같다 (A 점에서의 부피를 V_0라고 가정함, 아래 ㄷ의 풀이과정 참고)

ㄱ. $A \to B$ 과정에서는 온도가 일정하므로 내부 에너지는 변하지 않는다.

ㄴ. $B \to C$ 과정에서는 부피가 팽창하므로 외부에 일을 한다.

ㄷ. 이상기체 상태 방정식을 이용하여 부피를 구한다.

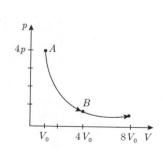

$$PV = nRT$$

$$\therefore V = \frac{nRT}{P}$$

$$V_A : V_B : V_C = \frac{T}{4P} : \frac{T}{P} : \frac{2T}{P} = 1 : 4 : 8$$

17 (정답) ⑤

ㄱ. 학생 갑의 주장에 따라 X의 효율이 카르노 기관의 효율보다 높다고 하면 $\frac{|W|}{|Q_H'|} > \frac{|W|}{|Q_H|}$가 성립한다. 따라서 학생 갑의 주장에 따르면 $|Q_H| > |Q_H'|$이다.

ㄴ. 사고 실험에서 X가 카르노 기관에 해준 일과 카르노 기관이 받은 일은 같으므로 열역학 제 1법칙에 의해 $|Q_H'| - |Q_L'| = |Q_H| - |Q_L|$이 성립한다.

ㄷ. 위에서 $|Q_H| - |Q_H'| = |Q_L| - |Q_L'| \equiv Q$와 $|Q_H| > |Q_H'|$가 성립하는 것을 보였다. 따라서 $Q > 0$가 되고, 열이 저온의 열원 L에서 고온의 열원 H로 이동하므로, 열역학 제2법칙을 위배한다.

따라서 정답은 ⑤ ㄴ, ㄷ이다.

18 (정답) ①

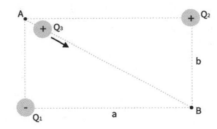

그림과 같은 표기를 사용하면, 전기력이 한 일 W는

$$W = E_{PB} - E_{PA} = Q_3 (V_A - V_B) \qquad (1)$$

$$V_A = V_{1A} + V_{2A} , \qquad V_B = V_{1B} + V_{2B}$$

$$V_{1A} = k \frac{Q_1}{b} , V_{1B} = k \frac{Q_1}{a} \qquad (2)$$

$$V_{2A} = k \frac{Q_2}{a} , V_{2B} = k \frac{Q_2}{b} \qquad (3)$$

2016
2017
2018
2019
2020
2021
2022

이다. 여기서 식 (1)에 식 (2), (3)을 대입하면

$$W = Q_3 [k(\frac{Q_1}{b} + \frac{Q_2}{a}) - k(\frac{Q_1}{a} + \frac{Q_2}{b})]$$

이다. 이 식을 정리하면

$$W = kQ_3 (\frac{Q_2 - Q_1}{a} - \frac{Q_2 - Q_1}{b})$$
$$= kQ_3 (Q_2 - Q_1)(\frac{1}{a} - \frac{1}{b})$$

이다. 이 식에 문제에서 주어진 값들과 상수를 즉, $k = 9 \times 10^9 \, \text{N} \cdot \text{m}^2/\text{C}^2$, $Q_1 = -6 \, \mu\text{C}$, $Q_2 = +3 \, \mu\text{C}$, $Q_3 = +3 \, \mu\text{C}$, $a = 9 \times 10^{-2} \, \text{m}$, $b = 3 \times 10^{-2} \, \text{m}$를 대입하면,

$$W = (9 \times 10^9)(3 \times 10^{-6})(3 \times 10^{-6} - (-6 \times 10^{-6}))$$
$$\times (\frac{1}{9 \times 10^{-2}} - \frac{1}{3 \times 10^{-2}})$$
$$= -5.4$$

이다. 따라서 $W = -5.4$J이다.

19 정답 ③

ㄱ. 원점에서 y축을 지나는 두 도선에 의한 자기장은 서로 상쇄된다. 그러므로 x축을 지나는 도선에 의한 자기장만 고려하면 된다. 그러면, 원점에서의 총 자기장의 방향은 $-y$방향이다.

ㄴ. y축을 지나는 두 도선에 의한 자기장의 크기는 각각 $\frac{\mu_0}{2\pi} \frac{I}{\sqrt{2}d}$이고, 방향은 아래 왼쪽 그림과 같다. 또한, x축을 지나는 도선에 의한 자기장의 크기는 $\frac{\mu_0}{2\pi} \frac{I}{d}$이고 방향은 $-y$방향인데, 다른 두 도선에 의한 자기장의 합과 정확히 상쇄된다. 그러므로 자기장의 총 합은 0이다.

ㄷ. y축을 지나는 두 도선에 의해 전류 $2I$가 흐르는 도선이 받는 자기력의 크기는 F로 같고 방향은 아래 오른쪽 그림과 같다. 따라서 자기력의 합력은 0이 아니다.

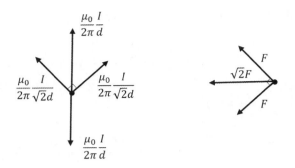

20 정답 ③

입자의 초기 속도의 x, y 방향 성분은 모두 v이다.

이 입자는 자기장 속에서 힘을 받아 zx평면상에서 원운동을 하며, y방향으로는 등속운동을 한다.

zx 평면상의 원운동에서 힘의 평형(구심력 = 전자기력)을 이용하면, $\dfrac{mv^2}{r} = qvB$와 같고, 원 궤도의 반지름(r)은 $r = \dfrac{mv}{qB}$이다. 따라서, 주기(T)는 $T = \dfrac{2\pi r}{v} = \dfrac{2\pi m}{qB}$이다

입자는 y축 방향으로 등속운동하기 때문에 입자가 원점 O에서 출발하여 y축과 처음으로 다시 만날 때까지의 거리는

$$v \times T = \frac{2\pi mv}{qB}$$

이다.

(위 식의 유도 과정에서 전하량 q는 양수로 가정함. 일반적으로 $|q|$로 표현 가능함)

21 정답 ②

고리 아래 끝부분이 자기장 영역의 경계면을 지나면서부터 자속의 변화가 생긴다.

이때부터 정사각형 도선이 등속운동하기 때문에, 이 속력을 v라고 하면, 유도되는 기전력의 크기는 $\varepsilon = B\ell v$이고, 고리에 흐르는 전류는 옴의 법칙에 의해 $I = \dfrac{\varepsilon}{R} = \dfrac{B\ell v}{R}$이다.

이 전류가 흐르는 도선이 등속운동을 하기 위해서는 중력과 도선에 작용하는 힘이 같아야 하므로 $BIl = mg$를 만족해야 한다. 속력 v_0는 다음과 같다.

$$v = \frac{RI}{Bl} = \frac{R}{Bl} \times \frac{mg}{Bl} = \frac{Rmg}{B^2 l^2}$$

고리 아래 끝부분이 영역의 경계면영역에 도달하기 전에는 중력에 의한 등가속도 운동을

하므로 속력 $v = \sqrt{2gx}$ 를 만족해야 한다. 따라서 x는 다음과 같다.

$$x = \frac{v^2}{2g} = \frac{1}{2g} \times \left(\frac{Rmg}{B^2 l^2} \right)^2 = \frac{R^2 m^2 g}{2B^4 l^4}$$

따라서 정답은 ②이다.

(보충 설명) ㄷ자형 도선에서 유도되는 기전력의 크기 $\varepsilon = Blv$

$$\varepsilon = -N\frac{\triangle\phi}{\triangle t} \text{ (패러데이의 법칙)}$$

여기서 코일 감은 횟수 $N = 1$이고,

$$\varepsilon = -1 \times \frac{\triangle\phi}{\triangle t} = -\frac{\triangle(BS)}{\triangle t} = -\frac{B \times \triangle S}{\triangle t} = -\frac{Blv\triangle t}{\triangle t} = -Blv$$

$$\therefore \varepsilon = -Blv$$

그러므로 기전력의 크기는 $\varepsilon = Blv$이다.

22 정답 ⑤

(가)에서 두 축전기는 직렬로 연결되어 있으므로 두 축전기에 저장된 전하량 Q로 같다.

축전기의 직렬 연결에서, 합성 전기용량은 $C_{합성} = \frac{C_1 C_2}{C_1 + C_2}$ 이다.

(가)에서 A, B에 저장된 전기 퍼텐셜 에너지의 합은

$$\frac{Q^2}{2C_{합성}} = \frac{Q^2}{2\left(\dfrac{C_1 C_2}{C_1 + C_2}\right)} = \frac{Q^2(C_1 + C_2)}{2C_1 C_2}$$

(가)의 회로에 전지를 제거하고 그림 (나)와 같이 전선을 연결하면 전하의 흐름에 의해 두 축전기 양단에 걸리는 전압은 같아진다. 각 축전기 C_1, C_2에 저장되는 전하량을 $Q_1{}'$, $Q_2{}'$라 하자.

회로의 전하량은 보존되므로, $Q_1{}' + Q_2{}' = 2Q$가 성립하고, $Q = CV$식을 만족하므로, 전기용량이 클수록 축전기에 쌓여 있는 전하량도 비례하여 크다. 그러므로

$$Q_1{}' = \frac{C_1}{C_1 + C_2}2Q, \quad Q_2{}' = \frac{C_2}{C_1 + C_2}2Q$$

가 된다. 한편 A, B에 저장된 각각 전기 퍼텐셜 에너지는

$$\frac{1}{2C_1}\left(\frac{C_1}{C_1+C_2}2Q\right)^2, \quad \frac{1}{2C_2}\left(\frac{C_2}{C_1+C_2}2Q\right)^2 이고,$$

(나)에서 A, B에 저장된 전기 퍼텐셜 에너지의 합은 $\dfrac{1}{2}\dfrac{4Q^2}{C_1+C_2}$ 이다.

조건에서 (가)와 (나) 축전기에 저장된 전기 퍼텐셜 에너지의 합은 각각 $2U$, U이므로,

$$\frac{Q^2(C_1+C_2)}{2C_1C_2}=2\times\frac{1}{2}\frac{4Q^2}{C_1+C_2}$$

가 성립하고, 정리하면

$$(C_1+C_2)^2=8C_1C_2 \rightarrow C_1^2-6C_1C_2+C_2^2=0$$

$\dfrac{C_1}{C_2}=k$ 라고 하면, $k^2-6k+1=0$이 성립한다.

이차 방정식을 풀면 $k=3\pm2\sqrt{2}$ 이다. 주어진 조건에서 $C_1>C_2$이므로 $\dfrac{C_1}{C_2}=3+2\sqrt{2}$ 이다.

따라서 정답은 ⑤ $3+2\sqrt{2}$ 이다.

23   정답 ①

ㄱ. 물고기가 곡면의 중심에 있기 때문에 어느 지점에서 보더라도 중심에 있는 것처럼 보인다. 따라서 물고기의 상의 위치는 구의 중심이다. (×)

ㄴ. A점 빛의 굴절에 대해 스넬의 법칙을 적용하면,

$$n\sin\theta=\sin\theta' \rightarrow n\theta=\theta'$$
$$h':h=R\tan\theta':R\tan\theta\approx\theta':\theta \quad (\because \theta가 매우 작을 때 \theta\approx\sin\theta\approx\tan\theta)$$

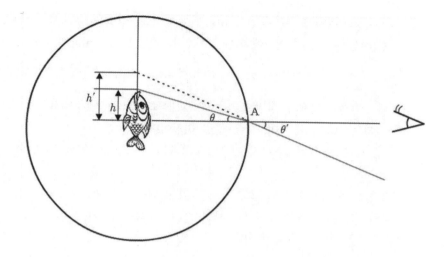

따라서 $h' = \dfrac{\theta'}{\theta} h \approx nh$ (○)

ㄷ. 다음 그림에서 보는 것과 같이 물고기상은 눈에 들어오는 굴절 광선 경로를 연장한 점선들이 모여 만들어진 확대된 정립 허상이다. 따라서 물고기는 똑바로 보인다. (×)

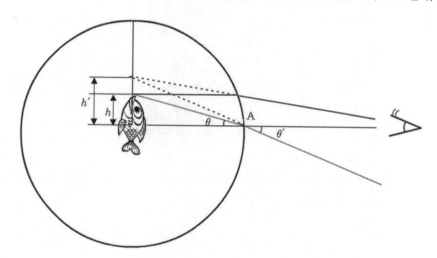

따라서 답은 ① ㄴ이다.

24 정답 ⑤

렌즈들에 의해 형성된 물체의, 상의 위치와 크기를 알기 위해서 가우시안 이미징 공식 $\dfrac{1}{a} + \dfrac{1}{b} = \dfrac{1}{f}$ 과 횡배율 공식 $m = -\dfrac{b}{a}$ 을 사용한다. 먼저 $\dfrac{1}{100} + \dfrac{1}{b_1} = \dfrac{1}{50}$ 에 의해 $b_1 = 100\,\text{mm}$ 이고, $m_1 = -1$ 이다. 따라서 볼록 렌즈에 의해 형성된 물체의, 상의 위치

는 볼록 렌즈로부터 오른쪽에 100 mm 떨어져 있고, 상의 크기는 10 mm 며, 상의 종류는 도립 실상이다. 볼록 렌즈에 의한 상이 오목 렌즈에 대해 물체의 역할을 한다. 따라서 $\dfrac{1}{-80}+\dfrac{1}{b_2}=\dfrac{1}{-50}$ 에 의해 $b_2 \approx -133.33$ mm 이고, $m_2 \approx -1.67$ 이다. 따라서 렌즈들에 의해 형성된 물체의, 상의 위치는 볼록 렌즈로부터 왼쪽에 113.33 mm 떨어져 있고, 상의 크기는 16.7 mm 이며, 상은 정립 허상이다.

ㄱ. 최종 상은 볼록 렌즈로부터 왼쪽에 113.33 mm 떨어져 있으므로 보기 ㄱ의 진위는 참이다.

ㄴ. 최종 상은 정립 허상이므로, 보기 ㄴ의 진위는 참이다.

ㄷ. 상의 크기는 16.7 mm 이므로 보기 ㄷ의 진위는 참이다.

따라서 정답은 ⑤ ㄱ, ㄴ, ㄷ이다.

25 (정답) ④

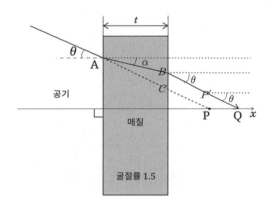

점 A에서 빛은 굴절이 일어난다. 입사각이 θ일 때, 굴절각을 α라 하면 스넬의 법칙에 의해 $1.0\sin\theta = 1.5\sin\alpha$이다. ……①

$$\overline{BC} = t(\tan\theta - \tan\alpha),$$
$$\overline{BC} = \overline{PP'}$$

(∵ 사각형 매질의 경계점 A, B에서 각각 스넬의 법칙을 만족하므로, 선분 $\overline{BQ}$와 선분 $\overline{AP}$는 서로 평행하다.)

$$\begin{aligned}
\overline{PQ} &= t(\tan\theta - \tan\alpha) \times \tan(90 - \theta) \\
&= t(\tan\theta - \tan\alpha) \times \frac{1}{\tan\theta} \\
&= t(1 - \frac{\tan\alpha}{\tan\theta}) = t(1 - \frac{\sin\alpha}{\sin\theta}) \ (\because \theta가 \ 작을 \ 때 \ \sin\theta \approx \tan\theta)
\end{aligned}$$

①에 의해

$$\overline{PQ} = t(1 - \frac{1.0}{1.5}) = \frac{t}{3}$$

따라서 정답은 ④이다.

26 정답 ③

ㄱ. 스크린에 직접 도달하는 빛과 거울에 반사되어 스크린에 도달하는 빛이 서로 간섭하여, 스크린에 밝고 어두운 간섭무늬가 형성된다. 빛이 거울에 반사될 때 빛의 위상이 180˚ 반전되어, 빛의 경로차가 반파장의 홀수배일 때, 스크린에 밝은 무늬가 형성된다. p에 밝은 무늬가 생겼으므로 p에 도달하는 빛의 경로차는 반파장의 홀수배이다. 따라서 보기 ㄱ의 진위는 참이다.

ㄴ. p에 도달하는 빛의 경로차를 P, p에 이웃한 밝은 무늬의 지점에 도달하는 빛의 경로차를 Q라고 하면, $\frac{|P-Q|}{2} = \frac{\lambda}{2}$ 이다. 따라서 이웃한 밝은 무늬의 사이의 거리는 $\frac{\sqrt{2}}{2}\lambda$이다. 따라서 보기 ㄴ의 진위는 참이다.

ㄷ. 스크린과 거울 사이에 물을 가득 채우면, 물에서 빛의 파장은 공기에서 빛의 파장보다 작아 이웃한 밝은 무늬 사이의 간격은 좁아진다. (∵ 물속에서 빛의 속도는 공기 속에서 빛의 속도보다 느리다.) 따라서 보기 ㄷ의 진위는 거짓이다.

따라서 정답은 ③ ㄱ, ㄴ이다.

27 정답 ②

빛의 파장을 λ, A와 B 사이의 공기층의 두께를 t라고 하면, $2t = \left(n + \frac{1}{2}\right)\lambda$일 때, B에 밝은 간섭무늬가 형성된다. (∵ 빛이 유리에서 반사될 때, 고정단 반사가 1회 일어나기 때문이다.) 여기서 n은 0보다 크거나 같은 정수이다.

밝고 어두운 간섭무늬의 형태에 상관없이, 간섭무늬에서 같은 선상의 모든 점은 같은 경로차를 가진다. A와 B가 평면일 경우, 여러 직선 형태의 간섭무늬가 형성되고, A나 B가 평면이 아닐 경우, 평면으로부터 벗어난 정도가 간섭무늬에 나타난다. 따라서 혹이 A에 있으면 같은 경로차를 가지는 간섭무늬는 나무토막이 있는 b쪽으로 휘어진다.

나무토막의 높이 $2.25\,\mu\text{m} = 2.25 \times 10^{-6}\,\text{m}$, 파장 $500\,\text{nm} = 500 \times 10^{-9}\,\text{m}$를 대입하면

$$2 \times 2.25 \times 10^{-6} \geq \left(n + \frac{1}{2}\right) \times 500 \times 10^{-9}$$

n의 최대 정수 값은 8이다. 따라서 B에는 8개의 밝은 무늬가 관측된다. 따라서 B에 형성되는 간섭무늬의 형태로 가장 적절한 것은 ②이다.

28 **정답** ①, ⑤

광전관에서는 문턱 진동수 f_0 이상의 빛을 비추어주었을 때 광전효과에 의해 광전류가 흐른다. 그때 멜로디소자에 전류가 흐르고, 스피커에서 소리가 난다.

① 스피커에 전류가 흐르므로 광전관의 금속판에서 전자가 방출되었다. (○)

② 스피커에서 발생하는 소리의 세기는 전류가 많이 흐를수록 크다. 빛 b가 빛 c보다 빛의 세기가 강하므로 광전류가 많이 흘러, 소리의 세기도 더 크다.(×)

③ 광전자의 최대 운동에너지는 $E = hf - W$ $(W = hf_0)$로 표현 된다. d가 c보다 진동수가 크므로 광전자의 최대 운동에너지도 크다.(×)

④ 빛a는 문턱 진동수 f_0보다 낮은 진동수이므로 전류가 흐르지 않아 음악소리가 나지 않는다.(×)

⑤ 광전관에서 나타나는 광전효과는 빛이 파동이 아니고, 알갱이의 흐름이라는 것을 보여주는 현상이다.(○)

따라서 정답은 ①, ⑤이다.

29 **정답** ①

그래프 (나)에서 전류 $30mA$가 흐를 때 걸리는 전압은 $0.8V$라는 것을 알 수 있다. 발광다이오드와 저항 R은 직렬 연결되어 있으므로 저항 R에 걸리는 부분 전압은 $2 - 0.8 = 1.2V$이다. 옴의 법칙에 의해

$$R = \frac{V}{I} = \frac{1.2}{0.03} = 40\,[\Omega]$$

따라서 정답은 ① 40Ω이다.

30 **정답** ①

전구에서 나온 가시광선 형태의 빛에너지는 $E = P\Delta t \times 0.2 = Nh\dfrac{c}{\lambda}$ 이다. 여기서 N은 광자의 총 개수이다. 빛이 모든 방향으로 일정하게 진행하므로, 스크린에 도달하는 광자의 개수 n는 $N : n = 4\pi R^2 : \pi r^2$에서 $n = \dfrac{Nr^2}{4R^2}$ 이다. 여기서 $N = P\Delta t \times 0.2 \times \times \dfrac{\lambda}{hc}$ 이므로 이것을 대입하면, $n = \dfrac{Nr^2}{4R^2} = \dfrac{r^2}{4R^2} \times P\Delta t \times 0.2 \times \dfrac{\lambda}{hc}$ 이다.

$$n = \frac{r^2}{4R^2} \times P\Delta t \times 0.2 \times \frac{\lambda}{hc} = \frac{0.2^2}{4 \times 10^2} \times 60 \times 56 \times 0.2 \times \frac{6 \times 10^{-7}}{7 \times 10^{-34} \times 3 \times 10^8}$$

$$= \frac{4 \times 60 \times 56 \times 6}{4 \times 7 \times 3} \times 0.2 \times \frac{10^{-2} \times 10^{-7}}{10^2 \times 10^{-34} \times 10^8} = 960 \times 0.2 \times 10^{15} = 1.92 \times 10^{17}$$

따라서 $n = 1.92 \times 10^{17}$ 개가 도달한다.

2020년
정답 및 풀이

01 **정답** ⑤

위쪽 줄의 장력과 아래쪽 줄의 장력을 각각 $2T$, T, 물체의 질량을 m이라고 하고 운동방정식을 세운다.

수평성분 : $2T\cos30° + T\cos30° = mL\cos30°\omega^2$

수직성분 : $2T\sin30° = T\sin30° + mg$

수직성분의 운동방정식으로부터 $T = 2mg$이고, 이를 수평성분의 운동방정식에 대입하면 $\omega = \sqrt{\dfrac{6g}{L}}$ 이다. 정답은 ⑤이다.

02 **정답** ③

ㄱ. A와 B사이는 용수철을 사이에 두고 작용반작용의 법칙이 성립하므로, 용수철이 A와 B에 작용하는 힘의 크기는 같다. 그러므로 참이다.

ㄴ. 마찰이 없으므로 에너지가 보존되며, 역학적 에너지 보존의 법칙에 의해 (가)에서 용수철의 탄성 위치 에너지는 (나)에서 A와 B의 운동 에너지의 합과 같다. 그러므로 참이다.

ㄷ. (가)에서 두 물체의 질량 중심을 0이라 할 때, (나)에서 질량 중심은 (가)와 같다. 따라서 A와 B의 질량을 각각 m_A, m_B라 할 때, (나)에서 두 물체의 질량 중심은 $0 = \dfrac{-m_A s_A + m_B s_B}{m_A + m_B}$ 을 만족하므로 $\dfrac{m_B}{m_A} = \dfrac{s_A}{s_B}$ 이다. 그러므로, 거짓이다. 정답은 ③이다.

03 **정답** ③

책상 면에서 위치 에너지를 0이라 할 때, 줄을 놓기 전 줄의 위치 에너지는 $PE_i = -\left(\dfrac{M}{2}\right)g\left(\dfrac{L}{4}\right) = -\dfrac{MgL}{8}$, 줄이 책상 바닥을 벗어난 순간 위치 에너지와 운동 에너지는 각각 $PE_f = -\dfrac{MgL}{2}$ 과 $KE_f = \dfrac{1}{2}Mv^2$이다. 따라서 역학적 에너지 보존 법칙 $PE_i = KE_f + PE_f$ 에 의해 줄이 책상 면으로부터 완전히 벗어나는 순간 줄의 속력 $v = \dfrac{\sqrt{3gL}}{2}$이다. 정답은 ③이다.

04 정답 ④

질량이 m이고, 용수철 상수가 k인 단진동하는 물체의 주기 $T_0 = 2\pi\sqrt{\dfrac{m}{k}}$ 이다. 역학적 에너지 보존 법칙으로부터 분리되는 순간의 속력 v는 $\dfrac{1}{2}mv^2 = \dfrac{1}{2}kA^2 - \dfrac{1}{2}k(\dfrac{A}{2})^2 = \dfrac{3}{8}kA^2$를 만족한다. 이를 풀면 P와 Q의 속력 $v = \sqrt{\dfrac{3k}{4m}}A$임을 알 수 있다. 분리되면 P는 용수철 상수 k, 질량 $\dfrac{m}{2}$인 단진동 운동을 한다. 이 단진동의 한 주기 T 동안 P는 원래 위치로 돌아와야 하므로 진폭의 4배를 이동하게 된다. 분리 후 P의 진폭 A'은, 역학적 에너지 보존 $\dfrac{1}{2}\dfrac{m}{2}v^2 + \dfrac{1}{2}k(\dfrac{A}{2})^2 = \dfrac{1}{2}k(A')^2$으로부터 $A' = \dfrac{\sqrt{10}}{4}A$이다. 따라서, P의 이동 거리는 진폭 A'의 4배인 $\sqrt{10}A$ 이다. 따라서 정답은 ④이다.

05 정답 ②

사람이 줄을 잡아당기는 힘의 크기를 T라고 하면, 사람과 판자로 이루어진 물리계에 연직 위 방향으로 $2T$의 힘이, 연직 아래 방향으로 $\dfrac{5}{4}mg$의 힘이 작용한다. 물리계의 가속도가 연직 위 방향으로 $\dfrac{1}{10}g$이므로 물리계에 대한 운동방정식 $2T - \dfrac{5}{4}mg = \dfrac{5}{4}m \times \dfrac{1}{10}g$ 이 성립한다. 따라서 $T = \dfrac{11}{16}mg$이다.

06 정답 ⑤

정지상태에서 출발해서 등가속도 운동 후 속도 v에 도달한 시간을 t_1, 이때까지 이동한 거리를 s_1이라 하면, $v = at_1$과 $s_1 = \dfrac{1}{2}at_1^2$이다. 자동차가 속도 v에서 0으로 감속하는 구간의 가속도의 크기도 a이므로 이 구간에서 이동한 거리는 s_1으로 같고, 걸린 시간도 t_1로 같다. 등속 운동하는 동안 시간을 t_2라고 하면 이동 거리는 vt_2이다. 따라서 세 구간에 대해서 전체 시간 t와 전체 거리 s에 대하여 다음 두 식이 성립한다.

$$2t_1 + t_2 = t \qquad \cdots (1)$$
$$vt_2 + 2s_1 = s \qquad \cdots (2)$$

(2)식에서 $v = at_1$이고, $s_1 = \dfrac{1}{2}at_1^2$을 이용하면

$$at_1t_2 + at_1^2 = s \qquad \cdots (2)'$$

이 나오는데, t_2를 s, a, t에 대해서 표현하기 위해서 t_1을 소거한다. (1)에서 $t_1 = \dfrac{t - t_2}{2}$ 이므로 이를 (2)'에 대입하면, $t_2 = \sqrt{t^2 - \dfrac{4s}{a}}$ 이다. 정답은 ⑤이다.

07 (정답) ③

분리되는 지점은 물체 A가 최고점에 도달하는 곳이다. 즉, 최고점에서 A의 연직 방향 속도 성분은 0, 수평 방향의 속도 성분은 v이다. 최고점에서 분리되는 순간 외력은 없으므로, 분리 직후 지면에 대한 B의 속도는 $v_B = -v/2$ 이어야 지면상의 $x = L/2$ 인 지점에 도달한다. 최고점에서 운동량 보존 법칙을 적용하면 $(2m)v = mv_B + mv_C$ $= -\dfrac{m}{2}v + mv_C$ 이므로 분리 직후 지면에 대한 C의 수평 방향 속도 성분은 $v_C = 5v/2$이다. 분리 직후 B에 대한 C의 속력은 $3v$이다. 분리 직후 수평 방향의 변위의 크기의 비는 속력의 비와 같으므로 $\dfrac{x_B}{x_C} = \dfrac{(L/2)}{x_C} = \dfrac{v_B}{v_C} = \dfrac{(v/2)}{(5v/2)} = \dfrac{1}{5}$ 또는 $x_C = \dfrac{5L}{2}$이다. 따라서 물체 C는 출발점 O로부터 $x_{OC} = L + 5L/2 = 7L/2$ 지점에 떨어진다.

별해) 질량 중심은 원점으로부터 $2L$지점에 떨어져야 하므로, 질량 중심식을 이용하면 $x_{cm} = 2L = \dfrac{mx_{OB} + m\,x_{OC}}{2m} = \dfrac{L/2 + x_{OC}}{2}$ 로부터 $x_{OC} = 7L/2$ 이다. 정답은 ③이다.

08 (정답) ③

고리의 반지름을 R, 바닥에서 위치 에너지를 0이라 할 때, 초기 고리의 역학적 에너지(= 위치 에너지)와 바닥에 도달하는 순간 역학적 에너지(=운동 에너지)의 관계는

$$mgR + 0 = 0 + \frac{1}{2}mv^2 \quad \cdots (1)$$

한편 구슬이 바닥에 도달하는 순간 구슬에 작용하는 알짜 힘은 중력과 고리가 구슬에 작용하는 수직항력(구속력) N의 벡터 합이고, 이 알짜 힘이 구슬에 작용하는 구심력이다. 따라서,

$$N - mg = \frac{mv^2}{R} \quad \cdots (2)$$

(1)에서 $\dfrac{mv^2}{R} = 2mg$이므로 $N = 2mg + mg = 3mg$이다. 정답은 ③이다.

09 (정답) ④

추진 전 위성의 질량을 m, 추진 후 위성의 질량을 $m'(< m)$ 이라 하자. 추진 전 원운동하는 위성에 작용하는 만유인력이 구심력의 역할을 하므로 $m\dfrac{v_0^2}{r_0} = G\dfrac{Mm}{r_0^2}$ 로부터 $r_0 v_0^2 = GM$이다. 추진 후 타원 운동하는 위성의 경우 타원 궤도 상의 모든 점에서 각운동량과 에너지는 보존되므로 P에서 위성의 속력은 $v = \alpha v_0$이고 Q에서의 속

력을 V라 하면, 두 지점에서 각운동량과 에너지는 보존된다. 즉,

$$m'vr_0 = m'VR \to V = v\frac{r_0}{R}$$ 이고 $$\frac{1}{2}m'v^2 - \frac{GMm'}{r_0} = \frac{1}{2}m'V^2 - \frac{GMm'}{R}$$ 이다.

마지막 식에 각운동량 보존 식을 대입하여 V를 소거하고, 양변에 r_0를 곱한 후 $v = \alpha v_0$, $r_0 v_0^2 = GM$를 사용하여 v를 소거하면 $\frac{\alpha^2}{2} - 1 = \frac{\alpha^2}{2}(\frac{r_0}{R})^2 - \frac{r_0}{R}$ 가 된다.

이 식은 R에 대해 2개의 해를 갖는데, 각운동량 보존식으로부터 위성의 속력은 P에서가 Q에서 보다 큼을 알 수 있고, 이를 만족하는 R을 구하면 $R = \frac{\alpha^2}{2 - \alpha^2}r_0$ 이다. 정답은 ④이다. 타원 운동이 가능하려면 $2 - \alpha^2 > 0$을 만족해야 한다.

10 정답 ④

열기관의 효율은 그 기관이 하는 일 W를 그 열기관이 받은 열 Q로 나눈 값이다. 이 열기관이 하는 일 W은

$$
\begin{aligned}
W &= W_{AB} + W_{BC} + W_{CD} + W_{DA} \\
&= 0 + 2P_0 \times (3V_0 - V_0) + 0 + P_0 \times (V_0 - 3V_0) \\
&= 4P_0 V_0 - 2P_0 V_0 = 2P_0 V_0
\end{aligned}
$$

이다. 이 열기관이 받은 열 Q는

$$
\begin{aligned}
Q &= Q_{AB} + Q_{BC} = c_V(T_B - T_A) + c_P(T_C - T_B) \\
&= \frac{3}{2}nR\left(\frac{P_B V_B}{nR} - \frac{P_A V_A}{nR}\right) + \frac{5}{2}nR\left(\frac{P_C V_C}{nR} - \frac{P_B V_B}{nR}\right) \\
&= \frac{3}{2}(2P_0 V_0 - P_0 V_0) + \frac{5}{2}(6P_0 V_0 - 2P_0 V_0) = \frac{23}{2}P_0 V_0
\end{aligned}
$$

이다. 이때 몰수 n 은 1이다. 따라서 이 열기관의 효율은 $e = \dfrac{W}{Q} = \dfrac{2P_0 V_0}{\dfrac{23}{2}P_0 V_0} = \dfrac{4}{23}$이다.

11 정답 ④

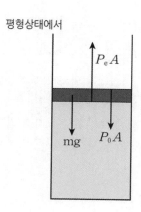

평형상태에서 대기압을 P_0, 기체의 압력을 P_e, 피스톤의 질량을 m, 중력 가속도를 g라고 하면, $P_eA = P_0A + mg$이다.

아주 조금 피스톤을 내렸을 때 $(y < 0)$ 피스톤이 받는 힘은 $F = P_fA - P_0A - mg$ $= P_fA - P_eA$이다.

$$F = A\left(\frac{nRT}{V_f} - \frac{nRT}{V_e}\right) = nRT\left(\frac{1}{h+y} - \frac{1}{h}\right) = nRT\frac{-y}{h(h+y)} \approx -\frac{nRT}{h^2}y\,(>0)$$

따라서 $F = -\dfrac{nRT}{h^2}y = -ky$로 나타나 복원력의 형태가 되며 이를 단진동 하는 용수철 운동으로 볼 수 있다. $k = \dfrac{nRT}{h^2}$이므로, 주기는 $T = 2\pi\sqrt{\dfrac{m}{k}} = 2\pi h\sqrt{\dfrac{m}{nRT}}$ 이다. $n = 1$이므로 $T = 2\pi h\sqrt{\dfrac{m}{RT}}$ 이다. 정답은 ④이다.

12 정답 ①

ㄱ. 이상 기체 상태 방정식 $PV = NkT$ 에서 $P = Nk\dfrac{T}{V}$이다. a 과정에서 처음 압력은 $P_i = Nk\dfrac{T}{V}$이고, 최종 압력은 $P_f = Nk\dfrac{2.5\,T}{2\,V} = \dfrac{5}{4}Nk\dfrac{T}{V}$ 로 압력은 증가한다. 따라서 ㄱ은 옳다.

ㄴ. b는 등압과정이고 c는 등온 과정이다. 주어진 $T-V$ 다이어그램을 $P-V$ 다이어그램으로 바꾸어 나타내면 아래 그림과 같고 그래프 아래 면적이 기체가 하는 일에 해당한다. b 과정에서 기체가 하는 일은 PV이고, c 과정에서 기체가 하는 일은

$$NkT\int_V^{2V}\frac{1}{V'}dV' = NkT\log2 = PV\log2 \sim 0.69314PV$$

$(PV = NkT = $ 일정$)$ 가 되어 1.5배가 아니다. 따라서 ㄴ은 옳지 않다.

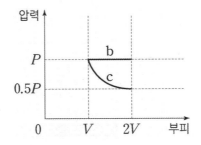

ㄷ. 단열 팽창을 하면 온도가 내려간다. 온도가 내려가는 과정은 d밖에 없으므로 d가 단열 과정이고, d에서 열출입은 없다. 따라서 ㄷ은 옳지 않다. 그러므로 정답은 ①이다.

13 정답 ③

ㄱ. (가)에서 온도가 $10\,T$인 열원에서 A를 통해 물체 X로 1초 동안 전도되는 열량과 물체 X에서 B, C를 통해 온도가 T인 열원으로 1초 동안 전도되는 열량은 같으므로 $k(10\,T - T_1) = 2k(T_1 - T)$에서 $T_1 = 4\,T$임을 알 수 있다. 따라서 ㄱ은 옳은 보기이다.

ㄴ. (나)에서 $k(10\,T - T_2) = k(T_2 - T) + 2k(T_2 - T)$이므로 $T_2 = \dfrac{13}{4}T < T_1$이다. 따라서 ㄴ은 옳은 보기이다.

ㄷ. 물체 X와 온도가 T인 열원 사이의 온도 차가 (가)에서가 더 크므로 1초 동안 B를 통해 전도되는 열량은 (가)에서가 (나)에서보다 더 크다. 따라서 ㄷ은 틀린 보기이다.
그러므로 정답은 ③이다.

14 정답 ①

기체의 온도는 $T_A = T_C < T_B$이고, A→B 과정에서 기체는 외부에 일을 하였고 기체의 온도도 올라가 내부 에너지도 증가했다. 따라서 열역학 제1법칙에 의해 기체는 열을 흡수한다는 것을 알 수 있다. 따라서 ㄱ은 옳은 보기이고, ㄴ은 틀린 보기이다.
기체가 한 일은 P-V 다이어그램에서 그래프 아래 넓이와 같으므로 A→B 과정에서 한 일이 B→C 과정에서 한 일보다 크다. 따라서 ㄷ은 틀린 보기이다. 그러므로 정답은 ①이다.

15 정답 ③

얼음 조각을 하나씩 넣으나 한꺼번에 넣으나 넣는 개수만 같으면 최종 온도는 같다. 따라서 물의 최종 온도를 10℃가 되게 하려면 얼음 조각을 n개 넣는다고 했을 때 -10℃인 n개의 얼음 조각을 10℃의 물로 바꾸는데 필요한 에너지를 80℃의 물을 10℃로 낮추는 과정에서 방출하는 에너지로 충당하면 된다. -10℃인 얼음 조각 1개를 10℃의 물로 바꾸는데 필요한 에너지는 $2 \times 20 \times 10 + 330 \times 20 + 4 \times 20 \times 10 = 7800$J이다. 80℃의 물 500mL를 10℃로 낮추는 과정에서 방출되는 에너지는 $4 \times 500 \times (80 - 10) = 140000$J 이므로 $7800n = 140000$에서 $n = 17.9$이다. 따라서 물의 온도를 10℃ 이하로 낮추는데 필요한 얼음 조각의 최솟값은 18개이다. 그러므로 정답은 ③이다.

16 **정답** ①, ②, ③, ⑤

원형 도선에 전류가 흐르면 주위에 자기장이 형성되고, 이는 자석이 크기가 일정한 자기쌍극자가 만드는 자기장과 같다. 따라서 주어진 상황과 같이 원형 도선에 전류가 흐르는 경우 아래 그림에서 제시된 자석으로 구성된 상황과 물리적으로 같다. 단, 자석의 물리적 크기는 무시한다.

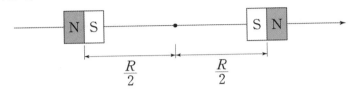

① 원점은 두 자석과 같은 거리만큼 떨어져 있으므로, 원점에서 자기장의 크기는 0이다. (O)

② 자기쌍극자의 방향이 도선의 중심축에 수직이면 대칭성에 의해 A에 작용하는 힘은 0이다. (O)

③ 원점에 $+x$방향의 자기 쌍극자를 가진 A를 두면, 입자가 $+x$방향으로 자기력을 받는다. (O)

④ 원점에 $-x$방향의 자기 쌍극자를 가진 입자를 두면, A는 $-x$방향으로 자기력을 받는다. 이때 자기쌍극자의 크기가 클수록 자기력의 크기는 커진다. (X)

⑤ 원점에 $-x$방향의 자기 쌍극자를 가진 입자를 두면, A는 $-x$방향으로 자기력을 받는다. 이때 두 자석의 세기가 클수록 자기력의 크기는 증가하는데, 두 자석의 세기는 원형 도선에 흐르는 전류의 크기에 비례한다. 따라서 자기쌍극자의 방향이 $-x$일 때, I가 증가하면 A에 작용하는 자기력의 크기는 증가한다. (O)

별해) 중심이 원점에 있고, 반지름이 R인 원형 도선에 흐르는 전류의 세기가 I일 때, 중심축 상의 점 P에서 자기장의 세기는 $\dfrac{\mu_0 I R^2}{2(R^2+x^2)^{3/2}}$이고, 자기장의 방향은 오른손 법칙을 따른다. x는 원형 도선의 중심과 P 사이의 거리이다. 따라서 x축 상의 자기장의 크기는 $B = \dfrac{4\mu_0 I R^2}{(5R^2-4Rx+4x^2)^{3/2}} - \dfrac{4\mu_0 I R^2}{(5R^2+4Rx+4x^2)^{3/2}}$이고, 방향은 $+x$방향이다. 따라서 $x=0$을 대입하면 $B=0$이다. (①은 참이다.)

한편, A에 작용하는 자기력은 $F = -\dfrac{d}{dx}(-\vec{m} \cdot \vec{B})$이다. 따라서 자기 쌍극자 모멘트의 방향이 자기장의 방향과 나란할 때 자기장이 증가하는 방향으로 A에 자기력이 작용하고, 자기 쌍극자 모멘트의 방향이 자기장의 방향과 반대 방향일 때 자기장이 감소하는 방향으로 A에 자기력이 작용한다. 또한 자기쌍극자의 방향이 도선의 중심축에 수직이면, A에 작용하는 자기력은 0이다. (②는 참이다.)

자기쌍극자의 방향이 $+x$이면, A에 작용하는 자기력의 방향은 $+x$이다. (③은 참이다.)

A에 작용하는 자기력의 크기는 자기쌍극자의 크기 m에 비례한다. (④는 거짓이다.)

A에 작용하는 자기력의 크기는 도선에 흐르는 전류의 세기 I에 비례한다. (⑤는 참이다.)

17   정답 ④

두 축전기가 직렬로 연결되어 있으므로 축전기에 저장되는 전하량은 같으므로 각각의 축전기에 저장되는 전하량을 Q라고 하자. a 점의 전위 V_a를 0이라고 하면, 전압 강하로 인해 $V_b = 2V - \dfrac{Q}{C}$이고, $2V - \dfrac{Q}{C} - V - \dfrac{Q}{2C} = V_a = 0$이다. 따라서 $\dfrac{Q}{C} = \dfrac{2}{3}V$이고, $V_b = \dfrac{4}{3}V$이다. 따라서 $V_b - V_a = \dfrac{4}{3}V$이다. 정답은 ④이다.

18   정답 ⑤

(나)에 제시된 자석의 속도-시간 그래프를 보면, 자석은 0초부터 1초까지 점 p를 향해 운동하고, 1초부터 2초까지 반대 방향으로 운동한다.

ㄱ. 0.5초일 때, 자석은 원형 도선을 향해 운동하므로, 원형 도선의 중심에서 원형 도선의 유도 전류에 의한 자기장의 방향은 q → p이다. 따라서 보기의 진위는 참이다.

ㄴ. 1.5초일 때, 자석은 원형 도선에서 멀어지는 방향으로 운동하므로 자석과 원형 도선 사이에 인력이 작용한다. 따라서 보기의 진위는 참이다.

ㄷ. 0~0.5초 동안 자석에 운동 방향과 반대 방향으로 자기력이 작용한다. 하지만 자석은 운동 방향으로 일정한 가속도의 운동을 하므로, 손이 자석에 작용하는 힘의 크기는 자기력의 크기보다 크다. 따라서 보기의 진위는 참이다.

19   정답 ①

ㄱ. 속도 선택기 안에서 대전입자는 수평 직선 경로를 따라 이동하므로, 위아래 방향의 알짜 힘은 0이다. $qE = qv_0 B$ 이므로 $v_0 = \dfrac{E}{B}$.

ㄴ. a의 회전 방향은 반시계 방향, b의 회전 방향은 시계방향이다. 로런츠 힘의 방향을 고려하면, a는 (+)전하, b는 (−) 전하이다.

ㄷ. $qv_0 B = m \dfrac{v_0^2}{r}$ 의 관계를 만족하고, 앞서 $v_0 = \dfrac{E}{B}$이므로 정리하면 $r = \dfrac{mE}{qB^2}$. 반지름 r은 m에 비례한다. 따라서 질량은 a가 b의 4배이다.

20 정답 ③

ㄱ. 코일에서 일어나는 자체 유도 현상 때문에 스위치를 열었을 때 V보다 더 높은 전압이 발생한다.

ㄴ. 스위치를 열 때 코일에서는 전류의 흐름 변화를 방해하는 방향의 유도 기전력이 발생한다. 따라서 스위치를 여는 순간 전구에 흐르는 전류의 방향은 B → 전구 → A가 된다.

ㄷ. 코일에서 발생하는 자체 유도 기전력의 크기가 V보다 크기 때문에 스위치를 여는 순간 전구의 밝기는 순간적으로 밝아졌다가 바로 꺼진다.

21 정답 ③

ㄱ. (나)에서 저항의 위상이 0일 때, A의 위상은 90도이므로 A는 코일이다.

ㄴ. 각 전기 소자에 걸리는 전압을 조사해보면 저항에서는 $V_0 = I_0 R$, $\frac{3}{2} V_0 = I_0 X_L$, $\frac{1}{2} V_0 = I_0 X_C$이므로 $X_L = \frac{3}{2} R$, $X_C = \frac{1}{2} R$이 된다. 임피던스는 $Z = \sqrt{2} R$이 된다.

ㄷ. 교류 전원의 진동수를 $\frac{1}{3} f_0$로 바꾸었을 때의 유도 리액턴스와 용량 리액턴스를 각각 $X_L{}'$, $X_C{}'$이라고 한다면 $X_L{}' = \frac{1}{3} X_L = \frac{1}{2} R$, $X_C{}' = 3 X_C = \frac{3}{2} R$가 되어 임피던스의 값은 변화가 없다. 따라서 저항에 흐르는 최대 전류의 값도 변화가 없다.

22 정답 ①

병렬 연결된 두 저항이 합성저항 R_T은 $\frac{1}{R_T} = \frac{1}{R} + \frac{1}{2R} = \frac{3}{2R}$으로부터 $R_T = \frac{2R}{3}$이고, 도선 양단의 전위차는 $V = R_T I = 2IR/3$이다. 따라서 저항 $R, 2R$에 흐르는 전류 I_R, I_{2R}은 각각 $I_R = V/R = 2I/3$ 와 $I_{2R} = V/2R = I/3$ 이다. 따라서 원형 도선 중심에서 반원 모양의 저항 $R, 2R$에 의한 자기장의 세기는 각각 $B_R = kI_R/2a$ 과 $B_{2R} = kI_{2R}/2a$ 이고 방향은 서로 반대이므로 합성 자기장이 세기는 $kI/6a$이다. 정답은 ① 이다.

23   정답 ④

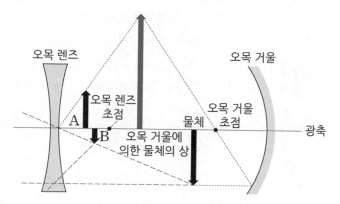

ㄱ. 오목 렌즈에 의해서는 항상 축소된 정립 허상만 생기므로 B는 오목 렌즈에 의해 생긴 상이고, A는 오목 거울에 반사 후 오목 렌즈를 통과하여 생긴 것이다. (×)

ㄴ. A는 오목 거울에 반사 후 오목 렌즈를 통과하여 생긴 것으로 물체보다 축소된 도립상이다. 따라서 물체와 오목 거울 사이 거리를 d, 오목 거울의 초점거리를 f, 오목 거울의 구심을 $r(= 2f)$ 이라두면 $f < d < 2f(= r)$을 만족한다. (○) 오목 거울에 의한 물체의 상이 물체의 왼쪽에 있다는 것은 배율이 1보다 큰 도립 실상이 생긴다는 것을 의미하고 d가 $2f$보다 작다는 뜻이다. 그것은 A가 B보다 왼쪽에 있기 때문에 알 수 있다. A가 B의 왼쪽에 있는 것은 오목 거울에 의한 물체의 상이 물체보다 왼쪽에 있기 때문이다.

ㄷ. B는 오목 렌즈에 의해 생긴 상으로 a:렌즈로부터 물체까지의 거리, b:렌즈부터 상까지의 거리 f:초점거리 $\frac{1}{a} + \frac{1}{b} = \frac{1}{f}$ $(a > 0,\ b < 0,\ f < 0)$ 물체를 오른쪽으로 이동하면 a는 증가, f값은 일정하므로 b는 증가한다. 즉 B는 오른쪽으로 이동한다. (○)

24   정답 ②

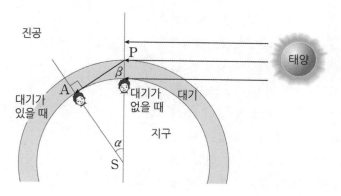

A지점의 관측자는 빛의 굴절에 의해 태양이 지평선 뒤에 놓여 있다고 본다. 빛은 진공과 대기의 경계면 P에서 굴절한다. 관찰자를 향해 진행하는 빛의 입사각은 $90°$이고 굴절각은 β라고 하자. 스넬의 법칙에 의해 $n_1\sin90° = n_2\sin\beta$, $\beta = \sin^{-1}\dfrac{n_1}{n_2}$ — (1). 만일 대기가 없다면 관측자는 관측점이 P에 있을 때 지평선 뒤의 일몰을 볼 수 있다. P에서부터 A까지 지구가 각도 α만큼 자전하는 시간이 t에 해당한다. 따라서 지구의 자전 각속도를 ω라고 하면 $t = \dfrac{\alpha}{\omega} = \dfrac{\dfrac{\pi}{2}-\beta}{\dfrac{2\pi}{T}}$이다. (1)식에서 β를 대입하고 $n_1 = 1$, $n_2 = 1.003$이므로

$$t = \frac{1}{2\pi}\left[\frac{\pi}{2} - \sin^{-1}\left(\frac{n_1}{n_2}\right)\right] \times T$$
$$= \frac{1}{360°} \times (90° - 88.6°) \times 24 \times 60\,\text{min} = 5.6\,\text{min}$$

25 〔정답〕 ③

직선광원은 매우 많은 수의 점광원이 세로로 이어져 있는 것과 같다. 광원의 각 부분(각각 점광원으로 취급)에서 나온 빛은 ㄴ자 구멍을 지난 부분만 스크린에 도달하여 밝게 나타난다. 직선 광원 맨 위 지점에 있는 부분(점광원)에 의해 스크린에 나타나는 밝은 ㄴ자 모양은 스크린의 아래 쪽에 생기고, 직선 광원 맨 아래 지점에 있는 부분(점광원)에 의해 스크린에 나타나는 밝은 ㄴ자 모양은 스크린의 위쪽 부분에 생긴다. 따라서 직선 광원에 의해 스크린에 나타나는 모양은 밝은 ㄴ자 모양을 세로로 쌓아놓은 모습과 같으므로 정답은 ③이다.

26 〔정답〕 ②

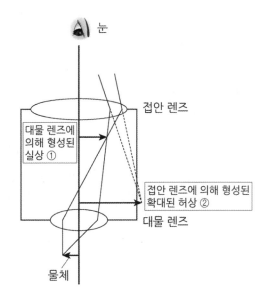

ㄱ. 대물렌즈와 접안렌즈는 볼록렌즈라는 것을 그림을 통해 확인할 수 있다. 왼쪽 그림에서 대물렌즈에 의해 생기는 상은 실상①, 접안렌즈에 의해 생기는 상은 허상②이다. 대물렌즈의 초점거리 f_1이 짧아야 대물렌즈와 접안렌즈 사이에 실상이 생기고, 접안렌즈의 초점거리 f_2가 길어야, 확대된 허상②을 관찰할 수 있다. 따라서 광학현미경에서 $f_1 < f_2$이다.

ㄴ. 눈에 들어오는 빛의 경로 연장선을 이용하여 점선을 그리면 한 점(가상

의 점)에서 만나는데 그 점이 허상의 위치이다. 눈으로 보는 물체의 최종상은 허상②이다.

ㄷ. 대물렌즈와 접안렌즈에 의한 물체의 상은 오른쪽 그림에서 보듯이 ②이므로 도립상이다.

27 정답 ④

콤프턴 산란 실험에서 X선 광자 한 개의 에너지가 hf, 운동량이 $\frac{h}{\lambda}$인 광자의 흐름이고, 광자와 전자의 충돌을 탄성 충돌이라고 가정한다. X선과 전자의 충돌 후, 산란각이 클수록 산란된 X선의 파장이 길어지므로 산란된 X선의 운동량과 에너지는 작다.

ㄱ. 그래프 (나), (다)의 공통점에서 입사한 X선의 파장은 약 71×10^{-12}m 라는 것을 추정해볼 수 있고, 산란된 X선 파장은 그래프 (나)에서 약 72×10^{-12}m, 그래프 (다)에서 약 73×10^{-12}m 임을 확인 할 수 있다. 산란된 X선의 파장이 길수록 $p = \frac{h}{\lambda}$, $E = pc$ 운동량과 에너지가 작으므로 산란각 ϕ가 크다는 것을 알 수 있다. 따라서, ϕ는 (나)에서가 (다)에서보다 작다. (○)

ㄴ. 산란된 X선 광자 한 개의에너지 $E = \frac{hc}{\lambda}$ 이고, (나)에서 산란된 X선의 파장이 (다)보다 작다. 따라서 산란된 X선의 에너지는 (나)가 (다)보다 크다. (○)

ㄷ. 광자와 전자와 충돌 실험 결과를 설명하는 것으로 X선(빛)이 입자의 성질을 갖는다는 것을 알 수 있다. (×)

28 정답 ④

광전 효과는 금속에 비춘 빛의 진동수가 금속의 문턱 진동수(f_0)보다 클 경우 금속에서 광전자가 방출되는 현상으로 방출되는 광전자의 최대 운동 에너지 (E_K) 는 속력의 제곱에 비례한다.

$$E_k = hf - hf_0$$

따라서

$$h(f - f_P) = E_K, \quad h(2f - f_P) = 4E_K$$
$$h(2f - f_Q) = E_K, \quad h(3f - f_Q) = 4E_K$$

위 두 식을 연립하면 $f_P : f_Q = 2 : 5$ 이다.

29 정답 ②

ㄱ. ⓒ에 의해 방출되는 에너지가 가장 크므로 스펙트럼선에서 파장이 가장 짧은 a에 해당된다. (×)

ㄴ. 각 선 스펙트럼은 a=ⓒ, b=,ⓛ, c=ⓐ 전이에 해당된다. $f = \dfrac{\Delta E}{h}$, (h는

플랑크상수)$f_b - f_c = \dfrac{E_4 - E_3}{h} > f_a - f_b = \dfrac{E_5 - E_4}{h}$ (○)

ㄷ. b와 c의 파장 차이는 $\lambda_c - \lambda_b = hc\left(\dfrac{1}{E_3 - E_2} - \dfrac{1}{E_4 - E_2} \right) = hc\dfrac{E_4 - E_3}{(E_3 - E_2)(E_4 - E_2)}$,

n = 4에서 n = 3인 상태로 전이할 때 방출하는 빛의 파장은

$\lambda_{(4 \to 3)} = \lambda_4 - \lambda_3 = \dfrac{hc}{E_4 - E_3}$. 따라서 $\lambda_c - \lambda_b \neq \lambda_{4 \to 3}$ b와 c의 파장 차이는

n = 4에서 n = 3인 상태로 전이할 때 방출되는 빛의 파장과 같다. (×)

30 정답 ⑤

입자가 받은 광자의 에너지는 모두 운동 에너지 E_K로 전환된다.

$m = 1$일 때 입자의 운동 에너지는 $E_2 - E_1 = -\dfrac{E_1}{2^2} - \left(-\dfrac{E_1}{1^2} \right) = \dfrac{3}{4}E_1$이다. 여기서

$E_1 = 13.6\,eV$이다.

$m = 4$일 때 입자의 운동 에너지는 $E_2 - E_1 = -\dfrac{E_1}{4^2} - \left(-\dfrac{E_1}{1^2} \right) = \dfrac{15}{16}E_1$ 이다.

자기장의 크기를 B라고 하면 자기장 내에서 입자가 반지름 r인 원운동을 하므로 입자의

전하량을 q, 질량을 M이라고 하고, 속력을 v라고 하면 $qvB = \dfrac{Mv^2}{r}$이다. 따라서 $r \propto v$

이다. $v \propto \sqrt{E_K}$이므로

$\dfrac{r_4}{r_2} = \dfrac{\sqrt{E_4 - E_1}}{\sqrt{E_2 - E_1}} = \dfrac{\sqrt{\dfrac{15}{16}}}{\sqrt{\dfrac{3}{4}}} = \dfrac{\sqrt{5}}{2}$이다. 따라서 정답은 ⑤이다.

2021년
정답 및 풀이

01 정답 ③

A, B가 경사면 I에서 출발하여 II에 진입한 후, A는 내려오고 B는 올라가며 충돌한다. 두 물체의 질량이 같고 탄성 충돌하므로 충돌 시 물체 A, B는 속도를 교환한다. 역학적 에너지 보존을 이용하면, 물체 A는 충돌 후 B의 초기높이인 $2h$에 도달함을 알 수 있다.

02 정답 ⑤

물체 B가 미끄러지지 않기 위해서는 최대 정지 마찰력이 B가 받는 빗면 방향의 힘보다 크거나 같아야 한다.

즉, $\mu_s(ma\sin60° + mg\cos60°) \ge mg\sin60° - ma\cos60°$ 을 만족한다. 이 식을 가속도 a로 정리하면

$$a \ge \frac{(\sin60° - \mu_s\cos60°)g}{\cos60° + \mu_s\sin60°} = \frac{\sqrt{3}-0.5}{1+0.5\sqrt{3}}g = (5\sqrt{3}-8)g \text{ 을 얻는다.}$$

따라서, 정답은 ⑤이다.

03 정답 ⑤

ㄱ. 쌍성으로 각 구심력의 크기는 $ma\omega_1^2 = 2mb\omega_2^2$이다. 이 때 두 별의 각속도가 같음 ($\omega_1 = \omega_2$)을 이용하면 $ma = 2mb$를 얻는다. 정리하면 $\frac{a}{b} = 2$이다. (O)

ㄴ. 각속도와 속력의 관계($v = r\omega$)를 이용하면 $\frac{v_1}{v_2} = \frac{a\omega}{b\omega} = \frac{a}{b} = 2$을 얻는다. (O)

ㄷ. 두 별 사이 거리 $d = a + b = 3b$ 이므로 만유인력 F는 $F = \frac{G(m)(2m)}{(3b)^2}$이다. 여기서, 만유인력은 구심력($F = m(2b)\omega^2$)임을 이용하여 각속도를 구하면 $\omega = \frac{1}{3}\sqrt{\frac{Gm}{b^3}}$ 이다. 주기 $T = \frac{2\pi}{\omega}$임을 이용하면 $6\pi\sqrt{\frac{b^3}{Gm}}$ 임을 알 수 있다. (O)

따라서, 정답은 ⑤이다.

04 정답 ①

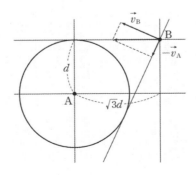

A, B는 동시에 던져서 중력장에서 동일한 가속도로 포물선 운동을 하므로 둘 사이의 상대적인 거리를 계산할 때 중력에 의한 낙하$\left(-\dfrac{1}{2}gt^2\right)$는 고려하지 않고 A, B가 초기 속도로 등속 직선 운동하는 상황으로 계산해도 결과는 동일하다. 따라서 상대운동만을 고려하면 A는 정지해 있고 B가 $\overrightarrow{v_B} - \overrightarrow{v_A}$의 속도로 움직이는 경우와 같다. A, B 사이의 거리의 최솟값이 d가 되는 속도비는 아래 그림과 같이 A를 중심으로 하고 반지름이 d인 원에 접하는 직선 방향으로 $\overrightarrow{v_B} - \overrightarrow{v_A}$가 향하는 경우 중 $v_B \neq 0$인 경우이다. 그림과 같이 $\overrightarrow{v_B} - \overrightarrow{v_A}$가 수평한 방향을 향하므로 $v_A\cos30° = v_B\cos60°$ 관계를 만족한다. 따라서 $\dfrac{v_A}{v_B} = \dfrac{\cos60°}{\cos30°} = \dfrac{1}{\sqrt{3}}$이다.

05 정답 ②

그림에서 두 실과 막대가 정삼각형을 이루고 있음을 알 수 있다. 위아래 실의 장력을 각각 T_1, T_2라고 하고 힘의 평형을 고려하면 $T_1\sin30° = T_2\sin30° + mg$을 얻고, 구심력은 $mr\omega^2 = T_1\cos30° + T_2\cos30°$임을 알 수 있다. 두 식을 연립하여 풀이하면 $T_1 = \dfrac{mg\cos30° + mr\omega^2\sin30°}{2\sin30°\cos30°}$, $T_2 = \dfrac{-mg\cos30° + mr\omega^2\sin30°}{2\sin30°\cos30°}$을 얻는다. T_1은 항상 양수이므로, 두 실이 팽팽한 상태는 T_2가 양수인 조건임을 알 수 있다. 따라서 각속도가 식 $\omega^2 \geq \dfrac{g}{r\tan30°} = 10$을 만족할 때 팽팽한 상태를 유지한다. 이때 ω의 최솟값은 $\sqrt{10}\,\mathrm{rad/s}$임을 알 수 있다.

06 정답 ①

ㄱ. 위성의 가속도 $a = \dfrac{F}{m} = \dfrac{GM}{r^2} \propto \dfrac{1}{r^2}$이므로, 가속도 비는 $\dfrac{a_p}{a_q} = \dfrac{(2r_0)^2}{r_o^2} = 4$ 임을 알 수 있다. (O)

ㄴ. 각운동량 보존 법칙에 의해 $r_0 v_p \sin\theta_p = 2r_0 v_q \sin\theta_q$ 인데 $\theta_p \neq \theta_q$이므로 $v_p \neq 2v_q$이다. (X)

ㄷ. p에서 중력퍼텐셜 에너지는 $U_p = -\dfrac{GMm}{r_0} = -E_0$ 이므로 q에서 중력퍼텐셜 에너지는 $U_q = -\dfrac{GMm}{2r_0} = -\dfrac{E_0}{2}$ 이다. 또한, 역학적 에너지 보존법칙에 의해 $K_p + U_p = K_q + U_q$ 이므로 $K_p - K_q = U_q - U_p = \dfrac{E_0}{2}$이다. 즉 $\dfrac{E_0}{2}$ 만큼 큰 것을 알 수 있다. (X)

07 (정답) ④

충돌 전후 속력을 각각 v, V라 하자. 운동량 보존 법칙을 이용하면 $2mv = 3mV$ 이므로 충돌 후 속력은 $V = \dfrac{2}{3}v$이다. 충돌 전 실에 걸리는 장력(=구심력)은 $T_1 = \dfrac{2mv^2}{r}$이고, 충돌 후 실에 걸리는 장력은 $T_2 = \dfrac{3mV^2}{r} = \dfrac{4mv^2}{3r}$이다. 따라서 $\dfrac{T_1}{T_2} = \dfrac{3}{2}$ 이다.

08 (정답) ⑤

A, B의 가속도의 크기를 각각 a_A, a_B라 하고, 둘 사이의 마찰력을 f, 실의 장력을 T라고 하자. 이때 추, A, B의 운동방정식은 다음과 같다.

추 : $10 - T = 1 \times a_A$, A : $T - f = 1 \times a_A$, B : $f = 2 \times a_B$ 이다.

주어진 이동거리를 이용하면 $\dfrac{1}{2} a_A \times 1^2 = 1.5$이므로 $a_A = 3\,\text{m/s}^2$이다.

이를 운동방정식에 대입하여 정리하면 $T = 7\,\text{N}$, $f = 4\,\text{N}$, $a_B = 2\,\text{m/s}^2$ 임을 알 수 있다.

ㄱ. B가 이동한 거리는 $d = \dfrac{1}{2} a_B t^2 = \dfrac{1}{2} \times 2 \times 1^2 = 1\,\text{m}$이다. (O)

ㄴ. 1초 때 A의 속도는 $v = a_A t = 3\,\text{m/s}$이므로 $K = \dfrac{1}{2}mv^2 = \dfrac{1}{2} \times 1 \times 3^2 = 4.5\,\text{J}$이다. (O)

ㄷ. 일을 구하면 $W = fd = 4 \times 1 = 4\,\text{J}$이다. (O)

09 (정답) ①

물체 A, B의 질량을 m_A, m_B, 연결된 용수철의 상수를 각각 k_A, k_B라고 하자. 이 때 역학적 에너지 보존 법칙, 즉 최대 운동에너지와 최대 탄성위치에너지가 같음을 이용하면 $E_A = \dfrac{1}{2} k_A \cdot 2x^2 = \dfrac{1}{2} m_A v^2$, $E_B = \dfrac{1}{2} k_B x^2 = \dfrac{1}{2} m_B \cdot 2v^2$ 임을 얻는다. 두 식을 나누면 $2\dfrac{k_A}{k_B} = \dfrac{m_A}{2m_B} \Rightarrow 4\dfrac{k_A}{m_A} = \dfrac{k_B}{m_B}$ 얻는다.

각 물체의 가속도 크기가 최대일 때는 최대 변위일 때이므로 $a_{\max} = \dfrac{k}{m} A$이다.

따라서, $\dfrac{a_A}{a_B} = \dfrac{\dfrac{k_A}{m_A}\sqrt{2}\,x}{\dfrac{k_B}{m_B}x} = \dfrac{\sqrt{2}}{4}$ 임을 알 수 있다.

10 정답 ②

ㄱ. 에너지 보존법칙에 의해 방출된 광자의 에너지는 전자의 운동에너지 변화량과 같다. 즉,

$$E = hf = \frac{1}{2}m(v_1^2 - v_2^2)$$이다. 따라서 광자의 진동수는 $f = \frac{m(v_1^2 - v_2^2)}{2h}$이다. (X)

ㄴ. 광자의 운동량은 $p = \frac{hf}{c} = \frac{6 \times 10^{-34}(\text{kg}\,\text{m}^2\text{s}^{-1}) \times 10^{15}(\text{s}^{-1})}{3 \times 10^8 (\text{m}\,\text{s}^{-1})} = 2 \times 10^{-27}$

$\text{kg}\,\text{m/s}$이다. (O)

ㄷ. 방출되는 광자의 에너지는 $E = \frac{hc}{\lambda} = \frac{(6 \times 10^{-34}) \times (3 \times 10^8)}{(3 \times 10^{-7})} = 6 \times 10^{-19}\,\text{J}$이다.

(X)

11 정답 ④

에너지 보존 법칙에 따라 빛 에너지는 이온화에너지와 전자의 운동에너지 K의 합이므로

$\frac{hc}{\lambda} = \frac{13.6}{n^2} + K$ 이다. 주어진 $c = 3 \times 10^8\,\text{m/s}$, $h = 4 \times 10^{-15}(\text{eV} \cdot \text{s})$,

$\lambda = 250 \times 10^{-9}\,\text{m}$와 전자의 운동에너지는 $K = 6.32 \times 10^{-19}\,\text{J} = 3.95\,\text{eV}$를 대입하

면 $\frac{(3 \times 10^8) \times (4 \times 10^{-15})}{2.5 \times 10^{-7}} = \frac{13.6}{n^2} + 3.95$임을 알 수 있다. 이 식을 정리하면

$-\frac{13.6}{n^2} = -0.85$을 얻고 $n = 4$ 임을 알 수 있다.

12 정답 ③

ㄱ. b가 막대를 미는 힘을 F_2라 하자. 주어진 조건을 이용하여 c를 기준으로 돌림힘을 계산하면 $11Mg \times 6L - 21Mg \times 4L + F_2 \times 2L = 0$을 얻는다. 이 식을 정리하면 $F_2 = 9Mg$임을 알 수 있다. (O)

ㄴ. 막대에 작용하는 합력은 0이므로 c가 막대에 작용하는 힘은 Mg이고, 물체를 누르는 힘도 Mg이다. 물체는 정지해 있으므로 합력이 0이다. 즉, $\frac{\rho_0 g V}{5} - Mg - Mg = 0$이 므로, 정리하면 물체의 질량 $M = \left(\frac{\rho_0}{10}\right)V$을 얻는다. 따라서 물체의 밀도 $\frac{1}{10}\rho_0$임을 알 수 있다. (X)

ㄷ. 평형을 유지하면서 가능한 추가 액체의 부피 조건은 b의 힘이 0일 때이다. c가 막대를 미는 힘을 F_3이라 하고, a를 기준으로 돌림힘을 구하면 $21Mg \times 2L - F_3 \times 6L = 0$, $F_3 = 7Mg$을 얻는다. 이때 부력은 $8Mg$로, 처음 상태의 4배이다. 따라서 물체가 잠

긴 부피는 $\frac{4}{5}V$임을 알 수 있다. 즉, 처음보다 $\frac{3}{5}V$가 더 잠겨야 하고, 수조 바닥 면적이 물체 아래 면적의 3배이므로 물체가 차지하고 있는 부분을 제외한 나머지 공간의 부피는 물체의 2배이므로 추가할 액체의 부피는 $\frac{3}{5}V \times 3 = \frac{6}{5}V$이다. (O)

13 ㉢답 ④

총알 B가 물체 A를 관통하는 동안 A는 위쪽으로 이동한다. 관통하는 동안 A의 가속도를 a_1, B의 가속도를 a_2라고 하자. B가 A를 관통하는 동안 두 물체의 이동 거리의 차이 $\Delta d = 0.84\,\mathrm{m}$이므로, 이를 등가속도 식으로 표현하면 $0.84 = 15 \times 0.1 + \frac{1}{2}a_2 \times 0.1^2 - \frac{1}{2}a_1 \times 0.1^2$을 얻는다. 이 식을 정리하면 $a_1 - a_2 = 132$를 얻는다. A와 B에 관한 운동 방정식을 각각 세워보면, A: $f - 1 \times 10 = 1 \times a_1$, B: $-f - 0.1 \times 10 = 0.1 \times a_2$이다. 이를 정리하면 $a_1 - a_2 = 11f$를 얻는다. 따라서 얻은 두 식을 비교하면 $f = 12\,\mathrm{N}$임을 알 수 있다.

14 ㉢답 ④

물체가 원형궤도 최저점을 지나 90°를 올라간 지점, 높이 12m 지점부터 올라간 각도를 θ라고 하자. 물체가 θ에 있을 때 구심력은 수직항력과 중력의 벡터 합으로 $N + mg\sin\theta = \frac{mv^2}{R}$와 같다. 각도가 θ_0인 A 지점에서 물체가 궤도를 이탈했다면, 이때 수직항력의 크기는 0이므로, $mg\sin\theta_0 = \frac{mv^2}{R}$이며, A 지점 높이는 $R + R\sin\theta_0$임을 알 수 있다.

이때 역학적 에너지 보존을 활용하면 $mg(2R) = mgR + mgR\sin\theta_0 + \frac{1}{2}mv^2$을 얻는다. 이를 정리하면 $2mg - 2mg\sin\theta_0 = \frac{mv^2}{R}$이고, 앞서 구한 식과 연립하면 $mg\sin\theta_0 = 2mg - 2mg\sin\theta_0$ 얻는다. 즉, $\sin\theta_0 = \frac{2}{3}$임을 알 수 있고, $v = 4\sqrt{5}\,\mathrm{m/s}$이다. 이제, 높이가 $12 + 12\frac{2}{3} = 20\,\mathrm{m}$인 A 지점에서, 속력이 $\sqrt{Rg\sin\theta_0} = 4\sqrt{5}\,\mathrm{m/s}$이고 각도가 $\frac{\pi}{2} - \theta_0$으로 발사된 물체의 포물선 운동으로 다룰 수 있다. 이때 y축 속력은 $4\sqrt{5}\sin(\frac{\pi}{2} - \theta) = 4\sqrt{5}\cos\theta$이고, $\cos\theta = \frac{\sqrt{5}}{3}$이므로, y축 방향의 속력은 $\frac{20}{3}$ m/s임을 알 수 있다. A 지점부터 올라간 높이 h'은 $\frac{1}{2} \times m \times (\frac{20}{3})^2 = m \times 10 \times h'$을 만족하므로 정리하면 $h' = \frac{20}{9}$이다. 그러므로 지면으로부터 최고점까지의 높이 h는

$20 + \dfrac{20}{9} = \dfrac{200}{9}$ m 이다.

15 정답 ⑤

최고점에서의 마찰력을 f 라고 하면 최저점에서의 마찰력은 $2f$ 이다. 최저점에서 중력의 빗면 방향 성분은 구심력의 반대 방향이므로 마찰력은 빗면 위쪽 방향임을 알 수 있다. 주어진 조건을 활용하면 최고점에서의 마찰력 방향도 빗면 위쪽 방향임을 알 수 있다. 두 지점에서 구심력의 크기가 같으므로 $F_c = 2f - mg\sin\theta = mg\sin\theta - f$ 을 얻는다. 정리하면 $f = \dfrac{2}{3}mg\sin\theta$, 구심력은 $F_c = \dfrac{1}{3}mg\sin\theta$ 임을 알 수 있다. 따라서, 구심력은 $\dfrac{mv^2}{R} = \dfrac{1}{3}mg\sin\theta$ 이므로 $v = \sqrt{\dfrac{Rg\sin\theta}{3}}$ 임을 알 수 있다.

16 정답 ⑤

a, b 지점 사이의 x축 거리를 $d(=12\,\mathrm{m})$, y축 거리를 R, 이동시간을 t 라고 하고, b 지점에서 속도가 x축과 이루는 각도를 θ 라고 하자. 점전하는 x방향으로 등속도, y방향으로 $a = \dfrac{qE}{m}$ 인 등가속도 운동을 한다. x축 방향의 속력이 일정하므로 $v_0\cos30° = 2v_0\cos\theta$ 을 얻고, 이로부터 $\cos\theta = \dfrac{\sqrt{3}}{4}$, $\sin\theta = \dfrac{\sqrt{13}}{4}$ 임을 알 수 있다.

이제 각 축의 거리를 등속도, 등가속도 관계식으로 구하면 아래와 같다.

$$y\text{방향: } 2v_0\sin\theta = \frac{v_0}{2} + at \ \therefore t = \frac{v_0}{2a}(\sqrt{13} - 1),$$

$$(2v_0\sin\theta)^2 - (\frac{v_0}{2})^2 = 2aR \ \therefore R = \frac{3v_0^2}{2a}$$

$$x\text{방향: } d = \frac{\sqrt{3}}{2}v_0 t = \frac{(\sqrt{39} - \sqrt{3})v_0^2}{4a}$$

따라서 $R = \dfrac{\sqrt{39} + \sqrt{3}}{6}d = 2(\sqrt{39} + \sqrt{3})$ 이므로, 전위차 $\Delta V = ER = (\sqrt{39} + \sqrt{3})(V)$ 임을 알 수 있다.

17 정답 ③

P에는 $+x$방향으로 전류가 흐르고 P가 l만큼 떨어진 곳에 만드는 자기장의 세기를 $+B_1$ 이라 하자. Q에는 대각선 위 방향으로 전류가 흐르고 Q가 $\sqrt{2}\,l$만큼 떨어진 곳에 만드는 자기장의 세기를 $-B_2$라 하자. 여기서 자기장의 방향은 xy평면에서 수직으로 나오는 방향을 $(+)$로 한다. 무한 직선 전류가 만드는 자기장은 거리에 반비례하므로 P, Q가

a, b, c 지점에 만드는 자기장은 다음과 같다.

$$B_a = B_1 - B_2, \ B_b = -\frac{B_1}{2} + B_2, \ B_c = -\frac{B_1}{2} - 2B_2$$

한편 운동하는 점전하는 전류가 만드는 자기장으로 인해 로렌츠 힘을 받는다. $qvB = ma$ 이므로 표에서 $B_a = 3\,\text{T}$, $B_b = -1\,\text{T}$ 임을 알 수 있다. 이를 자기장 관계식에 대입하면 $B_1 = 4\,\text{T}$, $B_2 = 1\,\text{T}$ 이고 $B_c = -4\,\text{T}$ 임을 알 수 있다. 따라서 ㉠, ㉡은 각각 4, $+x$ 이다.

18 　정답 ⑤

ㄱ. (가)에서 A의 압력을 P, 단면적을 S, 길이를 L이라고 하면 내부에너지 $U = \frac{3}{2}PV$이 므로 $PSL = \frac{2}{3}U$을 얻는다. (나)에서 용수철 상수를 k라고 하면 $\frac{1}{2}k\left(\frac{L}{2}\right)^2 = \frac{U}{3}$ 임을 알 수 있다. 두 식을 나누면 $\frac{kL}{2} = 2PS$, 즉 용수철이 피스톤을 미는 힘은 $2PS$이 다. 한편 내부에너지는 압력×부피에 비례하므로 (나)에서 C의 압력 $P_C = 4P$이고 C가 피스톤을 미는 힘은 $4PS$이다. 따라서 ㄱ은 옳은 보기이다. (O)

ㄴ. (나)에서 피스톤은 힘의 평형을 이루므로 B의 압력은 C와 용수철이 주는 압력의 합이 다. $P_B = 4P + 2P = 6P$이다. (O)

ㄷ. 내부에너지는 압력×부피에 비례하므로 (나)에서 B의 내부에너지 $U_B = 9U$임을 알 수 있다. 그리고, A와 B의 온도가 같으므로 내부에너지도 동일하다. 즉, $U_A = 9U$이 다. 따라서 공급된 열량 $Q = (9U + 9U + 2U + \frac{U}{3}) - 3U$이므로, 정리하면 $Q = \frac{52}{3}U$이다. (O)

19 　정답 ②

B를 기준으로 A에서의 물체의 중력 위치 에너지 $mg\Delta h = 1000\,\text{J}$ 이다. 주어진 속력에 따라 B에서의 물체의 운동에너지 $\frac{1}{2}mv^2 = 160\,\text{J}$이다. 따라서, 역학적 에너지 손실만큼 열에너지가 발생하므로 $Q = \Delta E = 1000\,\text{J} - 160\,\text{J} = 840\,\text{J}$임을 알 수 있다. 단위 $1\,\text{cal} = 4.2\,\text{J}$이므로, 발생한 열에너지는 $Q = 200\,\text{cal}$이다.

20 　정답 ④

문제 조건에서 전하 A의 부호는 +이고, 그림 (가)에서 전하 B가 수평 방향으로 받는 힘의 크기가 0이므로 전하 C의 부호는 +이며, C전하량의 크기는 A의 4배임을 알 수 있다. 전하 B가 수직 방향으로 받는 힘의 크기가 0이므로, 전하 D와 전하 E의 전하량 크기는 같고, 부호도 같다.

그림(나)처럼 전하 B가 오른쪽으로 이동하면 전하 C의 영향이 커지는데, 전하 B가 수평 방향으로 받는 힘의 크기가 0이므로 전하 D의 부호도 +이다. 따라서, 전하 A, C, D, E의 부호는 +이다.

A의 전하를 $+Q$라 하면, C는 $+4Q$, D의 전하를 $+Q'$라 하면, E의 전하도 $+Q'$이다. 전하 B를 Q_B라 하면, (나)에서 힘은 다음과 같다.

$2 \times \dfrac{Q'Q_B}{(d^2+d^2)} \cos 45° - \dfrac{4QQ_B}{d^2} + \dfrac{QQ_B}{(2d)^2} = 0$을 정리하면 $Q' = \dfrac{15}{4}\sqrt{2}\,Q$임을 알 수 있다.

따라서 $Q_D : Q_C = \dfrac{15}{4}\sqrt{2}\,Q : 4Q$이므로 $\dfrac{Q_D}{Q_C} = \dfrac{15}{16}\sqrt{2}$임을 알 수 있다.

21 [정답] ③

ㄱ. 폐회로 내부에 자기력선속이 증가한다. 렌츠의 법칙에 의해 금속막대에 흐르는 전류의 방향은 a → b이다. (O)

ㄴ. 패러데이 법칙 $E = -N\dfrac{d\Phi}{dt}$을 이용하고, 자기장과 빗면의 각도에 따라 유도기전력 크기는 $|E| = Blv\cos\theta$ 이다. 회로에서 저항값의 크기는 R 이므로 유도전류의 세기는 $I = \dfrac{Blv\cos\theta}{R}$ 이다. 이 때 금속막대에 작용하는 자기력의 세기는 다음과 같다.

$$F_{\text{자기력}} = B\left(\dfrac{Blv\cos\theta}{R}\right)l$$

주어진 값 $B=4\text{T}, R=3\Omega, l=1\text{m}, \theta=30°$ 값을 식에 대입하면 다음과 같다.

$$F_{\text{자기력}} = \dfrac{4^2 \times \dfrac{\sqrt{3}}{2} \times v \times 1}{3} = \dfrac{8\sqrt{3}}{3}v$$

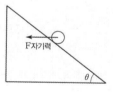

따라서, $v = 1\text{m/s}$일 때, 자기력의 크기는 $\dfrac{8\sqrt{3}}{3}\text{N}$ 이다. (X)

ㄷ. 금속막대의 질량이 m일 때, 운동 방정식은 다음과 같다.

$$mg\sin\theta - F_{\text{자기력}}\cos\theta = ma\left(= m\dfrac{dv}{dt}\right)$$

충분한 시간이 흐른 후 가속도는 0이므로 종단 속력 v는 다음 운동방정식은 만족한다.

$$mg\sin\theta - \left(\dfrac{8\sqrt{3}}{3}v\right)\cos\theta = m \times 0$$

정리하면 $v = \dfrac{mg\sin\theta}{\dfrac{8\sqrt{3}}{3} \times \cos\theta}$ 를 얻는다. 주어진 값 $m = 1 \text{ kg}$, $\theta = 30°$, $g = 10 \text{ m/s}^2$

를 대입하면, 종단속도 $v = 1.25 \text{ m/s}$이다.

이때 전류는 $I = \dfrac{4 \times \dfrac{\sqrt{3}}{2} \times 1 \times 1.25}{3} = \dfrac{5}{6}\sqrt{3}\,(\text{A})$임을 알 수 있다. (O)

22　정답 ⑤

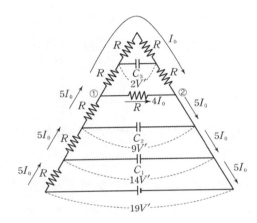

분기점 ①에서 대각선 위로 흐르는 전류를 I_0라 하면, ①→② 직선 경로에도 같은 전압이 걸리므로, 저항을 비교하면 흐르는 전류는 $4I_0$임을 알 수 있다. 같은 방법으로 각 저항에 흐르는 전류를 그림과 같이 알 수 있다. 흐르는 전류를 이용하여 각 축전기에 걸리는 전압의 비를 알 수 있다. 편의상 $I_0 R = V'$이라고 하자.

C_2, C_3에 걸리는 전압의 비와, 주어진 조건 (전하량 동일)을 이용하면 $C_3(2V') = C_2(9V')$이므로 두 축전기의 비는 $C_2 : C_3 = 2 : 9$ 임을 알 수 있다.

마찬가지로, C_1, C_3에 저장된 전기에너지 비율를 이용하면 $\dfrac{1}{2}C_1(14V')^2 : \dfrac{1}{2}C_3(2V')^2 = 7 : 1$을 얻을 수 있다. 즉 $C_1 : C_3 = 1 : 7$ 이다.

세 축전기의 비를 계산하면 $C_1 : C_2 : C_3 = 9 : 14 : 63$ 임을 알 수 있다.

23 정답 ③

ㄱ. 이상기체 상태방정식 $PV = nRT$ 에 따라, D→A 등적과정에서 압력 P는 온도 T에 비례한다. 따라서 A의 압력 P_A는 $\dfrac{P_0}{2}$ 이다. (O)

ㄴ. 절대 온도–압력 그래프에 대응하는 압력–부피 그래프로 변환하면, 그림과 같다. 기체가 한 일은 압력–부피 그래프에서 면적으로 알 수 있는데 두 과정 C→D, A→B 과정의 면적의 크기가 다름을 알 수 있다. (X)

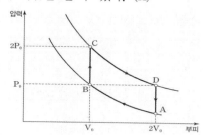

ㄷ. 엔트로피 변화량은 흡수한 열량에 비례한다. C→D과정은 내부에너지는 일정하나 기체가 외부에 일을 하였으므로 열량을 흡수하였다. 따라서 이 과정중 엔트로피는 증가함을 알 수 있다. (O)

24 정답 ②

주어진 조건에서 물체는 로렌츠 힘을 받아 원운동 하므로 점 $(1, \sqrt{3})$와 점$(0, -2)$가 모두 같은 원의 궤적에 위치해야 한다. 두 점은 모두 원점에서 거리 2의 위치에 있으므로 발사시킨 물체가 원점을 중심으로 하는 반지름 2 m의 궤적을 그리는 것을 알 수 있다. 이 물체에 작용하는 구심력이 로렌츠 힘임을 이용하여 $Bqv_0 = \dfrac{mv_0^2}{R}$ 으로부터, $v_0 = \dfrac{BqR}{m}$ 임을 알 수 있고, 문제에 주어진 값을 대입하면 v_0는 2 m/s 임을 알 수 있다.

25 정답 ④

ㄱ. (가)의 터널에서 입자는 구의 중심 사이와의 거리에 비례하는 힘을 받는다. 이 때 중심으로 갈수록 입자의 속력이 빨라지기는 하지만 힘이 일정하지 않으므로 등가속도 운동은 아니다. (X)

ㄴ. (가)의 터널에서는 입자가 중심으로 갈수록 속력이 점점 증가하다가 중심을 통과한 후에는 속력이 감소하는 운동을, (나)의 터널에서는 등속도 운동을 한다. (나)에서 입자는 v_0의 속력을 유지한 채로 운동을 하지만, (가)에서 입자는 v_0의 속력보다 빨라진 후 다시 v_0의 속력으로 돌아오는 운동을 하므로, 터널을 통과하는 데 걸리는 시간은 (가)에서가 (나)에서 보다 짧다. (O)

ㄷ. B를 지난 후 입자는 (가), (나)의 경우와 관계없이 전체 전하량 Q에 의한 인력을 동일하게 받는다. 따라서 다시 B 지점에 도착하는데 걸리는 시간은 두 경우가 동일하다. (O)

26 정답 ③

가변저항과 B를 합성하면 회로를 두 개의 저항이 직렬 연결된 회로로 단순화하여 소비전력을 예측할 수 있다. 가변저항의 크기를 증가시키면 합성된 저항의 저항값이 커진다. 이때 전지의 전압의 크기는 일정하므로 A에 걸리는 전압은 작아지고, B와 합성저항에 걸리는 전압은 증가한다. A, B의 저항값은 변하지 않고 A, B에 걸리는 전압만 변했으므로 소비전력 $P = \dfrac{V^2}{R}$의 식을 이용해서 구할 수 있다. 결과적으로 A에 걸리는 전압은 감소하고, B에 걸리는 전압은 증가했으므로, A의 소비전력은 감소하고, B의 소비전력은 증가한다.

27 정답 ④

ㄱ. 오목렌즈에 의해서는 바로 선 허상만 생기므로, 여기서는 사용한 볼록렌즈임을 알 수 있다. (X)

ㄴ. 주어진 그림에서 거꾸로 선 상이 생겼으므로 물체는 렌즈의 초점 밖에 있다. (O)

ㄷ. 배율이 2배가 되었고 거꾸로 선 상이 생겼으므로 배율의 식에 의해 $-2 = -\dfrac{i}{p}$이고, $i = 2p$임을 알 수 있다. 물체에서 상까지의 거리가 30 cm 이므로, p(물체와 렌즈 사이의 거리)는 10 cm, i(상과 렌즈 사이의 거리)는 20 cm 이다. (O)

28 정답 ④

스위치를 p에 연결하였을 때, A의 전위를 V, B의 전위를 0이라고 하자. 저항값이 5 Ω, 12 Ω 인 저항에는 전류가 왼쪽으로, 저항값이 8 Ω 인 저항에는 전류가 오른쪽으로, 저항값이 20 Ω 인 저항에는 전류가 아래쪽으로 흐른다고 하고, 저항값이 5 Ω 인 저항과 8 Ω 인 저항 사이의 전위를 V_1이라고 하면, 키르히호프의 법칙에 의해 $\dfrac{72 - V_1}{5} + \dfrac{V - V_1}{8} = \dfrac{V_1}{20}$, $\dfrac{72 - V}{12} = \dfrac{V - V_1}{8}$이 성립한다. 두 식을 연립하면 $V = \dfrac{324}{5}$ V이다.

스위치를 q에 연결하였을 때, 저항값이 5 Ω 인 저항과 저항값이 20 Ω 인 저항은 병렬 연결되어 있어 두 저항의 합성 저항값은 4 Ω 이다. 이 저항은 저항값이 8 Ω 인 저항과 직렬 연결되어 있어 합성 저항값은 12 Ω 이다. 이 저항은 위쪽의 저항값이 12 Ω 인 저항과 병렬로 연결되어 있으므로, 합성 저항값은 6 Ω 이다. 즉 $R = 6 Ω$ 이다.

따라서 $\dfrac{V}{R} = \dfrac{54}{5}$ A이다.

29 (정답) ⑤

ㄱ. 코일의 단면적, 길이, 감은수가 각각 A, ℓ, N이고, 코일 속 물질의 투자율이 μ일 때, 코일의 자체 유도 계수는 $L = \dfrac{\mu N^2 A}{\ell}$이다. 따라서 $L_1 = \dfrac{1}{2}L_2$이다. (O)

ㄴ. 투자율은 철이 유리보다 크므로 $L_1 > L_3$이다. (O)

ㄷ. 1차 코일과 2차 코일의 자체 유도 계수 모두가 (가)에서가 (나)에서보다 크고, 코일 사이의 거리는 같으므로, 상호 유도 계수는 (가)에서가 (나)에서보다 크다. (O)

30 (정답) ⑤

단일 굴절면에 의한 빛의 굴절은 $\dfrac{n_1}{a} + \dfrac{n_2}{b} = \dfrac{n_2 - n_1}{r}$이 성립한다. 여기서 a는 물체 거리, b는 상거리, r은 굴절면의 반지름, n_1은 입사되는 매질의 굴절률, n_2는 굴절되어 진행하는 매질의 굴절률이다. 첫 번째 굴절은 공기에서 유리로 평행광이 굴절되었으므로, $\dfrac{1.5}{b} = \dfrac{0.5}{50}$이 성립하고, $b = 150\,\text{mm}$이다. 두 번째 굴절은 평면 유리($r = \infty$)에서 공기로 빛이 굴절되었으므로, $\dfrac{1.5}{-100} + \dfrac{1}{b'} = 0$이 성립하고, $b' = \dfrac{200}{3}\,\text{mm}$이다. 세 번째 굴절은 공기에서 평면 유리($r = \infty$)로 빛이 굴절되었으므로, $\dfrac{1}{\left(t - \dfrac{200}{3}\right)} + \dfrac{1.5}{50} = 0$이 성립하고, $t = \dfrac{100}{3}\,\text{mm}$이다.

2022년 1교시
정답 및 풀이

01 정답 ④

물체가 구간 Ⅰ, Ⅱ에서 받은 일이 같고 구간의 길이가 Ⅰ이 Ⅱ의 $\frac{1}{2}$배이므로, 물체에 작용한 힘의 크기는 Ⅰ에서가 Ⅱ에서의 2배이다. $F=ma$이고, 물체의 질량은 변화하지 않으므로, 각 구간에서의 가속도 또한 Ⅰ에서가 Ⅱ에서의 2배이다.

이를 활용하여 Ⅰ, Ⅱ에서의 가속도의 크기를 각각 $2a$, a, 길이를 L, $2L$, q에서의 속력을 v'이라고 하면, Ⅰ, Ⅱ에서의 속도 변화에 대한 등가속도 공식을 각각 이용하여 다음과 같은 식으로 정리할 수 있다.

$$구간 Ⅰ : v'^2 - v^2 = -2(2a)L \quad --- ①$$
$$구간 Ⅱ : \ 0 - v'^2 = -2a(2L) \quad --- ②$$

②에서 $-4aL = -v'^2$이므로 이를 ①의 우변에 대입하면

$$v'^2 - v^2 = -v'^2 \quad \therefore v' = \frac{v}{\sqrt{2}} 이다.$$

02 정답 ④

시간 $t=0$일 때 A를 가만히 놓았을 때 그래프가 (나)와 같이 나온 것으로 보아 A는 상승 운동을 하며, 4초까지는 B가 위로 당겨주어 운동량이 증가하다가 4초 이후에는 B가 당겨주지 않아 다시 운동량이 감소하는 것을 알 수 있다. 즉, 4초에 B가 수평면에 도달하면서 A를 당겨주지 않는 상황이다.

ㄱ. A를 가만히 놓았을 때 A, B, 물체계에 작용하는 힘 $\sum F = 60 - 10m = (6+m)a$ ---① 이다. 시간에 따른 운동량의 기울기 $\frac{\varDelta p}{\varDelta t} = F$이며, 4초 이후 A는 중력만을 받으며 등가속도 운동하므로, (나)의 그래프에서 $\frac{p_0}{1} = 10m$ ---② 임을 알 수 있다.

한편, 0~4초까지 A가 받는 알짜힘은 $\frac{2p_0}{4} = ma$ --- ③ 이다. ②에서 구한 p_0을 ③에 대입하면 0~4초까지 A의 가속도의 크기 $a = 5\,\mathrm{m/s^2}$임을 알 수 있다. (×)

ㄴ. ㄱ에서 구한 가속도를 식 ①에 대입하면 A의 질량 m은 2 kg이다. (○)

ㄷ. 1초일 때, B에 작용하는 알짜힘은 $6\,\mathrm{kg} \times 5\,\mathrm{m/s^2} = 30\,\mathrm{N}$이므로 (A와 B가 실로 연결되어 둘의 가속도가 동일하게 $5\,\mathrm{m/s^2}$이다.), 실이 B에 작용하는 장력은 $60\,\mathrm{N} - \mathrm{T} = 30\,\mathrm{N}$을 활용하면 $30\,N$ 임을 알 수 있다. (○)

03 정답 ①

평균속력 $= \dfrac{\text{이동거리}}{\text{걸린시간}}$ 이다.

오른쪽으로 이동한 거리를 L이라고 하면 민수가 왕복한 거리는 $2L$이다.

영희가 볼 때 민수가 오른쪽으로 이동하는 속력은 $8\,\mathrm{km/h}$, 왼쪽으로 이동하는 속력은 $2\,\mathrm{km/h}$이다.

결국 민수가 오른쪽으로 이동하는 시간은 $\dfrac{L}{8\,\mathrm{km/h}}$, 왼쪽으로 이동하는 시간은 $\dfrac{L}{2\,\mathrm{km/h}}$

이므로, 평균속력 $= \dfrac{2L}{\dfrac{L}{8\,\mathrm{km/h}} + \dfrac{L}{2\,\mathrm{km/h}}} = 3.2\,\mathrm{km/h}$이다.

04 정답 ④

A와 B의 역학적 에너지의 비가 2 : 1이므로 A와 B의 처음 상태의 역학적 에너지를 구해서 식을 세우면

$$\frac{1}{2}mv_1^2 + mgh = 2 \times \frac{1}{2}mv_2^2 \qquad ①$$

한편, A가 내려온 거리를 h_1 B가 올라간 거리를 h_2라 하면

$$h_1 + h_2 = h\text{이다.} \qquad ②$$

또한 두 공이 높이가 같을 때의 속력(충돌 직전의 속력)을 각각 v_1', v_2'라고 하면 A와 B의 운동에너지의 비가 4 : 1이라고 했으므로

$$\frac{1}{2}mv_1'^2 = 4 \times \frac{1}{2}mv_2'^2 \text{ 이다.} \qquad ③$$

A와 B 각각에 대해 역학적에너지 보존식을 써보면

$$\frac{1}{2}mv_1^2 + mgh_1 = \frac{1}{2}mv_1'^2 \qquad ④$$

$$\frac{1}{2}mv_2^2 - mgh_2 = \frac{1}{2}mv_2'^2 \qquad ⑤$$

이제 ④-⑤식을 하면

$$\frac{1}{2}mv_1^2 - \frac{1}{2}mv_2^2 + mgh = \frac{1}{2}mv_1'^2 - \frac{1}{2}mv_2'^2 \qquad ⑥$$

⑥식에 ①식과 ③식을 대입하여 v_2와 v_2'에 대한 식으로 정리하면

$$\frac{1}{2}mv_2^2 = \frac{3}{2}mv_2'^2\text{이므로 } v_2 : v_2' = \sqrt{3} : 1\text{이다.}$$

05 (정답) ③

ㄱ. 연직방향 단진동의 주기는 수평방향 단진동의 주기와 동일하고, 수평방향 단진동은 $T = 2\pi\sqrt{\dfrac{m}{k}}$ 의 식으로 구할 수 있다. (나)에서 단진동 운동하는 전체 질량이 $3m$이므로 주기는 $2\pi\sqrt{\dfrac{3m}{k}}$ 이다. (○)

ㄴ. 진폭은 가만히 놓은 위치에서 평형점까지의 거리이고, 중력과 탄성력이 같은 지점이 평형점이다. 가만히 놓은 위치일 때 용수철이 늘어난 길이를 x_1, 받침대에 질량이 $2m$인 물체를 놓은 후 중력과 탄성력이 같을 때 용수철이 늘어난 길이를 x_2라 하면 $kx_1 = mg$, $kx_2 = 3mg$를 만족한다는 것을 알 수 있다. 따라서 진폭은 $x_2 - x_1 = \dfrac{3mg}{k} - \dfrac{mg}{k} = \dfrac{2mg}{k}$ (○)

ㄷ. 중력에 의한 위치 에너지가 최소인 순간은 가장 낮은 지점에 위치하는 순간이고, 이때 (방향을 전환하기 위해) 물체는 순간적으로 속력이 0이 되므로 운동에너지는 최소이다. (×)

06 (정답) ③

물체 A는 등가속도 운동을 하므로 물체 A가 최고점에 도달하는데 걸리는 시간 t_h는 $t_h = \dfrac{v}{g} = \dfrac{50\,(\text{m/s})}{10\,(\text{m/s}^2)}$으로 5초이며, 다시 하강하며 수평면에 도착하는 데 걸리는 시간 역시 5초이다. 한편, 물체 B는 $50\,\text{m/s}$로 수평방향으로 등속도 운동을 한다.

ㄱ. 물체 A의 최고점 높이 $h = vt + \dfrac{1}{2}at^2 = 50\,(\text{m/s}) \times 5\,(\text{s}) + \dfrac{1}{2} \times (-10\,(\text{m/s}^2))$ $\times 5^2\,(\text{s}^2) = 125\,\text{m}$이므로 이동거리는 최고점 높이의 2배인 $250\,\text{m}$이다. (○)

ㄴ. 5초 동안 물체 B는 속력 $50\,\text{m/s}$로 등속도 운동을 하므로 물체 B가 이동한 거리는 $250\,\text{m}$이다. (○)

ㄷ. B에 대한 A의 상대 속도 $\vec{v}_{BA} = \vec{v}_A - \vec{v}_B$이므로 한 변의 크기가 50인 직각 이등변 삼각형의 빗변의 길이가 상대속도의 크기가 된다는 것을 알 수 있다. 따라서 $|\vec{v}_{AB}| = 50\sqrt{2}\ \text{m/s}$이다. (×)

07 (정답) ⑤

ㄱ. 공이 A에서 C까지 낙하하는 동안의 수직 방향의 운동을 따져보자. $y = \dfrac{g}{2}t^2$임을 활용하면 낙하거리가 시간의 제곱에 비례하므로, 공이 A에서 C까지 4m 낙하하는 데 걸리

는 시간은 공이 A에서 B까지 1m 낙하하는 데 걸리는 시간의 2배임을 알 수 있다. 따라서 A에서 B까지 낙하하는데 걸린 시간과 B에서 C까지 낙하하는데 시간은 같다. (○)

ㄴ. 가장 높은 지점인 A에서 h만큼 자유 낙하하는 데 걸리는 시간은 $\frac{1}{2}gt^2 = h$로부터 $t = \sqrt{\dfrac{2h}{g}}$이다. 공을 던지고 다시 받을 때까지 걸린 시간은 그 시간의 2배이므로 $2\sqrt{\dfrac{2h}{g}}$이다. $g = 10\text{m/s}^2$, $h = 4\text{m}$이므로 주어진 식에 대입하면 총 걸린 시간은 $\frac{4\sqrt{5}}{5}$초임을 알 수 있다. (○)

ㄷ. $\frac{4\sqrt{5}}{5}$초 동안 학생은 4m 이동했으므로 학생의 속력 $v = \sqrt{5}\,\text{m/s}$이다. (○)

08 정답 ①

ㄱ. 물체가 등속운동을 하므로 물체에 작용하는 알짜 힘은 0이다. 즉 F의 수평 방향 성분의 크기와 마찰력이 같다는 사실을 알 수 있다. F의 수평 방향 성분의 크기는 $F\cos60° = \dfrac{F}{2}$이므로 마찰력의 크기는 $\dfrac{F}{2}$이다. (○)

ㄴ. F가 물체를 위로 들어올리는 수직 성분의 힘이 존재하므로 마찰면이 물체를 미는 수직항력은 W보다 작다. $f = \mu N$이고, ㄱ에서 $f = \dfrac{F}{2}$였으므로, 이를 대입하여 μ에 대해 정리하면, $\mu = \dfrac{F}{2N}$이다. 여기서 수직항력 N이 W보다 작다고 했으므로 마찰면의 운동 마찰 계수 μ는 $\dfrac{F}{2W}$보다 크다. (×)

ㄷ. F보다 힘이 커지면 수평으로 당기는 힘은 더 커지고 수직항력이 더 작아져 운동 마찰력이 감소하므로 등속 운동하지 않고, 가속 운동을 하게 된다. (×)

09 정답 ③

ㄱ. A가 받은 일이 $5\text{N} \times 10\text{m} = 50\text{J}$이고 이 일이 운동에너지로 전환되므로 $\frac{m}{2}v^2 = 50\text{J}$으로부터 $v = 10\,\text{m/s}$이다. (○)

ㄴ. 두 물체의 도착선에서의 속력이 같으므로 두 물체의 운동에너지의 변화량이 같고, 따라서 두 물체가 받은 일이 같다는 것을 알 수 있다. 물체 B는 I의 구간에서만 일을 받고 II구간에서는 일을 받지 않는다. 따라서 물체 B가 I의 구간에서 받은 일만 따져

주면 되고, 이 값이 ㄱ에서 A가 받은 일인 50J과 같아지므로 $50\text{J} = 10\text{N} \times x$로부터 $x = 5\text{m}$이다. (○)

ㄷ. A는 구간 내내 등가속도 운동을 하므로 $L = \frac{1}{2}at^2$에서 $a = \frac{F}{m} = \frac{5\,\text{N}}{1\,\text{kg}} = 5\text{m/s}^2$, $L = 10\,\text{m}$임을 고려하면 $t = 2$초임을 알 수 있다. B의 가속도는 I에서 10m/s^2이고, 구간 I의 길이는 $5\,\text{m}$이므로 $L = \frac{1}{2}at^2$을 다시 활용하면 I의 구간에서 1초만큼의 시간이 걸린다는 사실을 알 수 있다. 이후 B는 II구간에서 $5\,\text{m}$의 거리를 10m/s의 속력으로 등속 운동하므로 II구간에서는 $\frac{1}{2}$초만큼의 시간이 걸려 B의 총 이동 시간은 $\frac{3}{2}$초라는 것을 알 수 있다. 따라서 A와 B가 도착선에 도착하는 시간의 차이는 $\frac{1}{2}$초 이다. (×)

10 **정답** ②

엘리베이터 내부에서 느끼는 중력 가속도는 엘리베이터가 위로 가속되는 (가)의 경우는 엘리베이터 가속의 반대 방향의 가속도가 있다고 느껴져서 $g_{(가)} = g + a$가 됨을 알 수 있다. 마찬가지로 엘리베이터가 아래로 가속되는 경우는 $g_{(나)} = g - a$이다.

한편, (가)의 경우 공이 엘리베이터 바닥에 부딪히기 직전의 속력을 $v_A{'}$라고 하면 역학적 에너지 보존 법칙에 의해, $\frac{1}{2}mv_A^2 + mg_{(가)}h = \frac{1}{2}mv_A{'}^2$이다. 공이 바닥에 탄성충돌 하므로, 충돌 직후 공의 속력은 $ev_A{'}$이고, 충돌 직후의 공의 운동에너지는 공이 높이 h에 다시 도달한 순간의 공의 위치 에너지와 같으므로, $mg_{(가)}h = \frac{1}{2}m(ev_A{'})^2 = e^2\left(\frac{1}{2}mv_A^2 + mg_{(가)}h\right)$이다. 이를 정리하면, $v_A^2 = 2\left(\frac{1}{e^2} - 1\right)g_{(가)}h$이다.

(나)의 경우도 (가)의 경우와 동일하게 생각할 수 있다. (나)의 경우 공이 엘리베이터 바닥에 부딪히기 직전의 속력을 $v_B{'}$라고 하면 역학적 에너지 보존 법칙에 의해, $\frac{1}{2}mv_B^2 + mg_{(나)}h = \frac{1}{2}mv_B{'}^2$이다. 공이 바닥에 탄성충돌 하므로, 충돌 직후 공의 속력은 $ev_B{'}$이고, 충돌 직후의 공의 운동에너지는 공이 높이 h에 다시 도달한 순간의 공의 위치 에너지와 같으므로, $mg_{(나)}h = \frac{1}{2}m(ev_B{'})^2 = e^2\left(\frac{1}{2}mv_B^2 + mg_{(나)}h\right)$이다. 이를 정리하면 $v_B^2 = 2\left(\frac{1}{e^2} - 1\right)g_{(나)}h$이다.

이들 결과를 활용하면 $\left(\frac{v_B}{v_A}\right)^2 = \frac{g_{(나)}}{g_{(가)}}$ 이고 $\frac{v_B}{v_A} = \sqrt{\frac{g_{(나)}}{g_{(가)}}} = \sqrt{\frac{g - a}{g + a}}$ 이다.

11 정답 ⑤

지점 C에서 짐판이 원통에 작용하는 수직 항력은 W_C이고, 원통의 표면은 짐판 표면과 상대 속력을 가지고 미끄러지므로 이때 원통에 작용하는 마찰력은 운동 마찰력이다. 따라서 짐판이 원통에 작용하는 마찰력의 크기 $f_1 = \mu_k W_C$이다.

한편, 수직 벽이 원통에 작용하는 마찰력의 크기는 짐판이 원통에 작용하는 마찰력 f_1을 수직항력으로 하여 발생한다. 따라서 수직 벽이 원통에 작용하는 마찰력의 크기 $f_2 = \mu_k f_1 = \mu_k^2 W_C$이다.

마지막으로 원통이 C에서 회전하고 있을 때 원통에 작용하는 수직 방향 성분의 힘을 모두 고려해보면 원통에는 아랫방향의 원통의 중력(W_B)과, 윗 방향의 수직 벽이 원통에 작용하는 마찰력(f_2), 그리고 윗 방향의 수직 항력(W_C)이 작용한다는 것을 알 수 있다. 원통에 작용하는 짐판의 수직항력과 벽면 마찰력의 합력 크기가 원통에 작용하는 중력 크기와 같아야 하므로 $W_B = W_C + f_2$이다. 따라서 $\dfrac{W_B - W_C}{W_C} = \dfrac{f_2}{W_C} = \mu_k^2$ 이다.

12 정답 ③

ㄱ. A에 작용하는 힘 중 수평방향의 힘은 마찰력이 유일하다. A는 관성에 의해 정지해 있으려 하는데 B가 움직이면서 A에게 오른쪽 방향의 마찰력을 작용하므로 A는 오른쪽으로 운동한다. (○)

ㄴ. ㄱ에서 설명한 것과 같이 B를 오른쪽으로 잡아당기면 A는 관성에 의해 정지해 있으려 하므로, B가 움직이면서 A에게 오른쪽 방향의 마찰력을 작용한다. 이 반작용의 힘으로 A는 B에게 왼쪽 방향의 마찰력을 작용한다. 따라서 B에 작용하는 마찰력의 방향은 왼쪽이다. (○)

ㄷ. B에 작용하는 마찰력은 A가 B를 누르는 수직항력에 의해 발생한다. F로 A를 잡아당길 때의 마찰력과 B를 잡아당길 때의 마찰력은 A가 B를 누르는 수직항력이 변하지 않으므로 동일하다. (×)

13 정답 ③

A, B가 수평면에서 높이 $\dfrac{3}{4}h$인 지점에서 충돌할 때, B의 낙하거리는 $\dfrac{1}{4}h$이다. 자유낙하할 때 $s = \dfrac{1}{2}gt^2$의 관계식을 만족하므로 자유낙하 시간의 제곱 t^2과 자유낙하거리 s가 비례한다는 사실을 알 수 있다. 따라서 두 물체가 수평면에서 높이 $\dfrac{3}{4}h$인 지점에서 충돌할 때의 운동 시간은 기존에 수평면에서 충돌할 때보다 $\dfrac{1}{2}$배로 줄어들 것이라는 사실을 알 수 있다. A의 경우 운동 시간이 $\dfrac{1}{2}$배로 줄어들더라도 동일한 수평거리만큼 이동해야 하므로 수평 발사 속도를 2배 빠르게 해야 높이 $\dfrac{3}{4}h$인 지점에서 충돌할 수 있다.

14 정답 ②

ㄱ. 점 O에서 만나므로 물체 A, B의 운동시간은 같다. 따라서 A의 이동 시간 대신 구하기 쉬운 B의 이동 시간을 구하면 된다. 물체 B의 도달 시간을 구하기 위해 등가속도 운동 공식 $s = v_0 t + \dfrac{1}{2} a t^2$ ---① 을 활용해보자. B의 경우 처음 속도 $v_0 = 0$이고, 이동거리 s는 빗면의 길이인 $2\sqrt{3}\,h$, 가속도 a는 중력의 빗면 아랫방향 성분이므로 $g\sin 60°$임을 알 수 있다. 이를 주어진 식 ①에 대입하여 정리하면 $t = \sqrt{\dfrac{2 \times 2\sqrt{3}\,h}{g \sin 60°}} = 2\sqrt{\dfrac{2h}{g}}$ 이다. (×)

ㄴ. 포물선 운동은 수평 방향 성분과 수직 방향 성분의 운동을 독립적으로 고려할 수 있으므로 물체 A의 수평 방향 운동을 ① 식을 활용하여 고려해보자. 물체의 수평 이동거리 $s = \sqrt{3}\,h$, 이동 시간 t는 ㄱ에서 구한 $2\sqrt{\dfrac{2h}{g}}$, 수평방향 가속도 $a = 0$이고, A의 속도를 v_A라 두면, 수평 방향 속도는 $v_A \cos 60°$이다. 이를 ① 식에 대입하면 $v_A \cos 60° \times 2\sqrt{\dfrac{2h}{g}} = \sqrt{3}\,h$이고, 이를 정리하면

$$v_A = \sqrt{\dfrac{3gh}{2}} = \dfrac{\sqrt{6gh}}{2} \text{이다. (○)}$$

ㄷ. 역학적 에너지 보존법칙을 활용하여 점 O에서 A, B의 운동에너지를 각각 구해보자. 위치에너지의 기준점을 수평면으로 하면 점 O에서 A, B의 위치에너지는 0이므로, 점 O에서 A, B의 운동에너지는 A, B에서의 역학적에너지와 같다는 사실을 알 수 있다. 따라서 점 O에서 A의 운동에너지는 $mgh + \dfrac{1}{2} m \left(\dfrac{\sqrt{6gh}}{2} \right)^2 = \dfrac{7}{4} mgh$ 임을 알 수 있고, 점 O에서 B의 운동에너지는 $mg\,3h$ 임을 알 수 있다.

따라서 점 O에서 A의 운동에너지는 A가 B의 $\dfrac{7}{12}$ 배이다. (×)

15 정답 ③

어떤 물체를 통해 전도되는 열량은 물체의 열전도율, 단면적, 물체 양끝의 온도차, 열이 전달되는 시간에 비례하고, 물체의 길이에 반비례한다. 이를 식으로 표현하면

$$Q = kA\frac{\triangle T}{l}t \qquad\qquad ①$$

(Q: 열량, k: 열전도율, A: 단면적, $\triangle T$: 온도차, l: 길이, t: 시간)이다.
또한 문제에서 위쪽 전도체 부분의 온도차와 아래쪽 전도체 부분의 온도차는 다음과 같은 식을 만족한다는 것을 알 수 있다.

$$T_{\text{고열원}} - T_{\text{저열원}} = \Delta T_\text{A} + \Delta T_\text{B} + \Delta T_\text{C} = \Delta T_\text{D} \qquad ②$$

온도차가 중요하므로 ①식을 온도차에 대한 식으로 다시 쓰면

$$\Delta T = \left(\frac{Q}{t}\right)\left(\frac{1}{A}\right)\left(\frac{l}{k}\right) \qquad ③$$

한편, 각 전도체를 통해 전달되는 열량 Q, 각 전도체의 단면적 A, 열량이 전달되는 시간 t는 모두 같으므로 ②식에서 Q, A, t는 고려할 필요가 없다. 즉,

$$\Delta T \propto \frac{l}{k} \qquad ④$$

이제 ④식을 ②식에 넣고 정리하면

$\dfrac{L}{3k} + \dfrac{L}{k} + \dfrac{4L}{2k} = \dfrac{6L}{k_\text{D}}$ 0 $\therefore k_\text{D} = \dfrac{9}{5}k = 1.8k$ 임을 알 수 있다.

2022년 2교시
정답 및 풀이

01 **정답** ④

ㄱ. A의 전하는 양이고, $x = -\dfrac{d}{2}$에서의 전위는 0이므로 B는 음전하이다. 이를 이용하여
$x = -\dfrac{d}{2}$에서의 전위가 0임을 이용하여 계산하면 $k_e \dfrac{Q}{(d/2)} + k_e \dfrac{Q'}{(3d/2)} = 0$이므로,
$Q' = -3Q$이다. (○)

ㄴ. $x = 0$에 위치한 전하의 전하량은 $+Q$, $x = d$에 위치한 전하의 전하량은 $-3Q$이므
로, 두 전하의 중간 지점인 $x = \dfrac{d}{2}$에서의 전위는 0이 아니라 음(−)이라는 사실을
쉽게 알 수 있다. 두 전하의 중간 지점에서의 정확한 전위는 $k_e \dfrac{Q}{(d/2)} + k_e \dfrac{-3Q}{(d/2)}$
$= k_e \dfrac{-2Q}{(d/2)} = k_e \dfrac{-4Q}{d}$이다. (×)

ㄷ. 전위(혹은 퍼텐셜)이 주어졌을 때 양전하가 받는 힘의 방향은 전위 모양의 비탈면에
물체를 가만히 놓을 때 물체가 어느 방향으로 이동할지를 살펴보면 쉽게 알 수 있다.
$x = -\dfrac{d}{2}$에 양의 점전하를 가만히 놓으면 음의 전기력을 받아 $-x$방향으로 움직인
다. 즉 전기장의 방향은 $-x$방향이다. 보다 구체적으로 전기장은 전위의 공간 변화
율의 음의 값임을 이용해서 구할 수 있다. 즉, $E = -\dfrac{dV}{dx}$이고, 전기장의 기울기,
즉 변화율이 양(+)이므로 전기장은 음(−)의 값을 가진다. (○)

02 **정답** ④

(가)에서의 저항의 연결은 도선으로 연결된 두 지점의 전위가 같다는 사실을 이용하면
쉽게 파악할 수 있다. 이를 이용하면 (가)에서의 저항은 3개의 저항이 병렬로 연결되어
있는 상황과 같으므로 회로 전체의 저항값은 $\dfrac{R}{3}$이다. 그러므로 전지에 흐르는 전류의
세기는 $I_{(가)} = \dfrac{3V}{R}$이다. (나)와 같은 회로는 크게 $4R$, $2R$의 저항을 거쳐 위로 전류가
흐르는 회로(두 저항이 직렬 연결), $2R$, R의 저항을 거쳐 아래로 전류가 흐르는 회로(두
저항이 직렬 연결)의 두 회로가 병렬 연결된 상황에서 가운데 $2R$의 저항이 연결된 것과
같다. 위쪽 직렬 회로와 아래쪽 직렬 회로의 특성을 각각 살펴보면 앞, 뒤로 연결된 저항의
값의 비가 $2 : 1$로 동일하다는 사실을 알 수 있다. 저항 값의 비가 동일하기 때문에 위쪽
회로로 흐른 전류가 $4R$의 저항을 통과한 후의 전압 강하값과, 아래쪽 회로로 흐른 전류가
$2R$의 저항을 통과한 후의 전압 강하값이 동일하다는 것을 알 수 있으며, 이를 통해 가운
데 $2R$ 저항의 양단의 전위차가 0이 되어 가운데 $2R$의 저항에 전류가 흐르지 않는다.
(이런 특성을 가진 회로를 휘트스톤 브릿지 회로라 부른다.) 결국 $4R$과 위쪽의 $2R$, 아래
쪽의 $2R$과 R로 전류가 흐르는 병렬연결이 되므로, 회로 전체의 저항값은 $6R$과 $3R$의
병렬연결의 합성 저항값인 $2R$이다. 그러므로 (나)의 전류계에 흐르는 전류의 세기는
$I_{(나)} = \dfrac{V}{2R}$이며, 이를 통해 전류 값의 비를 구하면 $\dfrac{I_{(나)}}{I_{(가)}} = \dfrac{1}{6}$이라는 것을 알 수 있다.

2016

2017

2018

2019

2020

2021

2022

03 정답 ①

ㄱ. 점전하의 속력이 증가하였으므로 점전하는 $+x$ 방향으로 전기력을 받는다. 전기장의 방향과 점전하가 받은 전기력의 방향이 같으므로, 점전하는 양전하이다. 그리고 양전하인 점전하가 오른쪽으로 자기력을 받아 운동을 하였으므로 자기장의 방향은 xy 평면에서 수직하게 나오는 방향이다. (○)

ㄴ. 자기장은 점전하의 운동 방향에 대해 항상 수직하게 작용하므로, 자기장은 점전하에 일을 하지 않으며, 일률 또한 0이다. (×)

ㄷ. 자기력이 점전하에 해주는 일은 0이므로 점전하의 운동 에너지의 증가는 전기력이 한 일과 같다. 전기력은 $+y$축 방향으로 작용하므로 $+y$축 방향의 이동거리만큼 일을 해주게 된다. 이를 고려하면 다음과 같이 $QE_0(2r) = \dfrac{1}{2}mv^2$을 만족한다는 사실을 알 수 있다. 이를 전기장에 대해 정리하면 $E_0 = \dfrac{mv^2}{4Qr}$이다. (×)

04 정답 ③

소비전력은 $\dfrac{전압^2}{저항}$이고,

저항은 일정하므로 저항값이 $2R$인 저항에 걸리는 전압이 클수록 소비전력은 크다. 저항에 연결하는 전원의 전압은 V_0이다.

먼저 전원을 AC 또는 AD에 연결하면, V_0가 저항값이 $2R$인 저항에 모두 걸리므로 이때 소비전력이 가장 크다.

전원을 AB에 연결하면, 전류는 AB, ACB, ADCB의 세 경로로 흐를 수 있다. 우리는 AC 경로에 있는 $2R$의 저항에 걸리는 전압만 따져보면 된다. 이를 위해 ACB, ADCB의 두 경로에 있는 저항들의 합성저항을 고려해 보자. 우선 AC, ADC 경로에 있는 R과 $2R$은 병렬로 연결되어 있다. 이 두 저항의 합성 저항은 $\dfrac{2}{3}R$이다. 결과적으로 $\dfrac{2}{3}R$과 $2R$인 저항이 직렬로 연결된 회로와 마찬가지고, $\dfrac{2}{3}R$의 합성저항에 걸리는 전압이 $2R$의 저항에 걸리는 것과 같다. $\dfrac{2}{3}R$과 $2R$인 저항의 비는 $\dfrac{2}{3} : 2 = 1 : 3$이다. 전압의 비는 저항의 비와 같으므로 $2R$인 저항에 걸리는 전압은 $\dfrac{1}{4}V_0$이다.

전원을 BC에 연결하면(CD 경로에 저항이 없으므로 BD에 연결한 경우는 BC에 연결한 경우와 그 결과가 같다.), BC, BAC, BADC의 세 경로로 전류가 흐를 수 있고 앞서와 마찬가지로 AC 경로에 있는 $2R$의 저항에 걸리는 전압만 따져보면 된다. 이를 위해 BAC, BADC의 두 경로에 있는 저항들의 합성저항을 고려해 보면 R과 $2R$이 병렬로 연결된 합성저항과 R인 저항이 직렬로 연결된 것과 같으므로 저항의 비는 $\dfrac{2}{3} : 1 = 2 : 3$이다. 전압의 비는 저항의 비와 같으므로 $2R$인 저항에 걸리는 전압은 $\dfrac{2}{5}V_0$이다.

결과적으로 최소전압은 $\frac{1}{4}V_0$, 최대전압은 V_0이므로, 최소전압과 최대전압의 비는 1 : 4이다.

소비전력은 전압의 제곱에 비례하므로, $P_1 : P_2$는 1 : 16이다.

05 (정답) ④

$V = IR$, $Q = CV$를 적용하면 저항에는 $6\,\mathrm{V}$, 축전기에는 $10\,\mathrm{V}$의 전압이 걸리므로 전원의 전압은 $16\mathrm{V}$임을 알 수 있다. A와 B는 병렬연결이므로 전압이 같고, $Q = CV$에서 전압이 같을 때 축전기에 충전되는 전하량은 전기용량에 비례하므로 B의 전기용량은 $4\mathrm{F}$이다. 충분한 시간이 흐르면 충전이 완료되고 전류가 흐르지 않아 저항에는 전압이 걸리지 않고 축전기에 $16\,\mathrm{V}$의 전압이 모두 걸린다. 따라서 B에 충전된 전하량은 $4\,\mathrm{F} \times 16\,\mathrm{V} = 64\,\mathrm{C}$이다.

06 (정답) ⑤

실의 길이를 l, 실이 연직선과 이루는 각을 θ라고 하면 두 점전하 사이의 거리는 $2l\sin\theta$이다. 점전하가 정지해 있으므로 점전하에 작용하는 힘의 합력은 0이다. 점전하에 작용하는 수직 방향의 힘의 합력이 0임을 고려하면 $T\cos\theta = mg$ --- ①, 점전하에 작용하는 수직 방향의 힘의 합력이 0임을 고려하면 $T\sin\theta = k\dfrac{q^2}{(2l\sin\theta)^2}$ --- ② 임을 알 수 있다.

ㄱ. 전기력의 크기는 $T\sin\theta$이고, ①식을 대입하여 T를 소거하고 (가)에서의 각도를 대입하면 전기력의 크기는 $\dfrac{mg}{\cos\theta}\sin\theta = mg\tan\theta = mg\tan 60\,° = \sqrt{3}\,mg$ (○)

ㄴ. ①식을 T에 대해 정리하면 $T = \dfrac{mg}{\cos\theta}$이므로 주어진 각도를 대입하면 (가)에서가 (나)에서의 $\sqrt{3}$ 배이다. (○)

ㄷ. ①, ② 식을 연립하여 T를 소거하면 $q^2 \propto \tan\theta\sin^2\theta$임을 알 수 있다. (가)와 (나)의 각도를 대입하여 전하량의 비를 구하면 $\left(\dfrac{Q}{Q'}\right)^2 = \dfrac{\tan 60\,°\;\sin^2 60\,°}{\tan 30\,°\;\sin^2 30\,°} = 9$, 따라서 $|Q|$가 $|Q'|$의 3배이다. (○)

07 (정답) ②

O에서 자기장의 방향이 ⊙이므로 B에는 $+y$방향으로 전류가 흐른다. A와 B에 흐르는 전류의 세기를 각각 I_A, I_B라고 하고 P, O에서 자기장의 세기가 각각 $2B_0$, $3B_0$임을 이용하여 식을 세워보면 다음을 만족함을 알 수 있다.

$$\text{P점} : k\frac{I_A}{d} + k\frac{I_B}{3d} = 2B_0$$

$$\text{O점} : k\frac{I_B}{d} - k\frac{I_A}{d} = 3B_0$$

두 식을 연립하여 각각 I_A와 I_B를 소거하면 $k\frac{I_B}{d} = \frac{15}{4}B_0$, $k\frac{I_A}{d} = \frac{3}{4}B_0$이므로 Q에서 자기장의 세기는 $k\frac{I_A}{3d} + k\frac{I_B}{d} = 4B_0$임을 알 수 있다.

08 정답 ③

ㄱ. 자석이 b를 지날 때 솔레노이드를 통과하는 오른쪽 방향의 자기선속이 증가하고 있으므로 렌츠 법칙에 의해 오른쪽 방향의 자기선속이 증가를 막기 위해 솔레노이드 내부에는 왼쪽 방향의 자기선속이 유도되는 방향(즉, 자기장의 방향이 왼쪽)으로 솔레노이드에 전류가 흘러야 함을 알 수 있다. 그러므로 앙페르의 오른손의 법칙에 의해 유도 전류의 방향은 p → 저항 → q이다. (○)

ㄴ. 자석이 솔레노이드를 통과하는 과정에서 회로에 전류가 흐르고, 이 때문에 저항에 의해 에너지가 소비된다. 이때 소비되는 에너지는 자석의 운동에너지가 감소한 양과 같다. 그러므로 자석의 속력은 b에서가 c에서 보다 크다. (렌츠의 법칙에 의해 솔레노이드에는 솔레노이드를 통과하는 자기선속의 변화를 방해하는 방향으로 전류가 유도되고, 이것은 자석의 움직임을 방해한다. 자석이 솔레노이드를 통과하는 과정에서 그 움직임이 방해받으므로 자석의 속력은 느려진다.) (○)

ㄷ. 저항에서 에너지 소비가 일어나므로 역학적 에너지는 보존되지 않는다. 그러므로 자석이 반대편 빗면으로 올라간 최대 높이는 a의 높이보다 작다. (ㄴ과 마찬가지로 자석이 솔레노이드를 통과하는 과정에서 그 움직임이 느려지므로 솔레노이드를 빠져 나온 후 운동에너지가 작아지게 되고, 따라서 반대편 빗면으로 올라간 최대 높이도 낮아진다.) (×)

09 정답 ③

ㄱ. t_1일 때 A에서는 반시계 방향으로의 전류가 감소하고 있으므로 렌츠의 법칙에 의해 B에는 반시계 방향의 유도 전류가 생성 된다. (○)

ㄴ. t_1일 때와 t_2일 때 시간당 전류의 변화량이 같으므로 B에 유도되는 전류의 세기도 같다. (B에 유도되는 전류의 세기는 B에 유도되는 기전력의 세기에 의해 결정되며 유도 기전력의 세기는 패러데이 법칙에 의해 $\varepsilon = -N\frac{d\phi}{dt} = -N\frac{d(BA)}{dt}$로 표현된다. 여기서 도선의 감은 수 N, 단면적 A가 변하지 않는 상황이므로 B에서 측정되는 자기장의 시간 변화율만 고려하면 유도 전류의 세기를 비교할 수 있다. 자기장의 크기는 A에 흐르는 전류의 세기에 비례하므로 결국 전류의 시간당 변화량만 따져보면 된

다.) (○)

ㄷ. 앞서 ㄱ에서 t_1일 때는 A와 B 모두에서 반시계 방향의 전류가 흐른다는 것을 살펴봤
다. 한편 t_2일 때 A에서는 시계 방향으로 전류가 증가하고 있으므로 B에는 반시계
방향의 유도 전류가 생성된다. 따라서 t_1일 때는 두 전류의 방향이 반시계 방향으로
같아 자기력은 인력이고(마치 N극이 위로 향한 막대 자석 두 개가 수직으로 놓여 있는
상황과 비슷하다.), t_2일 때는 두 전류의 방향이 반대이므로(B의 위치에 N극이 위로
향한 막대자석이, A의 위치에 N극이 아래로 향한 막대자석이 놓여 있는 것과 비슷한
상황이다.) 이때 작용하는 자기력은 척력이다. 따라서 t_1일 때와 t_2일 때 작용하는
자기력의 방향은 다르다. (×)

10 (정답) ③

ㄱ. 원주상의 전하는 x축을 중심으로 거울 대칭 배열을 이루고 있다. 따라서 거울 대칭점
인 y축 위의 점 $(0, R)$과 $(0, -R)$에 있는 두 전하가 다른 전하들로부터 받는 힘의
크기는 같다. (y축 위의 점 $(0, R)$에 있는 전하의 입장에서 살펴본 다른 6개의 점전하
의 배열과 y축 위의 점 $(0, -R)$에 있는 전하의 입장에서 살펴본 다른 6개의 점전하
의 배열이 완전히 동일하므로 두 점전하가 받는 힘의 크기도 같다.) (○)

ㄴ. 점 $(R, 0)$에 $+Q$의 전하를 추가하면 전하 배열은 (가)와 (나) 모두 원점에 대하여 대칭
이 되어 원점에서 전기장은 0이 된다. 따라서 이 문제에서 원점의 전기장은 (가)와
(나) 모두 $-Q$가 $(R, 0)$에만 있는 경우와 같다. 그러므로 $E_{(가)} = E_{(나)}$이다. (원점
에서의 전기장을 구하기 위해 전하분포를 살펴보면 (가)의 경우 12시와 6시 방향에
있는 두 점전하 $-Q$에 의한 전기장이 상쇄되어 결과적으로 9시 방향의 $+Q$의 점전
하에 의한 전기장만 남는다. (나)의 경우 12시와 6시, 1.5시와 7.5시, 4.5시와 10.5시
방향의 점전하에 의한 전기장이 모두 상쇄되어 결과적으로 9시 방향의 $+Q$의 점전하
에 의한 전기장만 남는다. 따라서 두 경우 원점에서의 전기장의 크기는 같다.) (○)

ㄷ. x축 위에서 오른쪽으로 아주 먼 지점에서 전기장을 측정한다고 생각하자. 즉, $a \gg R$
이면 원주 상의 $+Q$와 $-Q$가 $(a, 0)$에 만드는 전기장은 근사적으로 크기가 같고
방향이 반대라는 것을 알 수 있다. (전기장의 방향이 거의 x축에 나란한 방향이 된다.)
따라서 원주상의 $+Q$와 $-Q$ 쌍이 만드는 전기장은 거의 상쇄되어 사라진다고 할
수 있다. 그러므로 $x \gg R$인 곳의 전기장은 (가)와 (나)의 경우 모두 원점 근처에 $-Q$
하나가 만드는 경우로 근사되어서 $E'_{(가)} / E'_{(나)}$에 가장 가까운 정수는 1이다. (×)

11 정답 ⑤

$P = \dfrac{V^2}{R}$이고 전압이 일정하므로, 전체 합성 저항이 가장 작을 때 소비전력이 최대가 되고, 전체 합성 저항이 가장 클 때 소비전력이 최소가 된다. 또한 소비전력의 비는 전체 합성저항의 비의 역수인 것도 알 수 있다. 따라서 소비전력의 최댓값과 최솟값의 비를 구하기 위해서는 합성저항의 최댓값과 최솟값의 비를 구하면 된다.

전체 합성 저항을 가장 작게 하기 위해서는 한쪽 부분(윗 부분, 혹은 아랫 부분)에 직렬 연결된 3개의 합성 저항값이 가장 작게 되도록 연결하면 된다. 그 이유는 저항이 병렬 연결된 경우 그 합성 저항이 연결된 두 저항값 중 작은 저항값보다 더 작아지는 성질을 가지기 때문이다. 따라서 윗줄에는 1Ω, 2Ω, 3Ω, 아랫줄에는 4Ω, 5Ω, 6Ω의 저항을 배치하면 된다. 이 경우 전체 합성저항은 $\dfrac{1}{R} = \dfrac{1}{6} + \dfrac{1}{15} = \dfrac{21}{90}$이므로 $R_{\min} = \dfrac{90}{21}$ Ω이다.

한편, 전체 합성 저항이 가장 크게 하기 위해서는 직렬 연결된 두 부분인 윗줄과 아랫줄 각각의 합성 저항이 비슷해야 한다. 6개의 저항을 단순히 직렬 연결하면 21Ω이므로 한 줄은 10Ω, 다른 줄은 21Ω이 되도록 배치하면 된다. 예를 들어 윗 줄에 2Ω, 3Ω, 5Ω, 아랫줄에 1Ω, 4Ω, 6Ω의 저항을 배치하고 합성 저항을 구하면 $\dfrac{1}{R} = \dfrac{1}{10} + \dfrac{1}{11} = \dfrac{21}{110}$ 이므로 $R_{\max} = \dfrac{110}{21}$ Ω이다. 따라서 우리가 구하고자 하는 소비전력의 비는

$$\dfrac{P_1}{P_2} = \dfrac{P_{\max}}{P_{\min}} = \dfrac{\dfrac{V^2}{R_{\min}}}{\dfrac{V^2}{R_{\max}}} = \dfrac{R_{\max}}{R_{\min}} = \dfrac{11}{9} \text{이다.}$$

12 정답 ③

ㄱ. 작용 반작용에 의해 두 물체에 작용하는 전기력의 크기는 동일하다. 그런데 A가 연직 면과 이루는 각도가 B보다 작으므로 A에 작용하는 중력이 B보다 크다는 것을 알 수 있다. 따라서 A의 질량이 B보다 크다. (○)

ㄴ. 작용 반작용에 의해 두 물체에 작용하는 전기력의 크기는 동일하다. (×)

ㄷ. 현재 두 금속구가 가지고 있는 전하량 $3Q_0$, Q_0은 두 금속구의 크기가 동일하므로 접촉 후 $2Q_0$, $2Q_0$으로 동일하게 분배된다. 전기력은 전하량의 곱에 비례하므로 접촉 후 동일한 간격에 두었을 때의 전기력이 접촉 전보다 커진다는 것을 알 수 있다. 두 물체의 중력의 변화는 없으므로 접촉 후의 두 금속구 사이의 간격은 전기력의 증가에 의해 접촉 전보다 벌어진다는 것을 알 수 있다. (○)

13 (정답) ①

ㄱ. (나)에서는 볼록렌즈의 아래쪽 절반이 없지만 위쪽 절반에 의해 상이 형성된다. 또한 렌즈의 곡률이 (가)와 (나)가 동일하므로 (가)에서와 동일한 위치에 상이 생성된다. (○)

ㄴ. (나)에서 잘리지 않은 부분의 렌즈의 곡률이 (가)와 동일하므로 (가)에서의 렌즈와 (나)에서의 렌즈의 배율이 같다. 따라서 (나)에서는 (가)에서와 동일한 크기의 상이 형성된다. (×)

ㄷ. (나)의 경우 렌즈의 크기가 절반으로 줄어들어 (가)의 경우보다 렌즈에 의해 상으로 모이는 빛이 줄어드므로, 상의 밝기는 줄어든다. (×)

14 (정답) ①

도체막대를 수평으로 오른쪽으로 움직이면 도체막대가 놓여 있는 왼쪽 폐곡선을 기준으로 종이면에 수직으로 들어가는 방향의 자기 선속이 증가한다. 렌츠의 법칙에 의하면 자기 선속의 방향을 방해하는 방향으로 자기장이 유도되므로 종이면에 수직으로 나오는 방향의 자기장이 유도되고, 앙페르의 오른손 법칙에 따라 P → R → Q 방향으로 유도 전류가 흐른다는 것을 알 수 있다.

한편, 아래 그림과 같이 도체 막대가 등속으로 움직이고 있을 때 W 모양의 음영 부분의 증가한 면적은 평행사변형의 면적과 같음을 알 수 있다. ($S_0 = S_1$)

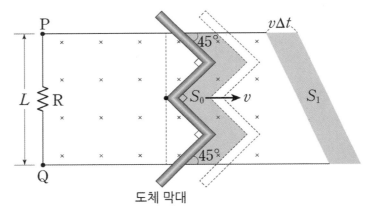

도체 막대

자기선속 $\phi = BS$이고, 위 그림의 평행사변형의 면적을 활용하면 자기선속의 변화 $\triangle \phi = BLv \triangle t$임을 알 수 있다. 그러므로 유도기전력의 크기는 $\dfrac{\triangle \phi}{\triangle t} = BLv$이다.

도체 막대가 꺾이거나 기울어져 있어도, 도체 막대의 수직 성분의 길이가 같다면 유도 기전력의 크기는 같다.

15 ②

ㄱ. (가)에서 빛의 경로를 보면 거울 A는 평행광선을 반사시켜, 빛을 모아주고 있다. 따라서 A는 볼록거울이 아니라 오목거울이다. (×)

ㄴ. 반사망원경에서 렌즈 B는 물체를 확대하여 관측하는 역할을 한다. 물체를 확대할 수 있는 렌즈는 오목렌즈가 아니라 볼록렌즈이다. (×)

ㄷ. 광선 역진의 원리를 활용하면 렌즈 C 아래로 빠져 나오는 평행 광선과 동일한 경로로 거꾸로 평행 광선을 위로 쏘아 주어도 (나)의 그림과 같은 경로로 빛이 진행한다는 사실을 알 수 있다. 이 사실을 활용하면 평행광선이 렌즈 C를 통과하면 빛이 모이지 않고 퍼진다는 것을 알 수 있고, 따라서 렌즈 C가 오목렌즈라는 사실도 알 수 있다. (○)

부록

물리 대회

1. 중요 물리 상수

물리량	기호	상수값 ( ) 안의 값은 마지막 두 자리 값에 대응하는 불확도
광속(진공에서) (speed of light in vacuum)	c, c_0	2.99792458×10^8 m · s−1
만유인력 상수 (universal gravitational constant)	G	6.67259×10^{-11} N · m^2 · kg^{-2}
중력 가속도 (gravitational acceleration)	g	9.80665 m · s^{-2}
보편 기체 상수 (molar gas constant)	R	$8.314472(15)$ J · mol^{-1} · K^{-1}
아보가드로수 (Avogadro's number)	N_A	$6.02214199(47) \times 10^{23}$ mol^{-1}
볼츠만 상수 (Boltzmann constant)	k	$1.3806503(24) \times 10^{-23}$ J · K^{-1}
진공 유전율 (electric constant/permittivity of free space / permittivity of vacuum)	ε_0	$8.854187817 \times 10^{-12}$ F · m^{-1}
진공 투자율 (magnetic constant / permeability of free space / permeability of vacuum)	μ_0	$4\pi \times 10^{-7}$ N · A^{-2} $=1.2566370614\cdots \times 10^{-8}$ N · A^{-2}
기본 전하량/전기 소량 (elementary charge)	e	$1.602176462(63) \times 10^{-19}$ C
전자의 정지 질량(electron rest mass)	m_e	$9.10938188(72) \times 10^{-31}$ kg
전자의 비전하 (electron specific charge)	e/m_e	$1.758820174(71) \times 10^{11}$ C · kg^{-1}
패러데이 상수 (Faraday constant)	F	$9.64853415(39) \times 10^4$ C · mol^{-1}
플랑크 상수 (Plank constant)	h	$6.62606876(52) \times 10^{-34}$ J · s
슈테판 · 볼츠만 상수 (Stefan–Boltzmann constant)	$\acute{o}$	$5.670400(40) \times 10^{-8}$ W · m^{-2} · K^{-4}
리드베리 상수 (Rydberg constant)	$R\infty$	$1.097373156\ 854\ 9(83) \times 10^7$ m^{-1}
보어 반지름 (Bohr radius)	a_0, r_B	$5.291772083(19) \times 10^{-11}$ m
원자의 질량 단위 (atomic mass unit)	m_u	$1.66053873(13) \times 10^{-27}$ kg
양성자의 정지 질량 (proton rest mass)	m_p	$1.67262158(13) \times 10^{-27}$ kg
중성자의 정지 질량 (neutron rest mass)	m_n	$1.67492716(13) \times 10^{-27}$ kg

2. 국제 단위계(SI)

(1) SI 기본 단위

기본량	명칭	기호	기본량	명칭	기호
길이	미터(meter)	m	열역학적온도	켈빈(kelvin)	K
질량	킬로그램(kilogram)	kg	물질량	몰(mol)	mol
시간	초(second)	s	광도	칸델라(candela)	cd
전류	암페어(ampere)	A			

(2) 기본 단위로 표시된 일관성 있는 SI 유도 단위의 예

유도량		일관성 있는 SI 유도 단위	
명칭	기호	명칭	기호
넓이	A	제곱미터	m^2
부피	V	세제곱미터	m^3
속력, 속도	v	미터 매 초	m/s
가속도	a	미터 매 제곱초	m/s^2
파동수	σ	역 미터	m^{-1}
밀도, 질량 밀도	ρ	킬로그램 매 세제곱미터	kg/m^3
표면 밀도	ρA	킬로그램 매 제곱미터	kg/m^2
비(比) 부피	v	세제곱미터 매 킬로그램	m^3/kg
전류 밀도	j	암페어 매 제곱미터	A/m^2
자기장의 세기	H	암페어 매 미터	A/m
물질량 농도[가], 농도	c	몰 매 세제곱미터	mol/m^3
질량 농도	ρ, γ	킬로그램 매 세제곱미터	kg/m^3
광휘도	LV	칸델라 매 제곱미터	cd/m^2
굴절률[나]	n	일	1
상대 굴절률[나]	μr	일	1

[가] 임상 화학 분야에서는 이 양을 물질 농도(substance concentration)라고 부르기도 한다.
[나] 이 양들은 무차원 양, 또는 차원 일의 양들이며, 무차원 양의 값을 명시할 때에는 일반적으로 단위 '일'에 대한 기호 '1'은 생략한다.

(3) 특별한 명칭과 기호를 가진 일관성 있는 SI 유도 단위

유 도 량	일관성 있는 SI 유도 단위[(가)]			
	명 칭	기 호	SI 기본 단위로 표시	다른 SI 단위로 표시
평면각	라디안(radian)[(나)]	rad	$m \cdot m^{-1}$	$1^{(나)}$
입체각	스테라디안(steradian)[(나)]	$sr^{(다)}$	$m^2 \cdot m^{-2}$	$1^{(나)}$
진동수, 주파수	헤르츠(hertz)[(라)]	Hz	s^{-1}	
힘	뉴턴(newton)	N	$m \cdot kg \cdot s^{-2}$	
압력, 응력	파스칼(pascal)	Pa	$m^{-1} \cdot kg \cdot s^{-2}$	N/m^2
에너지, 일, 열량	줄(joule)	J	$m^2 \cdot kg \cdot s^{-2}$	$N \cdot m$
일률, 전력, 복사선속	와트(watt)	W	$m^2 \cdot kg \cdot s^{-3}$	J/s
전하량, 전기량	쿨롬(coulomb)	C	$s \cdot A$	
전위차, 기전력	볼트(volt)	V	$m^2 \cdot kg \cdot s^{-3} \cdot A^{-1}$	W/A
전기 용량	패럿(farad)	F	$m^{-2} \cdot kg^{-1} \cdot s^4 \cdot A^2$	C/V
전기 저항	옴(ohm)	Ω	$m^2 \cdot kg \cdot s^{-3} \cdot A^{-2}$	V/A
전기 전도도	지멘스(siemens)	S	$m^{-2} \cdot kg^{-1} \cdot s^3 \cdot A^2$	A/V
자기력선속/자기력선 다발	웨버(weber)	Wb	$m^2 \cdot kg \cdot s^{-2} \cdot A^{-1}$	$V \cdot s$
자기력선속 밀도	테슬라(tesla)	T	$kg \cdot s^{-2} \cdot A^{-1}$	Wb/m^2
인덕턴스	헨리(henry)	H	$m^2 \cdot kg \cdot s^{-2} \cdot A^{-2}$	Wb/A
섭씨온도	섭씨도(degree Celsius)[(마)]	℃	K	
광선속	루멘(lumen)	lm	cd	$cd \cdot sr^{(다)}$
조명도	럭스(lux)	lx	$m^{-2} \cdot cd$	lm/m^2
(방사성 핵종의)활성도[(바)]	베크렐(becquerel)[(라)]	Bq	s^{-1}	
흡수선량, 비(부여)에너지, 커마	그레이(gray)	Gy	$m^2 \cdot m^{-2}$	J/kg
선량당량, 주변 선량당량, 방향 선량당량, 개인 선량당량,	시버트(sievert)	Sv	$m^2 \cdot m^{-2}$	J/kg
촉매활성도	카탈(katal)	kat	$s^{-1} \cdot mol$	

(가) 모든 특별한 명칭과 기호는 SI 접두어와 함께 사용될 수 있으나, 이 결과로 생긴 단위는 더 이상 일관성 있는 단위가 되지 않는다.

(나) 라디안과 스테라디안은 단위 "일"에 대한 특별한 명칭으로서, 관련 양에 대한 정보를 전달하는데 사용될 수 있다. 실제로 기호 rad와 sr은 필요한 곳에 사용되고 있으나, 일반적으로 무차원량의 값을 나타낼 때에는 유도 단위 "일"의 기호(1)는 생략된다.

(다) 광측정에서는 명칭 스테라디안과 기호 sr이 단위의 표시에 자주 사용된다.

(라) 헤르츠는 주기적인 현상에만 사용되며, 베크렐은 방사성 핵종의 활성도와 관련된 확률 과정에 대해서만 사용된다.

(마) 섭씨도는 섭씨온도를 표시하기 위한 켈빈의 특별한 명칭이다. 섭씨도와 켈빈은 그 크기가 같으므로, 온도차 또는 온도 간격의 수치는 섭씨도 또는 켈빈으로 표시할 경우 같은 값을 가지게 된다.

(바) 방사성 핵종과 관련된 활성도는 간혹 방사능이라고 잘못 불리어진다.

(4) 특별한 명칭과 기호를 가진 일관성 있는 SI 유도 단위들을 포함하는 일관성 있는 SI 유도 단위의 예

유도량	일관성 있는 SI 유도 단위		
	명칭	기호	SI 기본 단위로 표시
점성도	파스칼 초	Pa·s	$m^{-1} \cdot kg \cdot s^{-1}$
힘의 모멘트	뉴턴 미터	N·m	$m^2 \cdot kg \cdot s^{-2}$
표면장력	뉴턴 매 미터	N/m	$kg \cdot s^{-2}$
각속도	라디안 매 초	rad/s	$m \cdot m^{-1} \cdot s^{-1} = s^{-1}$
각가속도	라디안 매 제곱초	rad/s²	$m \cdot m^{-1} \cdot s^{-2} = s^{-2}$
열속 밀도, 복사 조도	와트 매 제곱미터	W/m²	$kg \cdot s^{-3}$
열용량, 엔트로피	줄 매 켈빈	J/K	$m^2 \cdot kg \cdot s^{-2} \cdot K^{-1}$
비열용량, 비엔트로피	줄 매 킬로그램 켈빈	J/(kg · K)	$m^2 \cdot s^{-2} \cdot K^{-1}$
비에너지	줄 매 킬로그램	J/kg	$m^2 \cdot s^{-2}$
열전도도	와트 매 미터 켈빈	W/(m· K)	$m \cdot kg \cdot s^{-3} \cdot K^{-1}$
에너지 밀도	줄 매 세제곱미터	J/m³	$m^{-1} \cdot kg \cdot s^{-2}$
전기장의 세기	볼트 매 미터	V/m	$m \cdot kg \cdot s^{-3} \cdot A^{-1}$
전하 밀도	쿨롬 매 세제곱미터	C/m³	$m^{-3} \cdot s \cdot A$
표면 전하 밀도	쿨롬 매 제곱미터	C/m²	$m^{-2} \cdot s \cdot A$
전기력선속 밀도	쿨롬 매 제곱미터	C/m²	$m^{-2} \cdot s \cdot A$
유전율	패럿 매 미터	F/m	$m^{-3} \cdot kg^{-1} \cdot s^4 \cdot A^2$
투자율	헨리 매 미터	H/m	$m \cdot kg \cdot s^{-2} \cdot A^{-2}$
몰 에너지	줄 매 몰	J/mol	$m^2 \cdot kg \cdot s^{-2} \cdot mol^{-1}$
몰 엔트로피, 몰 열용량	줄 매 몰 켈빈	J/(mol · K)	$m^2 \cdot kg \cdot s^{-2} \cdot K^{-1} \cdot mol^{-1}$
(X선 및 γ선의) 조사선량	쿨롬 매 킬로그램	C/kg	$kg^{-1} \cdot s \cdot A$
흡수선량률	그레이 매 초	Gy/s	$m^2 \cdot s^{-3}$
복사도	와트 매 스테라디안	W/sr	$m^4 \cdot m^{-2} \cdot kg \cdot s^{-3} = m^2 \cdot kg \cdot s^{-3}$
복사휘도	와트 매 제곱미터 스테라디안	W/(m² · sr)	$m^2 \cdot m^{-2} \cdot kg \cdot s^{-3} = kg \cdot s^{-3}$
촉매활성도 농도	카탈 매 세제곱미터	kat/m³	$m^{-3} \cdot s^{-1} \cdot mol$

(5) SI 접두어

접두어	인자	기호	접두어	인자	기호
요타(yotta)	10^{24}	Y	데시(deci)	10^{-1}	d
제타(zetta)	10^{21}	Z	센티(centi)	10^{-2}	c
엑사(exa)	10^{18}	E	밀리(milli)	10^{-2}	m
페타(peta)	10^{15}	P	마이크로(micro)	10^{-6}	μ
테라(tera)	10^{12}	T	나노(nano)	10^{-9}	n
기가(giga)	10^{9}	G	피코(pico)	10^{-12}	p
메가(mega)	10^{6}	M	펨토(femto)	10^{-15}	f
킬로(kilo)	10^{3}	k	아토(atto)	10^{-18}	a
헥토(hecto)	10^{2}	h	젭토(zepto)	10^{-21}	z
데카(deca)	10^{1}	da	욕토(yocto)	10^{-24}	y

물리대회 대비

한국중학생 물리대회 기출문제집 제3판

3판 1쇄 펴냄 | 2023년 8월 15일

지은이 | 한국물리학회 교육위원회
발행인 | 김병준
편 집 | 박유진
마케팅 | 김유정·차현지
발행처 | 상상아카데미

등록 | 2011. 10. 27. 제406-2011-000127호
주소 | 서울시 마포구 독막로6길 11, 우대빌딩 2, 3층
전화 | 02-6953-8343(편집), 02-6925-4188(영업)
팩스 | 02-6925-4182
전자우편 | main@sangsangaca.com
홈페이지 | http://www.sangsangaca.com

ISBN 979-11-85402-99-4 (53420)